面向新工科专业建设计算机系列教材

U0183211

计算机科学基础

刘小丽 杜宝荣 胡彦 梁里宁◎编著

清华大学出版社
北 京

内 容 简 介

本书参照教育部高等学校计算机基础课程的教学基本要求,主要介绍信息技术及其应用,从基础原理出发,以具体应用为导向逐步展开。

全书共 8 章,分为三大部分:第一部分(第 1～3 章)为信息技术基础篇,介绍信息技术基础知识,包括软件、硬件、操作系统和数据的表示与存储等;第二部分(第 4～6 章)为数据处理篇,介绍不同类型数据的处理过程和 Python 程序设计基础,包括对结构化数据和非结构化数据的处理示例;第三部分(第 7、8 章)为网络新技术及信息安全篇,介绍互联网新技术及应用和信息安全基础,包括对新技术原理的展示和典型信息安全案例的剖析。全书提供了大量应用实例,且每章后均附有思考题,思考题解析可参考《计算机科学基础习题与解析》。

本书适合作为高等院校本科生计算机通识教育课程的教材,也可供非计算机专业学习数据处理的人员参考。

图书在版编目(CIP)数据

计算机科学基础/刘小丽等编著 . —北京:清华大学出版社,2020.8(2023.10重印)
面向新工科专业建设计算机系列教材
ISBN 978-7-302-56163-7

Ⅰ. ①计… Ⅱ. ①刘… Ⅲ. ①计算机科学－高等学校－教材 Ⅳ. ①TP3

中国版本图书馆 CIP 数据核字(2020)第 143485 号

责任编辑:白立军 杨 帆
封面设计:杨玉兰
责任校对:梁 毅
责任印制:刘海龙

出版发行:清华大学出版社
　　　　网　　址:http://www.tup.com.cn,http://www.wqbook.com
　　　　地　　址:北京清华大学学研大厦 A 座　　　　邮　编:100084
　　　　社 总 机:010-83470000　　　　　　　　　　邮　购:010-62786544
　　　　投稿与读者服务:010-62776969,c-service@tup.tsinghua.edu.cn
　　　　质量反馈:010-62772015,zhiliang@tup.tsinghua.edu.cn
　　　　课件下载:http://www.tup.com.cn,010-83470236
印 装 者:大厂回族自治县彩虹印刷有限公司
经　销:全国新华书店
开　本:185mm×260mm　　印　张:19.5　　　　字　数:460 千字
版　次:2020 年 9 月第 1 版　　　　　　　　　印　次:2023 年 10 月第 6 次印刷
定　价:59.00 元

产品编号:086726-01

出版说明

一、系列教材背景

人类已经进入智能时代，云计算、大数据、物联网、人工智能、机器人、量子计算等是这个时代最重要的技术热点。为了适应和满足时代发展对人才培养的需要，2017 年 2 月以来，教育部积极推进新工科建设，先后形成了"复旦共识""天大行动""北京指南"，并发布了《教育部高等教育司关于开展新工科研究与实践的通知》《教育部办公厅关于推荐新工科研究与实践项目的通知》，全力探索形成领跑全球工程教育的中国模式、中国经验，助力高等教育强国建设。新工科有两个内涵：一是新的工科专业；二是传统工科专业的新需求。新工科建设将促进一批新专业的发展，这批新专业有的是依托于现有计算机类专业派生、扩展而成的，有的是多个专业有机整合而成的。由计算机类专业派生、扩展形成的新工科专业有计算机科学与技术、软件工程、网络工程、物联网工程、信息管理与信息系统、数据科学与大数据技术等。由计算机类学科交叉融合形成的新工科专业有网络空间安全、人工智能、机器人工程、数字媒体技术、智能科学与技术等。

在新工科建设的"九个一批"中，明确提出"建设一批体现产业和技术最新发展的新课程""建设一批产业急需的新兴工科专业"。新课程和新专业的持续建设，都需要以适应新工科教育的教材作为支撑。由于各个专业之间的课程相互交叉，但是又不能相互包含，所以在选题方向上，既考虑由计算机类专业派生、扩展形成的新工科专业的选题，又考虑由计算机类专业交叉融合形成的新工科专业的选题，特别是网络空间安全专业、智能科学与技术专业的选题。基于此，清华大学出版社计划出版"面向新工科专业建设计算机系列教材"。

二、教材定位

教材使用对象为"211 工程"高校或同等水平及以上高校计算机类专业及相关专业学生。

三、教材编写原则

（1）借鉴 *Computer Science Curricula* 2013（以下简称 CS2013）。CS2013 的核心知识领域包括算法与复杂度、体系结构与组织、计算科学、离散结构、图形学与可视化、人机交互、信息保障与安全、信息管理、智能系统、网络与通信、操作系统、基于平台的开发、并行与分布式计算、程序设计语言、软件开发基础、软件工程、系统基础、社会问题与专业实践等内容。

（2）处理好理论与技能培养的关系，注重理论与实践相结合，加强对学生思维方式的训练和计算思维的培养。计算机专业学生能力的培养特别强调理论学习、计算思维培养和实践训练。本系列教材以"重视理论，加强计算思维培养，突出案例和实践应用"为主要目标。

（3）为便于教学，在纸质教材的基础上，融合多种形式的教学辅助材料。每本教材可以有主教材、教师用书、习题解答、实验指导等。特别是在数字资源建设方面，可以结合当前出版融合的趋势，做好立体化教材建设，可考虑加上微课、微视频、二维码、MOOC 等扩展资源。

四、教材特点

1. 满足新工科专业建设的需要

系列教材涵盖计算机科学与技术、软件工程、物联网工程、数据科学与大数据技术、网络空间安全、人工智能等专业的课程。

2. 案例体现传统工科专业的新需求

编写时，以案例驱动，任务引导，特别是有一些新应用场景的案例。

3. 循序渐进，内容全面

讲解基础知识和实用案例时，由简单到复杂，循序渐进，系统讲解。

4. 资源丰富，立体化建设

除了教学课件外，还可以提供教学大纲、教学计划、微视频等扩展资源，以方便教学。

五、优先出版

1. 精品课程配套教材

主要包括国家级或省级的精品课程和精品资源共享课的配套教材。

2. 传统优秀改版教材

对于已经出版、得到市场认可的优秀教材，由于新技术的发展，计划给图书配上新的教学形式、教学资源的改版教材。

3. 前沿技术与热点教材

反映计算机前沿和当前热点的相关教材,例如云计算、大数据、人工智能、物联网、网络空间安全等方面的教材。

六、联系方式

联系人：白立军

联系电话：010-83470179

联系和投稿邮箱：bailj@tup.tsinghua.edu.cn

"面向新工科专业建设计算机系列教材"编委会

2019 年 6 月

系列教材编委会

毛晓光	国防科技大学计算机学院	副院长/教授
明 仲	深圳大学计算机与软件学院	院长/教授
彭进业	西北大学信息科学与技术学院	院长/教授
钱德沛	中山大学数据科学与计算机学院	院长/教授
申恒涛	电子科技大学计算机科学与工程学院	院长/教授
苏 森	北京邮电大学计算机学院	执行院长/教授
汪 萌	合肥工业大学计算机与信息学院	院长/教授
王长波	华东师范大学计算机科学与软件工程学院	常务副院长/教授
王劲松	天津理工大学计算机科学与工程学院	院长/教授
王良民	江苏大学计算机科学与通信工程学院	院长/教授
王 泉	西安电子科技大学	副校长/教授
王晓阳	复旦大学计算机科学技术学院	院长/教授
王 义	东北大学计算机科学与工程学院	院长/教授
魏晓辉	吉林大学计算机科学与技术学院	院长/教授
文继荣	中国人民大学信息学院	院长/教授
翁 健	暨南大学信息科学技术学院	副校长/教授
吴 卿	杭州电子科技大学	副校长/教授
武永卫	清华大学计算机科学与技术系	副主任/教授
肖国强	西南大学计算机与信息科学学院	院长/教授
熊盛武	武汉理工大学计算机科学与技术学院	院长/教授
徐 伟	陆军工程大学指挥控制工程学院	院长/副教授
杨 鉴	云南大学信息学院	院长/教授
杨 燕	西南交通大学信息科学与技术学院	副院长/教授
杨 震	北京工业大学信息学部	副主任/教授
姚 力	北京师范大学人工智能学院	执行院长/教授
叶保留	河海大学计算机与信息学院	院长/教授
印桂生	哈尔滨工程大学计算机科学与技术学院	院长/教授
袁晓洁	南开大学计算机学院	院长/教授
张春元	国防科技大学教务处	处长/教授
张 强	大连理工大学计算机科学与技术学院	院长/教授
张清华	重庆邮电大学计算机科学与技术学院	执行院长/教授
张艳宁	西北工业大学	校长助理/教授
赵建平	长春理工大学计算机科学技术学院	院长/教授
郑新奇	中国地质大学(北京)信息工程学院	院长/教授
仲 红	安徽大学计算机科学与技术学院	院长/教授
周 勇	中国矿业大学计算机科学与技术学院	院长/教授
周志华	南京大学计算机科学与技术系	系主任/教授
邹北骥	中南大学计算机学院	教授

秘书长:

白立军	清华大学出版社	副编审

计算机科学与技术专业核心教材体系建设——建议使用时间

学期	基础系列	电类系列	程序系列	系统系列	应用系列	选修系列
四年级下						
四年级上						
三年级下			软件工程综合实践	计算机体系结构	计算机图形学	机器学习 / 物联网导论 / 大数据分析技术 / 数字图像技术
三年级上			软件工程 编译原理		人工智能导论 数据库原理与技术 嵌入式系统	
二年级下			算法设计与分析	计算机网络		
二年级上	离散数学(下)	数字逻辑设计 数字逻辑设计实验	数据结构	计算机系统综合实践		
一年级下	离散数学(上) 信息安全导论	电子技术基础	面向对象程序设计 程序设计实践	操作系统		
一年级上	大学计算机基础		计算机程序设计	计算机原理		
课程系列	基础系列	电类系列	程序系列	系统系列	应用系列	选修系列

前言

　　计算机通识教育课程旨在提升大学生的信息技术素养、培育其信息处理能力。信息素养的优劣是一个国家的公民终身学习能力的重要标志,是21世纪人类全球胜任力的重要组成部分。随着信息技术的快速发展,信息技术已迅速融入一些传统学科中,并得到广泛而深入的应用,如生物、管理、医疗、传播等。大学生信息素养的缺失将严重制约其专业的发展,所以做好计算机通识教育课程的建设和教学工作符合当今大学教育发展的需求。由于计算机通识教育课程的学时比较少,要在较短的时间内向学生展示信息技术的机理以及应用,就需要对各个知识点进行合理编排。本书的编排从基础理论出发,以实际应用为导向,进行原理剖析和应用分析,期望读者通过本书的阅读能提升信息技术素养和数据处理能力。

　　本书围绕数据处理和信息新技术展开,全书共8章,各章内容介绍如下。

　　第1章　计算机系统。从硬件到软件,从计算机模型到未来计算机,从计算机启动到工作原理,介绍计算机系统的相关内容。

　　第2章　操作系统。除了介绍操作系统的功能、结构、核心概念和分类外,还简单介绍Windows 10操作系统的使用。

　　第3章　数据的表示与存储。介绍当前不同类型的数据在计算机中的表示,结合常见的数据样例进行数据存储分析。

　　第4章　数据管理示例。通过介绍常见的结构化和非结构化数据处理软件,分析数据处理过程。

　　第5章　算法基础。主要介绍算法的概念、算法和数据之间的关系、算法表示、常用算法的原理以及算法效率分析方法。

　　第6章　Python程序设计。详细介绍Python程序设计语法和典型案例,案例包括非结构化数据处理的网络爬虫和文本分析等。

　　第7章　互联网技术及应用。主要介绍互联网基础以及现有的网络新技术,包括物联网、云计算、大数据等。

　　第8章　信息安全。从系统安全和数据安全两方面分别展开,系统安全部分介绍了病毒和防火墙的原理,数据安全部分介绍了密码学基础以及密码学的应用,如数字签名、区块链、比特币等。结合日常实际,介绍了信息安全案例,包括支付宝安全、WiFi安全、恶意软件、二维码安全和数据恢复等。

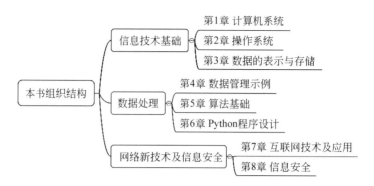

全书内容由刘小丽规划,第1、8章由刘小丽编写,第2、3章由杜宝荣编写,第4、6章由梁里宁编写,第5、7章由胡彦编写,各章的习题由余宏华整理。本书由暨南大学本科教材资助项目支持。在编写过程中,余宏华老师提出了不少中肯建议,同时本书的完成也离不开我校计算中心许多老师的加油打气,在此向他们表示感谢!

本书的编写因时间仓促,加之编者水平有限,书中难免有疏漏和不足之处,在此恳请专家和广大读者批评指正!

编　者

2020 年 6 月

CONTENTS

目录

第1章 计算机系统

本章介绍计算机系统的构成、计算机的工作原理,以及学习哪些计算机相关的知识才能更好地驾驭计算机。主要从人们初识计算机、剖析计算机系统的构成、理解计算机的运行、网络与安全新技术,以及如何高效利用计算机等方面进行介绍。

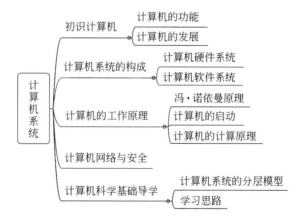

1.1 初识计算机

人们对于计算机的认识源自计算机的功能,计算机最本质的功能是进行数据计算。计算机从最开始的机械计算机到电子计算机经历了 300 余年的发展,如今的电子计算机已经能够帮助人们进行各种复杂的数据处理。

日常中最常见的计算机包括台式计算机和便携式的笔记本计算机。除此之外,还有大型科研机构使用的超级计算机,以及手机、智能手表等嵌入式计算机,计算机已经渗透到人们的生活中,无处不在。

1.1.1　计算机的功能

通俗地说,计算机(Computer)是能够执行计算的机器,也是能够根据一系列指令处理数据的机器。当人们给予计算机正确的指令时,计算机就会进行相应的计算操作,并输出计算结果。计算机的数据处理模型如图1.1所示。

输入数据　计算机(处理数据)　输出数据(信息)

图 1.1　计算机的数据处理模型

名词释义:数据

数据是对事实、概念或指令的一种表达形式,可由人工或自动化装置进行处理。数据的形式可以是数字、文字、图形或声音等。

数据分为数值型数据和非数值型数据,简单地说,数值型数据就是数字,非数值型数据包括文字、图像、声音、视频等。

V1.1 数据处理机模型

对于计算机用户,计算机就是一个黑盒的数据处理机,如图1.2所示,计算机的基本功能模块分为存储器、处理器和输入输出设备。例如,当用 Photoshop 对照片进行美化时,其实是将原始图片数据进行处理、得到美化后的照片的过程。

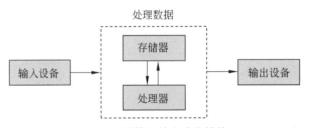

处理数据

输入设备　存储器　处理器　输出设备

图 1.2　计算机基本功能模块

计算机主要功能如下。

(1) **数据存储**。数据以某种格式记录在计算机内部或外部存储介质上。数据存储时需要命名,这种命名通常反映信息特征的组成含义。例如,“苹果.jpg”是图像格式文件,可以使用图像处理软件打开,可存储在存储器中。

(2) **数据处理**。数据处理是对各种原始数据的分析、整理、计算、编辑等的加工和处理。数据处理的基本目的是从大量的、可能杂乱无章的、难以理解的数据中,抽取并推导出对于某些特定的人们是有价值、有意义的数据,也可以将数据按照某种方式进行修改。例如,“苹果.jpg”文件可使用 Photoshop 进行打光处理,处理过程是修改某些区域的颜色值。

(3) **数据的输入输出**。数据输入是把数据转换为计算机可以识别的形式供计算机处理,数据输出是把处理结果以一种人们可阅读的形式显示出来,供阅读理解。

随着科技的发展,未来的计算机功能将会更强大、计算速度更快速,如量子计算机、生物计算机等。无论计算机采用什么样的硬件,它本质上就是一个数据处理机,能够对数据进行计算并得到预期的结果。

　　例如,拍摄图片"苹果.jpg"文件,通过输入设备存入计算机中,可进行存储或处理,然后通过输出设备展示给用户。

1.1.2　计算机的发展

　　人类最初用手指进行计算。人有两只手、十个手指头,所以,自然而然地习惯用手指记数,采用十进制记数法。用手指进行计算虽然很方便,但是计算范围有限,计算结果也无法存储。于是人们开始借助于工具实现计算,就有了最初的计算设备,如结绳、算盘等。随着科学和数学的发展,人们对运算的要求越来越高。为了更有效地节约时间和精力,提高计算的效率、精度和准确性,消除人为错误,简化重复运算,机械计算机、电子计算机、量子计算机等应运而生。

1. 机械计算机

　　机械计算机由杠杆、齿轮等机械部件构成,如图 1.3 所示,采用数字轮和旋转装置记录数字和十进位值。最常见的例子是加法器和机械计数器,它们通常使用齿轮的转动实现计算。机械计算机一般有成千上万个零件,出现故障时维修人员必须将其拆散、更换零件、重新组装,再对整台计算器进行校验,确保正常运行。机械计算机的运行速度相当慢,保养极其复杂。

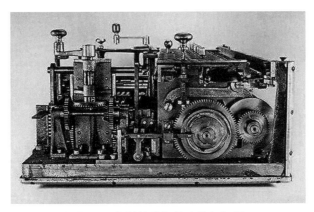

图 1.3　机械计算机的齿轮与杠杆

　　第一台真正的计算机是著名科学家帕斯卡(Pascal)发明的机械计算机。帕斯卡 1623 年出身于法国的数学家家庭,他 3 岁丧母,由担任税务官的父亲拉扯他长大成人,眼见年迈的父亲计算税率税款非常费力,他刻苦钻研希望能为父亲制作出可以计算税款的机器。终于在 1642 年,19 岁的帕斯卡发明了人类有史以来第一台机械计算机。它通过手摇实现计算,可以计算六位数的加减法。随后的 10 年里,他对其继续进行改进,共造出 50 多台,现在还存有 8 台。帕斯卡机械计算机的出现,告诉人们用纯机械装置可代替人的思维和记忆,如图 1.4 所示。

　　1652 年,德国数学家莱布尼茨(Leibniz)发明了一款更先进的计算机,能够计算加、减、乘、除、平方根等;莱布尼茨计算机达到了进行四则运算的水平,最终答案最大达到16 位数。1819 年,英国科学家巴贝奇(Babbage)设计了差分机,并于 1822 年制造出可动

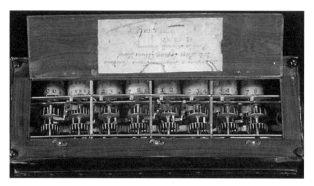

图 1.4   帕斯卡机械计算机

模型。它约 1 米长,内部安装了一系列齿轮机构。除体积较大外,基本原理继承于帕斯卡计算机,仍然是用齿轮及刻度盘操作。这台机器能提高乘法速度和改进对数表等数字表的精确度。为了纪念巴贝奇的突出贡献,计算机界给他颁发了一个"通用计算机之父"的称号。

2. 电子计算机

电子计算机是利用电子技术和相关原理,根据一系列指令对数据进行处理的机器。电子计算机由各种电子元器件组成,而电子元器件只有导通与断开两种不同的物理状态,与二进制中的 1 和 0 相对应,因此二进制易于用电子元器件实现。对于逻辑代数、二进制数的运算可用逻辑电路实现。此外,逻辑电路是一种离散信号的传递和处理,以二进制为原理,实现数字信号逻辑运算和操作的电路,由于只分高、低电平,抗干扰力强,精度和保密性佳。

电的速度很快,虽然电速与电路及导线的具体结构有关,但最低电速依然远远高于人类的机械运动。所以很快就有了世界上第一台通用电子计算机,即电子数字积分计算机(Electronic Numerical Integrator And Computer,ENIAC),如图 1.5 所示。ENIAC 是与图灵机等效的电子计算机,能够重新编程,解决各种计算问题,它于 1946 年 2 月 14 日在美国宣告诞生,每秒执行 5000 次加法或 400 次乘法,是继电器计算机的 1000 倍、手工计算的 20 万倍。

图 1.5   冯·诺依曼与第一台电子计算机

随着电子技术的发展,计算机的硬件朝着快速化、集成化的方向发展,计算机的体积不断缩小、运算速度不断加快。根据计算机采用的物理元器件,一般将电子计算机的发展分为 4 个时代:电子管、晶体管、集成电路和大规模集成电路。图 1.6 展示的计算机电子元器件分别是电子管、晶体管和集成电路。

(a) 电子管   (b) 晶体管   (c) 集成电路

图 1.6　计算机的电子元器件

3. 未来计算机

虽然基于集成电路的计算机短期内还不会退出历史舞台,但一些新的计算机正在跃跃欲试地加紧研究,如量子计算机、生物计算机、光子计算机、纳米计算机和 DNA 计算机等。

1) 量子计算机

量子计算机是一类遵循量子力学规律高速地进行数学和逻辑运算、存储及处理量子信息的物理装置。电子计算机的"比特"只能有两种状态,即 0 和 1。量子计算机信息编码为量子比特(Q-bit),除 0 和 1 外,还有一种叠加状态,这种量子叠加态可能是 1,也可能是 0,具体需要通过测量得到结果。量子计算机一次执行两个量子位的运算,加上多次测量,相当于电子计算机的 4 次运算。这就是量子计算机的并行计算能力,而电子计算机只能串行计算。总结:一个 N 个物理比特的存储器,若它是经典电子存储器,则它只能存储 2^N 个可能数据当中的任意一个;若它是量子存储器,则它可以同时存储 2^N 个数,而且随着 N 的增加,其存储信息的能力将呈指数上升。

2) 生物计算机

生物计算机是以生物芯片取代在半导体硅片制成的计算机。它利用蛋白质有开关的特性,用蛋白质分子做元件从而制成的生物芯片。其性能由元件与元件之间电流启闭的开关速度决定。用蛋白质制成的计算机芯片,它的一个存储点只有一个分子大小,所以它的存储容量可以达到普通计算机的 10 亿倍。由蛋白质构成的集成电路,其大小只相当于硅片集成电路的十万分之一,而且运行速度更快,大大超过人脑的思维速度。据测算,生物计算机几十小时的运算量可能就相当于目前全球所有计算机运算量的总和。

3) 光子计算机

光子计算机是一种由光信号进行数字运算、逻辑操作、信息存储和处理的新型计算机。它由激光器、光学反射镜、透镜、滤波器等光学元件和设备构成,靠激光束进入反射镜和透镜组成的阵列进行信息处理,以光子代替电子,光运算代替电运算。光子计算机基础部件是空间光调制器,并采用光内连技术。在运算部分与存储部分之间进行光连接,运算部分可直接对存储部分进行并行存取,突破了传统的用总线将运算器、存储器和输入输出设备相连接的体系结构,运算速度极高而耗电极低。在光子计算机中,不同波长、频率、偏振态及相位的光代表不同的数据,这远胜于电子计算机中通过电子 0、1 状态变化进行的二进制运算,可以对复杂度高、计算量大的任务实现快速并行处理。光子计算机将使运算速度在目前基础上呈指数上升。

计算机不仅给人们的日常学习生活带来便利,还在军事、科学研究等方面做出了极大贡献。正是计算机让人们的生活更加丰富多彩,让全世界的人联系更加紧密,我们有必要及时关注未来计算机可能发生的变化。

1.2　计算机系统的构成

目前广泛使用的计算机是电子计算机。电子计算机是一种能自动、高速、精确地完成数值计算、数据处理、实时控制等功能的电子设备。

从实现角度,计算机系统由硬件和软件构成,如图 1.7 所示。硬件(Hardware)是指计算机系统中实际物理装置的总称;软件(Software)是指计算机程序、数据及与其相关的文档资料的总称。如果把硬件看作人的躯体,那软件就是人的灵魂,两者相辅相成,缺一不可。

图 1.7　计算机系统的构成

1.2.1　计算机硬件系统

计算机是一种具有快速运算、逻辑判断和巨大记忆功能的设备。人们主要通过键盘和鼠标对计算机进行操控,计算机将处理结果通过显示器、耳机或者音箱传递给用户,计算机最重要的数据处理部件都在机箱中。

从微观角度,计算机是一种能够按照指令对各种数据和信息进行自动加工和处理的机器。各个部件的作用:①CPU 是计算机的大脑,负责控制整个平台的数据处理。②内存和硬盘用于存储数据,也是计算机最关键的配件。③电源是为 CPU、显卡、主板、硬盘等配件提供能源的心脏,机箱内所有配件都是通过一根线缆连接电源获取能源才能正常使用。如果供电出现问题,某个配件出现异常,计算机很容易蓝屏死机,或者无法发挥出全部性能。④显示器和其他外部设备主要负责输入输出,如显卡为用户提供图形处理与图形化界面。

概念扩展：计算机硬件组成

　　将人与计算机硬件做类比：CPU＋存储器≈人脑;电源≈心脏(电流≈血液);键盘＋鼠标≈四肢;光驱≈嘴巴;音箱≈嗓门;扫描仪≈眼睛;录音机≈耳朵。

1. 主板

　　主板是计算机硬件的核心载体,几乎所有的硬件都要插在主板上,通过它来进行数据交互。主板一般为矩形电路板,上面安装了组成计算机的主要电路系统,一般包括 BIOS芯片、I/O 控制芯片、键盘和面板控制开关接口、指示灯插接件、扩充插槽、主板及插卡的直流电源供电接插件等元件。通俗地说,主板就像航空母舰可以搭载各种战斗机,给战斗机提供了一个平台。简单地说,主板是由集成电路和插槽构成的电路板,为其他计算机硬件提供安装位置、供电和其他功能。通过内部总线将处理器、显卡、声卡、硬盘、存储器、对外部设备等接合。图 1.8 是台式计算机的主板及主要部件。

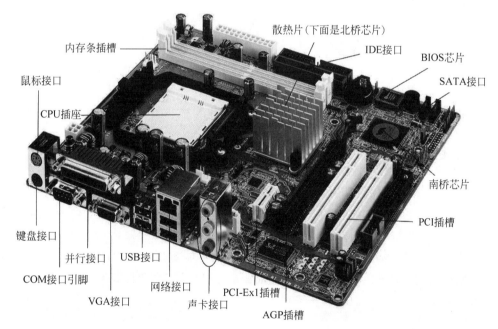

图 1.8　台式计算机的主板及主要部件

　　主板上最重要的构成组件是芯片组,芯片组通常由北桥和南桥组成,也有些以单片机设计,增强其性能。这些芯片组为主板提供一个通用平台,供不同设备连接,控制不同设备的沟通。主板的类型和档次决定着整个微型计算机系统的类型和档次,主板的性能影响着整个微型计算机系统的性能。好的主板可以让计算机更稳定地发挥系统性能,反之,系统则会变得不稳定。

2. CPU（运算器＋控制器）

中央处理器（Central Processing Unit，CPU）是计算机的中央核心部分，主要由运算器和控制器组成。

CPU 不但要负责接收外界输入的信息，而且还要负责处理，并将处理过的结果传送到正确的装置上。几乎所有大大小小的工作，都需要由 CPU 来下达命令，传达到其他设备执行。举个简单的例子，当要打印一份文件时，先通过键盘或鼠标输入打印的指令，CPU 收到这个指令后，知道有打印文件的需求，就会下达指令将资料送到打印机，再由打印机执行打印文件的工作。CPU 及其构成如图 1.9 所示。

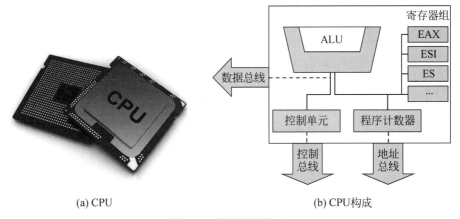

(a) CPU   (b) CPU构成

图 1.9 CPU 及其构成

CPU 通过"时钟"信号指示其他硬件执行动作，当 CPU 的速度愈快，处理资料的速度就愈快，当然计算机的效率就愈好。

CPU 的字长与主频是最主要的性能指标。CPU 在单位时间内能一次处理的二进制数的位数称为字长，所以 32 位的 CPU 就能在单位时间内处理字长为 32 位的二进制数。CPU 的工作频率（也称主频）的单位是 Hz（指波形每秒变化几次）。

从开机那一刻开始，CPU 就开始运转，越高端、性能越强的芯片，它们在满负载运行时的温度也就越高，CPU 的温度过高有可能影响 CPU 的寿命和计算机的运行速度，所以需要实时为 CPU 降温。

3. 存储器（内存＋外存）

有了存储器，计算机才有记忆功能，才能保证正常工作。存储器是用于保存信息的记忆设备，用于保存计算机中的全部信息，包括输入的原始数据、计算机程序、中间运行结果和最终运行结果等。它根据控制器指定的位置存入和取出信息。电子计算机中的存储器存储的是二进制信息，存储信息的最小单位称为位（bit，b），又称比特，数据的存储以字节为单位。存储器中所包含存储单元的数量称为存储容量，其计量单位是字节（Byte，B），8 个二进制位称为 1 字节。此外还有 KB、MB、GB、TB 等辅助单位，它们之间的换算关系是 1B＝8b,1KB＝1024B,1MB＝1024KB,1GB＝1024MB,1TB＝1024GB。

存储器按用途可分为主存储器(内存)和辅助存储器(外存),也有外部存储器(外存)和内部存储器(内存)的分类方法。外存通常是磁性介质或光盘等,能长期保存信息。内存是外存与 CPU 进行沟通的桥梁,用来存放当前正在执行的数据和程序。

> **名词区分：内存和外存**
>
> 内存:用于存放计算机当前正在运行的程序和数据,多为半导体材料制成。CPU可以直接访问,为 CPU 提供数据和指令。它具有易失性、速度较快、存储容量较小、价格较贵的特点。
>
> 外存:用于存放暂时不用的程序和数据,通常由磁介质和光介质制成。CPU 不能直接访问,可作为内存的延伸和后援。它不易失且存储容量较大、价格较低,但速度较慢。
>
> 注意:内存和外存的区分不是根据是否在机箱内部,而是根据是否被 CPU 直接访问。

1) 内存

内存又称主存储器(简称主存),是记忆或存放正在执行的程序、待处理数据及运算结果的部件,它的物理实质就是一组或多组具备数据输入输出和数据存储功能的集成电路。根据基本功能,内存主要分为 ROM、RAM 和 Cache。

(1) **ROM**。ROM(Read Only Memory)是一种只能读出不能写入的存储器,即只读存储器,其信息通常是厂家制造时在脱机情况或者非正常情况下写入的。ROM 最大的特点是在电源中断后信息也不会消失或受到破坏,因此常用来存放重要的、经常用到的程序和数据,如监控程序等。

(2) **RAM**。RAM(Read Access Memory)是随机存储器,可以随机读出和写入信息,即随机存储器是计算机对信息进行操作的工作区域。RAM 一般要求其存储容量大一些,速度快一些,价格低一些。因为 RAM 空间越大,计算机所能执行的任务就越复杂,相应计算机的功能就越强。RAM 分为双极型(TTL)和单极型(MOS)两种。微型计算机使用的主要是单极型的 MOS 存储器,它又分为静态存储器(SRAM)和动态存储器(DRAM)两种。常规内存、扩展内存和扩充内存都属于 DRAM。SRAM 的速度较DRAM 快 2～3 倍,但价格贵、存储容量小,通常用作高速缓冲存储器。

(3) **Cache**。高速缓冲存储器(Cache)在逻辑上位于 CPU 和内存之间的一种存储容量较小但速度很高的存储器,其运算速度高于内存而低于 CPU 存储容量为几百千字节到几兆字节。Cache 一般采用 SRAM,同时内置于 CPU。Cache 的内容是当前 RAM 中使用最多的程序块和数据块,并以接近 CPU 的速度向 CPU 传送程序和数据。CPU 读写程序和数据时先访问 Cache,若 Cache 中没有,再访问 RAM。它位于 CPU 与内存之间。CPU 的速度远高于内存,当 CPU 直接从内存中存取数据时要等待一定时间周期,而Cache 则可以保存 CPU 刚用过或循环使用的一部分数据,如果 CPU 需要再次使用该部

图 1.10　内存条

分数据时可从 Cache 中直接调用,这样就避免了重复存取数据,减少了 CPU 的等待时间,因而提高了系统的效率。内存条如图 1.10 所示。

2) 外存

外存也称辅存,是指除计算机内存及 CPU 缓存以外的存储器,断电后仍能保存数据。**外存**通常是磁性介质或光盘介质,不依赖电来保存信息,目前常用的外存包括硬盘、固态盘、U盘、软盘、磁带、光盘等。通常,外存速度慢、价格低、存储容量大。每种外存都有自己的特性,详细介绍如下。

(1) **硬盘**。全称硬磁盘,硬磁盘是由涂有磁性材料的铝合金圆盘组成的,每个硬盘都由若干个磁性圆盘组成。硬盘主要由磁盘、磁头、盘片主轴、控制电动机、磁头控制器、数据转换器、接口、缓存等几部分组成。所有的盘片都固定在一个旋转轴上,在每个盘片的盘面上都有一个磁头对磁盘上的数据进行读写操作,磁头可沿盘片的半径方向移动,当硬盘启动时盘片在主轴的带动下以每分钟几千转到上万转的速度高速运转,而磁头在控制器的控制下固定在某个位置上对经过其下方的磁盘区域进行信息的读写。硬盘的读写需要机械转动来实现,所以硬盘也称机械硬盘,如图 1.11(a)所示。

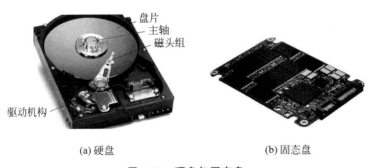

盘片
主轴
磁头组

驱动机构

(a) 硬盘　　　　　　　　(b) 固态盘

图 1.11　硬盘与固态盘

(2) **固态盘**。固态盘采用电路存储,使用电路的扫描和开关将信息读出和写入,以电位高低或者相位状态的不同记录 0 和 1,不存在机械动作。固态盘具有速度快、无噪声、体积小、重量轻、抗摔等优点,缺点是成本高、存储容量小、易干扰、写入寿命有限(基于闪存),如图 1.11(b)所示。由于固态盘存在价格昂贵、存储容量较小,以及一旦损坏难以修复等特点,当前市场主要流行的依然是硬盘。

(3) **U盘**:U盘也称为闪盘,可以通过计算机的 USB 口存储数据。与软盘相比,由于其具有体积小、存储容量大及携带方便等诸多优点,目前已经取代软盘的地位,如图 1.12(a)所示。

  (a) U 盘   (b) 软盘   (c) 光盘

图 1.12　U 盘、软盘与光盘

  (4) **软盘**。软盘使用柔软的聚酯材料制成圆形底片,在两个表面涂有磁性材料。常用软盘直径为 3.5 英寸(1 英寸=2.54 厘米),存储容量为 1.44MB,软盘通过软盘驱动器读取数据。但由于软盘怕强磁场及高温、存储容量小、读写速度慢、易损坏等缺点,目前已普遍被 U 盘所取代,如图 1.12(b)所示。

  (5) **磁带**。磁带也称顺序存取存储器(SAM)。它存储容量很大,但查找速度很慢,一般仅用作数据后备存储。计算机系统使用的磁带机有 3 种类型:盘式磁带机、数据流磁带机及螺旋扫描磁带机。

  (6) **光盘**。光盘是利用光学方式进行信息存储的圆盘。它应用了光存储技术,即先使用激光在某种介质上写入信息,再利用激光读出信息。光盘分为 CD-ROM、CD-R、CD-RW 和 DVD-ROM 等,如图 1.12(c)所示。

4. 输入设备

  输入设备(Iutput Device)用于把原始数据和处理这些数据的程序输入计算机,计算机能够接收各种各样的数据,既可以是数值型数据,也可以是非数值型数据,如图形、图像、声音等都可以通过不同类型的输入设备输入计算机,进行存储、处理和输出。

  (1) **键盘**。键盘可以将英文字母、数字、标点符号等输入计算机,从而向计算机发出命令、输入数据等。

  (2) **鼠标**。鼠标是一种"指点"(Pointing)输入设备。利用鼠标可快捷、准确、直观地使光标在屏幕上定位,对计算机的某些操作变得更加容易、有效、有趣。鼠标按其连接方式可分为有线鼠标与无线鼠标两类。无线鼠标以红外线遥控,遥控距离一般限制在 2 米以内。鼠标按其设计原理可分为机械鼠标(Mechanical Mouse)和光鼠标(Optical Mouse),光鼠标定位精度要高于机械鼠标,目前大多数用户均使用高分辨率光鼠标。鼠标与键盘的功能各有长短,宜配合使用。

  (3) **扫描仪**。扫描仪是一种常用的图形、图像等输入设备,利用它可以快速地将图形、图像、照片、文本等信息从外部环境输入计算机后,再编辑加工。扫描仪一般通过 RS-232 或 USB 接口与主机相连。扫描仪分为 CCD 扫描仪和 PMT 扫描仪两类。

  常见输入设备如图 1.13 所示。

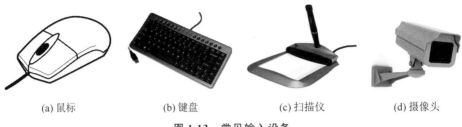

(a) 鼠标   (b) 键盘   (c) 扫描仪   (d) 摄像头

图 1.13   常见输入设备

5. 输出设备

输出设备(Output Device)是计算机硬件系统的终端设备,是将处理结果返回给外部世界的设备的总称,其功能是将计算机处理的数据、计算结果等内部信息转换成人们习惯接受的信息形式(字符、图像、表格、声音等)。这些返回结果可能是作为使用者能够视觉上体验的,或是作为该计算机所控制的其他设备的输入。常见输出设备如图 1.14 所示。

(a) 显示器   (b) 打印机   (c) 绘图仪   (d) 音箱

图 1.14   常见输出设备

对于一台机器人,控制计算机的输出基本上就是这台机器人本身,包括机器人做出的各种行为。普通计算机常见的输出设备有显示器、打印机、绘图仪、语音输出系统、影像输出系统、磁记录设备等。

(1) **显示器**。显示器是以可见光的形式传递和处理信息的输出设备。显示器可显示程序的运行结果,显示输入的程序或数据等。它可将计算机的输出信息以字符或图形的方式显示在屏幕上,显示方式直观形象。

(2) **打印机**。打印机是计算机中最常用的输出设备之一。其种类和型号很多,传统普通的打印机一般按成字方式可分为击打式打印机和非击打式打印机两种。目前常用的有击打式的点阵打印机,非击打式的激光打印机(Laser Printer)和喷墨打印机(Ink Jet Printer)。普通打印机能打印一些报告等平面纸张资料,3D 打印机主要是打印前在计算机上设计了一个完整的三维立体模型,然后再进行立体打印输出。3D 打印机不仅可以打印一幢完整的建筑,甚至可以在航天飞船中给宇航员打印任何所需物品的形状。

(3) **绘图仪**。绘图仪在绘图软件的支持下可以绘制出复杂、精确的图形,是各种计算机辅助设计不可缺少的工具。绘图仪也是一种很重要的输出设备,可将计算机的输出信息以图形的形式输出。主要可绘制各种管理图表和统计图、大地测量图、建筑设计图、电路布线图、各种机械图与计算机辅助设计图等。

（4）**音箱**。音箱作用是把音频电能转换成相应的声能，并把它辐射到空间。它是音响系统极其重要的组成部分，因为它担负着把电信号转变成声信号供人的耳朵直接聆听的功能。

综上所述，计算机主要硬件有主板、CPU、内存、外存、输入设备和输出设备。其中，常用的输入输出设备有键盘、鼠标、扫描仪、显示器、打印机和投影仪；有些设备既是输入设备又是输出设备，如触摸屏、智能音箱、光盘刻录机、计算机网络中的通信设备等。

常见输入输出设备如图 1.15 所示。

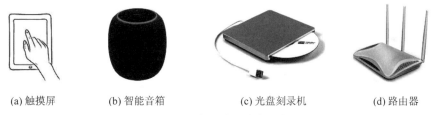

(a) 触摸屏　　　　(b) 智能音箱　　　　(c) 光盘刻录机　　　　(d) 路由器

图 1.15　常见输入输出设备

1.2.2　计算机软件系统

那些构成计算机的看得见摸得着的东西，如元器件、电路板、零部件等物理实体和物理装置称为计算机硬件。但是，计算机硬件的功能是有限的，只能进行数据传送和一些简单的算术或逻辑运算。计算机仅有硬件是不能为人们计算工作的，还必须给它配备"思想"——即指挥它如何工作的"软件"，才能使它成为令人们惊奇的电"脑"。要用计算机实现复杂的数学计算、实施高难度的过程控制、实现奇妙的三维动画、构造虚拟世界、支持全球互联网的运行等，如果没有相应的软件支持，再好的设备也是无法实现的。对于相同的计算机硬件，如果配置的软件越丰富，其功能就越强。所以计算机软件是计算机系统不可或缺的一个重要部分。

> **名词释义：计算机软件**
>
> 　　计算机软件是指能指挥计算机工作的程序与程序运行时所需要的数据，以及与这些程序和数据有关的文字说明、图表资料的总和，是用户与硬件之间的接口界面。
> - 计算机程序是指为了得到某种结果可由计算机等具有信息处理能力的装置执行的代码化指令序列，或者可被自动转换成代码化指令序列的符号化指令序列（或符号化语句序列）。
> - 软件文档是指用自然语言或者形式化语言所编写的文字资料和图表，用来描述程序的内容、组成、设计、功能规格、开发情况、测试结果及使用方法等。

通常，人们把程序及其相关的数据统称为软件。而严格地说，软件应当是计算机系统中程序、数据及其相关文档的总称。其中，程序是软件的主要组成部分和表现形式；数据是在软件处理过程中用来描述事物的静态特征,是程序处理的对象;而相关文档是与程序设计、维护及使用有关的图文资料,是对软件开发和维护过程的描述与记录。它包括软件需求调研报告、立项与组织文档、设计与调试文档、运行与维护文档等。

　　用户需要通过软件与计算机进行交流。根据所起的作用不同,计算机软件可分为系统软件和应用软件两大类。系统软件是指控制和协调计算机及外部设备,支持应用软件开发和运行的软件;应用软件则是实现某种特定应用的软件。通过应用软件的安装,计算机可以具备更加高级的数据处理能力。各类软件之间的关系如图 1.16 所示。

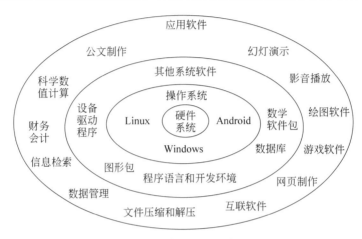

图 1.16　各类软件之间的关系

1. 系统软件

　　系统软件是管理、监控和维护计算机硬件资源,扩充计算机功能,提高计算机效率的各种程序。系统软件包括操作系统、语言处理程序、服务性程序、标准库程序、数据库管理系统五大类。操作系统系统软件是直接与硬件打交道的软件,专门负责管理计算机的各种资源,并提供操作计算机所需的工作界面。有了它,人们才可以方便自如地使用计算机。

　　操作系统是一个管理计算机硬件与软件资源的程序,同时也是计算机系统的内核与基石。操作系统身负诸如管理与配置内存、决定系统资源供需的优先次序、控制输入输出设备、操作网络与管理文件系统等基本事务,包括软件资源及数据资源、控制程序运行、改善人机界面、为其他应用软件提供支持等,使计算机系统所有资源最大限度地发挥作用,为用户提供方便的、有效的、友善的服务界面。操作系统是一个庞大的管理控制程序,大致包括 4 方面的管理功能:程序管理、文件管理、存储管理、设备管理。目前微型计算机上常见的操作系统有 Windows、UNIX、iOS、Linux、Android 等。

2. 应用软件

　　应用软件是指专门为某个应用目的而编制的软件,即提供某种特定功能的软件。它们一般都运行在操作系统之上,由专业人员根据各种需要开发,平时见到和使用的绝大部分软件均为应用软件,如杀毒软件、文字处理软件、游戏软件、美图软件等。按照功能进行划分,应用软件可分为行业管理软件(如社保系统、电力系统、银行系统等)、文字处理软件(如 Office、WPS 等)、辅助设计软件(如 AutoCAD、Photoshop 等)、媒体播放软件(如暴风影音、豪杰超级解霸、Windows Media Player、RealPlayer 等)、系统优化软件(如 Windows 优化大师、超级兔子魔法设置等)、社交软件(如 QQ 等)等。常见软件列表如表 1.1 所示。

表 1.1　常见软件列表

项　目	常　见　软　件
安全软件	360 杀毒/卫士、金山毒霸、瑞星杀毒软件、MacAfee、Kaspersky
解压软件	Winrar、7-zip、360 压缩
浏览器	360、IE、火狐、Chrome、Opera
聊天软件	微信、QQ、TM、飞信、Skype
下载工具	迅雷、百度网盘、FileZilla、uTorrent、qBittorrent
输入法	QQ 拼音、QQ 五笔、搜狗输入法
影音播放	千千静听、终极解码、暴风影音、KMPlayer、爱奇艺
阅读器	Adobe Reader、AcdSee、CAJViewer、e-book reader
办公软件	WPS、Word、Excel、PowerPoint、OneNote
画图	MS Visio、Photoshop、Painter、AutoCAD、XMind
文献管理	EndNote、Zotero、NoteExpress、Mendeley、JabRef
还原备份	OneKey Ghost、冰点还原精灵、雨过天晴、Data Recovery
分区软件	DiskGenius、PQMagic8.0
系统工具	鲁大师、驱动人生、绿茶优化工具、输入法设置、文件解锁器
编程开发	Python、VC++、VB、Java、Perl

1.3　计算机的工作原理

现代计算机的模型源于图灵机,每个会决策、会思考的人都可以被抽象地看成一台图灵机。该模型主要有 4 要素:输入集合、输出集合、内部状态和固定的程序。如果把人进行抽象,输入集合就是所处环境中所看到、听到、闻到、感觉到的一切;输出集合就是人的每一言、每一行,以及表情动作;内部状态集合则可以把神经细胞的状态组合看成一个内部状态,所有可能的状态集合将是天文数字。

概念简析:图灵机

图灵机又称图灵计算、图灵计算机,是由数学家艾伦·麦席森·图灵(1912—1954)提出的一种抽象计算模型,即将人们使用纸笔进行数学运算的过程进行抽象,由一个虚拟的机器替代人们进行数学运算。其构成如下。

- 有一条无限长的纸带 TAPE,划分为等大相邻的无数小方格,每个格子上可以容纳一个字符,字符来自一个有限集合,有一个符号表示空白。纸带从左侧开始编号为 0,1,2,3,4…向右无限延伸。

- 有一个读写头 HEAD 从纸带读出当前所在格子的内容,修改当前格子内容,在纸带上左右移动。
- 有一套控制规则 TABLE。可根据当前机器的状态和当前读写头所指的位置的符号确定读写头下一步动作,改变寄存器的值,使机器进入新状态。
- 有一个状态寄存器。保存当前图灵机所处状态。状态是有限的,一个特殊状态叫作停机。

电子计算机是图灵机的一种实现,基于电子元器件,现代计算机被称为电子计算机,本节介绍电子计算机的模型、启动过程和计算原理。

1.3.1 冯·诺依曼原理

1944 年,美籍匈牙利数学家冯·诺依曼提出计算机基本结构和工作方式的设想,为计算机的诞生和发展提供了理论基础。尽管计算机软硬件技术飞速发展,但计算机本身的体系结构并没有明显的突破,当今的计算机仍属于冯·诺依曼架构。

冯·诺依曼理论的要点包括以下 3 点。

(1) **二进制**。采用二进制形式表示数据和指令。

(2) **顺序执行**。将程序(数据和指令序列)预先存放在主存储器中(程序存储),使计算机在工作时能够自动高速地从存储器中取出指令,并加以执行(程序控制)。

(3) **五大模块**。由运算器、存储器、控制器、输入设备、输出设备五大基本部件组成计算机硬件体系结构。

冯·诺依曼体系结构构成的计算机能够获取用户的指令和数据、长期保存某些信息、完成基本的数据计算、协调硬件执行用户的指令、输出计算结果给用户。依据这些功能,冯·诺依曼将计算机系统的硬件构成分为五大模块。如图 1.17 所示,实线是数据流,虚线是控制流。

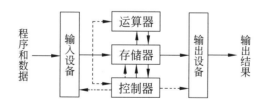

图 1.17　计算机五大模块(冯·诺依曼体系结构图)

图 1.17 中,数据由输入设备输入运算器或存储器中,在运算处理过程中,数据可从存储器读入运算器进行运算,运算的中间结果存入存储器,或由运算器经输出设备输出。

冯·诺依曼模型突出以下两点。

(1) 计算机不仅是一个计算工具,而且还是一个信息处理机。

(2) 计算机不同于其他任何机器,它能存储程序,并按程序的引导自动存取和处理数据。

1.3.2 计算机的启动

使用计算机必须要经过的一个步骤就是启动,如图 1.18 所示。了解计算机的启动过程对于解决启动故障会有一定的帮助。例如,有异常启动的时候能够判断可能是什么阶段出了问题,进而根据异常情况找到问题所在。

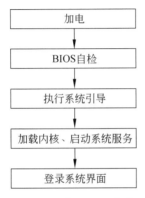

图 1.18　计算机的启动过程

V1.2 计算机的启动过程

计算机的整个启动过程分为以下 3 个阶段:加电启动 BIOS、系统引导和操作系统启动。

1. 加电启动 BIOS

当按下电源开关时,电源开始向主板和其他设备供电,当主板认为电压达到 CMOS 中记录的 CPU 的主频所要求的电压时,第一件事就是读取基本输入输出系统(Basic Input/Output System,BIOS)。

BIOS 首先自检计算机硬件能否满足运行的基本条件,主要检测:①关键设备(如电源、CPU 芯片、BIOS 芯片、基本内存等电路)是否存在以及供电情况是否良好。如果自检出现问题,系统喇叭会发出警报声(根据警报声的长短和次数可以判断出现的问题)。如果主要是硬件出现问题,主板会发出不同含义的蜂鸣,启动中止。②找显卡 BIOS,找到后会调用显卡 BIOS 的初始化代码,此时显示器就开始显示了(这就是为什么自检失败只能靠发声进行提醒)。③显卡检测成功后会进行其他设备的测试,通过后 BIOS 重新执行自己的代码,并显示启动画面,将相关信息显示在屏幕上,然后会进行硬件测试,包括内存、硬盘、软驱、串行和并行接口、即插即用设备等。

自检结束后,屏幕就会显示出 CPU、内存、硬盘等信息。

2. 系统引导

硬件自检完成后,BIOS 把控制权转交给下个阶段的启动程序(即经常需要用到的设置系统从哪一个驱动器启动,一般默认是硬盘。如果需要安装系统,还可设置为光驱或 USB 设备等)。

BIOS 按照启动顺序,把控制权转交给排在第一位的存储设备。系统根据用户指定的引导顺序从软盘、硬盘或是可移动设备中读取启动设备的主引导记录(Master Boot Record,MBR),并放入指定的内存中。

　　注意:这里是指启动顺序,如果设置首先从光驱启动,而光驱中又没有光盘,系统将监测下一个启动设备,有可能接着从硬盘启动。

3. 操作系统启动

　　BIOS 按照启动顺序加载引导程序后,由引导程序完成操作系统(如 Windows 系统)的加载和初始化。然后,init 线程加载系统的各个模块,如窗口程序和网络程序,直至执行/bin/login 程序,跳出登录界面,等待用户输入用户名和密码。

　　如果从硬盘启动 Windows10,则需要进行以下步骤:读取 MBR,MBR 得到控制权后,同样会读取引导扇区,Windows 启动管理器的 bootmgr.exe 程序,如果只安装了一个系统,启动引导选择页不会出现,而如果安装并选择了其他系统,系统就会转而加载相应系统的启动文件。内核初始化完成后,会继续加载会话管理器 smss.exe(注意:正常情况下这个文件存在于 Windows/System32 文件夹下,如果不是,很可能是病毒)。此后,Windows 启动应用程序 wininit.exe(正常情况下它也存在于 Windows/System32 文件夹下,如果不是,很可能是病毒),它负责启动 services.exe(服务控制管理器)、lsass.exe(本地安全授权)和 lsm.exe(本地会话管理器),一旦 wininit.exe 启动失败,计算机将会蓝屏死机。

　　当这些进程都顺利启动后,就可以登录系统,Windows 10 启动完成,可以看到 Windows 的桌面。至此,计算机的全部启动过程完成。

1.3.3　计算机的计算原理

　　当人们需要对计算机进行深入了解时,需要研究具体处理细节,了解它的工作原理,对于使用计算机大有裨益。在挑选计算机时能更有针对性,在计算机卡顿、空间不足或者出现各种故障时能有一个基本的判断。

1. 工作原理

　　计算机本质上是一个复杂的数据计算器,其最本质的运算是数学运算,无论任何类型的数据处理,最终都要转换成为数学运算。计算机的工作过程是先将现实世界中的各种信息转换成计算机能够理解的二进制代码,然后保存在计算机的存储器中,再由运算器对数据进行处理。在数据存储和计算过程中,需要通过线路将数据从一个部件传输到另一个部件。数据处理完成后,再将数据转换成人类能够理解的信息形式。

　　在计算机的工作过程中,需要完成信息编码、信息处理等过程。信息的编码和解码,数据存储的位置,数据的计算等,都由计算机能够识别的机器指令(指令系统)控制和管理。

2. 计算过程

　　由于程序反映的是人们进行数学计算或求解某个问题的思想,因此它一方面能输入计算机执行;另一方面可供人们阅读和交流。在任何一台计算机中,无论是数学计算、图形图像处理、过程控制,还是上网通信,都是依靠程序进行的。因此,计算机的全部工作就是执行程序的过程。

计算机的工作过程和人脑的工作过程比较相似,用一道简单的计算题来梳理一下人脑的工作方式。例如,计算"$2^3 = ?$"。需要以下步骤:①用笔将这道题记录在纸上,记在大脑中;②经过脑神经元的思考,结合以前掌握的知识,决定用四则运算规则和九九乘法口诀来处理;③用脑算出 $2 \times 2 \times 2$,从左往右一步步计算并记录于纸上;④用脑算出 $2^3 = 8$ 这一最终结果,并记录于纸上。

要想实现该计算过程需要有以下设备或者信息。

(1) 学习过数学运算、了解运算规则。

(2) 掌握九九乘法口诀表。

(3) 能够读取并输出结果。

类比人脑的工作过程,当需要计算机帮助人们进行 2^3 计算时,需要预先做好如下工作。

(1) 将问题描述成计算机可以识别的语言 $2 * 2 * 2$,输入计算机。

(2) 为计算机预先设计好基本的计算指令(预先编制好的指令通常存储在外存中),并将 $2 \times 2 \times 2$ 用有序的指令表示供 CPU 计算。

(3) 提供输出方式接口,将结果输出显示。

表 1.2 为数学表达式的计算过程——人机对比。

表 1.2　数学表达式的计算过程——人机对比

人	计　算　机
① 记下计算公式	① 获取输入
② 学习过数学运算、了解运算规则、掌握九九乘法口诀表	② 提前需要掌握计算机的执行规则、编程来实现数学运算
③ 脑子执行计算	③ 程序实现计算
④ 算出结果	④ 输出结果

人脑处理数据时,首先通过眼、耳等感觉器官将捕捉的信息输送到大脑中并存储起来,然后对这一信息进行加工处理,再由大脑控制把最终结果以某种方式表达出来。计算机正是模仿人脑进行工作的(这也是"电脑"这个俗称的由来),图 1.19 为计算机的数据处理过程,计算机通过键盘和鼠标等输入设备将用户输入数据读入内存,再经由中央处理器算术和逻辑单元运算处理后,输出到屏幕等输出设备或存储到硬盘等存储设备,整个过程是由计算机硬件和软件协同运作完成。

3. 计算原理

计算机能解题是由于机器本身存在一种语言,它既能理解人的意图,又能被机器自身识别,这种语言就是机器语言。机器语言是由一条条语句构成的,每条语句又能准确表达

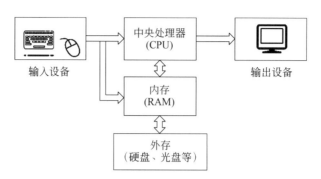

图 1.19 计算机的数据处理过程

某种语义。例如,它可命令机器做某种操作,指出参与操作的数或其他信息的位置等。计算机之所以能够按照人们的安排自动运行,是因为用了存储程序控制。计算机就是连续执行每条机器语句而实现全自动工作的。人们习惯把每条机器语言的语句称为机器指令,而又将全部机器指令的集合称为机器的指令系统。

将预先编制好的程序翻译为机器语言程序放入存储器,当需要执行程序时,CPU 按顺序一条条执行机器语言指令,完成数据处理的过程。

> **名词释义:计算机指令、程序**
>
> 　　**计算机指令**就是给计算机下达的一道命令,它告诉计算机每一步要进行什么操作、参与此项操作的数据来自何处、操作结果又将送往哪里。一条指令完成一个简单的动作,一个复杂的操作由许多简单的操作组合而成。通常,一台计算机能够完成多种类型的操作,因此,有多种多样的指令,这些指令的集合称为该计算机的指令系统。
>
> 　　通常把指示计算机进行某项工作的命令称为指令,而为完成某个任务的若干条指令的有序集合称为**程序**。

　　简单地说,指令是由操作码和地址码两部分组成的,其基本格式如图 1.20 所示。操作码用来指明该指令所要完成的操作,如加法、减法、传送、移位、转移等。通常,其位数反映了机器的操作种类,即机器允许的指令条数,如操作码占 7 位,则该机器最多包含 $2^7=128$ 条指令。地址码用来指出该指令源操作数的地址(一个或两个)、结果的地址以及下一条指令的地址。这里的"地址"可以是主存的地址,也可以是寄存器的地址,甚至可以是 I/O 设备的地址。

图 1.20 计算机指令

　　一个指令字中包含二进制代码的位数称为指令字长。指令字长取决于操作码的长度、操作数地址的长度和操作数地址的个数。计算机能直接处理的二进制数据的位数称为机器字长,它决定了计算机的运算精度,通常与主存单元的位数一致。不同机器的指令字长是不同的。指令也以数据形式存于存储器中,运算时指令由存储器送入控制器,由控制器产生控制流控制数据流的流向,并控制各部件的工作,对数据流进行加工处理。

　　程序由指令组成,具有以下属性:能完成某个确定的任务、由一种计算机语言来描述、能在一定的计算机系统环境下运行。程序最终需要被翻译为计算机指令序列(也称可执行程序）。程序处理包括以下步骤：①识别程序。②将程序翻译为机器语言。③计算输出。具体的执行过程如图 1.21 所示。

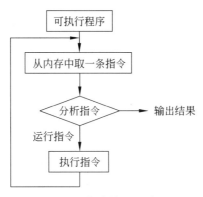

图 1.21　指令的执行过程

1.4　计算机网络与安全

　　尽管计算机的元器件朝着体积小、功能大的方向发展，但是单个计算机的功能毕竟是有限的。如果将不同的计算机通过有线或者无线的方式连接起来，共同进行数据处理和数据存储，有助于扩充计算机的功能。至此，计算机网络应运而生。

　　计算机网络是指将地理位置不同的具有独立功能的多台计算机及其外部设备，通过通信线路连接起来，实现资源共享、信息传递和分布式处理，如图 1.22 所示。

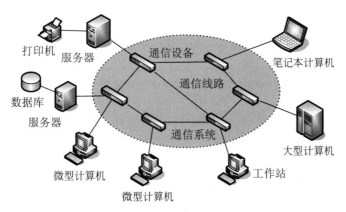

图 1.22　计算机网络

　　21 世纪的重要特征就是数字化、网络化和信息化，它是一个以网络为核心的信息时代。要实现信息化就必须依靠完善的网络，因为网络可以非常迅速地传递信息。因此，网络现在已经成为信息社会的命脉和发展知识经济的重要基础。计算机网络可使用户迅速传送数据文件，以及从网络上查找并获取各种有用的资料，如图像和视频文件；也可以通过网络存储各种数据，利用云计算等网络计算资源实现各种数据的处理。

网络的发展扩展了计算机的功能,但随之而来的安全问题也日益严重,计算机网络上的通信面临的安全威胁包括截获、中断、篡改、伪造。密码学技术可在一定程度上解决某些安全威胁。随着密码学的快速发展,密码学也催生了一些新的应用,如区块链技术已经迅速应用于众多领域。信息安全技术牵扯每个人的个人安全问题、也已渗入应用领域,可见,信息安全技术目前已经成为信息技术领域非常关键的部分。

1.5 计算机科学基础导学

1.5.1 计算机系统的分层模型

根据计算机的形成与发展过程将计算机过程进行分层,该模型有利于正确理解计算机系统的工作过程,明确各类技术原理在计算机系统中的地位和作用。如图 1.23 所示,虚线框是相对专业的原理与技术、实线框是普通计算机用户会接触到的。在学习计算机科学基础时,实线框是必须学习掌握的技能,虚线框的理解与掌握有助于更好的操控计算机。

图 1.23 计算机系统的分层模型

针对当前的电子计算机系统,计算机系统的分层模型从内到外的层次介绍如下。

(1) **信息表示层**。该层也可以理解为硬联逻辑层,这是计算机的内核,主要将人们识别的信息用二进制码表示,进而用逻辑电路表示。

(2) **硬件层**。基于硬件技术设计门、触发器等逻辑电路,并设计机器语言(微指令集,由硬件直接执行)。

(3) **机器语言编程层**。该层的机器语言是机器的指令集,程序员用机器指令编写的程序可以由微程序解释。用编译程序完成高层语言翻译的工作,即将各种高层语言编写的程序转换为机器语言指令。操作系统其实是一个庞大的程序,如 Windows 主要是采用 C 和汇编等语言编写的。

(4) **操作系统层**。从操作系统的基本功能来看,一方面它要直接管理传统机器中的软硬件资源;另一方面它又是传统机器的延伸。

(5) **高级程序设计/应用层**。提供给用户各种各样的专门的应用服务,其实就是基于操作系统的程序。这一层是为了使计算机满足某种用途而专门设计的,也是计算机的基本功能所在。

（6）**网络交互层**。该层主要负责将物理上分散的计算机连接起来,实现资源的共享、信息的交互和分布式处理。

（7）**信息安全**。信息安全技术是信息处理和交互的安全保障。

1.5.2　学习思路

为了更好地使用计算机,利用计算机解决工作和生活中的实际问题,需要知道计算机的内部原理,掌握使用计算机的基本方法。依据 1.5.1 节计算机系统的分层模型,本节对学习计算机必备的基础知识进行梳理。

1. 操作系统——人与计算机硬件之间的接口

无论对于专业的或者非专业的人员在使用计算机时,首先接触的是操作系统。面对计算机电子元器件,如果想操控它,只能借助于操作系统,所以操作系统被看作是人与计算机硬件之间的接口。

如图 1.24 所示,操作系统是覆盖在裸机上的第一层软件,编译程序、数据库管理系统以及其他应用程序都运行在操作系统之上,操作系统为这些软件提供运行环境。操作系统处于硬件与应用程序之间是计算机的核心总控软件,是计算机系统的指挥和管理中心,是计算机系统的灵魂。

对于计算机用户,掌握操作系统的基础知识能帮助人们更好地使用操作系统,当遇到一些计算机

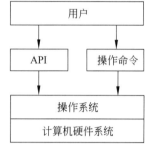

图 1.24　操作系统在计算机中的位置

故障问题时,可以判断究竟是哪里出了问题、该如何解决。所以,学习操作系统有助于更好地使用计算机。

2. 数据的表示

目前的电子计算机是基于二进制的,所有的数据都必须转换为二进制存储和处理。数据是计算机的血液,掌握数据的表示有助于理解数据处理的流程。

数据可分为数值型和非数值型两种:数值型数据可以进行数学运算,非数值型数据包括字符、图片、音频等。理解不同类型的数据在计算机中的表示方法,以便对数据进行存储、处理。

3. 数据处理示例

数据处理是计算机的核心任务,计算机究竟能处理什么样的数据、怎么实现处理过程? 可以通过常见数据管理软件的介绍来理解掌握,如学习常见的数据管理软件 Excel 和数据库管理软件 Access。Excel 是 MS Office 系列最基本的数据处理软件,可以进行各种数据的处理、统计分析和辅助决策操作。Access 是 MS Office 的数据库管理软件,计

算机世界中数据能够自动化处理的第一步就是对数据进行结构化存储,借助于数据库进行结构化数据的处理。通过剖析执行软件,理解程序与数据之间的关系。

4. 程序设计基础

任何软件的生成都是需要先编写软件代码,掌握编程基础有助于更好地使用软件,通过编程工具编写简易的软件将有助于人们的个性化数据处理。此外,学习程序设计有助于人们更好地使用新的信息技术。在信息技术快速发展的今天,有大量的计算机相关概念与方法论都是走在最前沿的,学习程序设计,并不是肤浅地学一门编程语言,更重要、更本质的是学习计算机科学家们用来改变世界的思考方式、行为模式。

5. 计算机网络

随着人们对计算机依赖度的日益提升,人们期望借助计算机进行更多交互式的信息处理,这时网络就诞生了。人们将一个个计算机连接在一起,形成一个计算机网络用于实现资源共享、信息交互和分布式处理。随着计算机网络技术的发展,其应用领域不断拓展和延伸,近年来诞生的云计算、物联网、大数据和人工智能,都是基于网络技术发展而来的,掌握网络的基本原理有助于对计算机新技术的深入理解和应用。

6. 信息安全

如今计算机网络建立起来的虚拟世界已经完全融入人们的日常生活,人们的周围充斥着大量纷繁复杂的信息、各种各样的应用服务,如何鉴别真实信息和可靠应用,保护人们财产安全、隐私安全、构建和谐的网络环境等已然成为网络时代的信息处理不可或缺的一部分。在信息安全技术和法规不是特别成熟和完善的今天,人们有必要掌握一些基本的信息安全机理和方法。

1.6 思考题

一、单选题

1. 字长是 CPU 的主要技术指标之一,指的是 CPU 一次能并行处理的二进制数据的位数,字长通常是 8 的整数倍,字长(   )。

    A. 是 32 位   B. 是 8 位   C. 是 64 位   D. 与 CPU 的型号有关

2. 数据存储要求容量大、成本低、长期存储、技术成熟、便于携带、访问速度快,常使用的介质是(   )。

    A. 优盘   B. 硬盘   C. 光盘   D. 磁带

3. 操作系统是一种(   )。

    A. 软件包   B. 通用软件   C. 系统软件   D. 应用软件

4. 下列几种存储器中,(   )的存取速度最快。

    A. 软盘   B. 内存   C. 硬盘   D. 光盘

5. 电子计算机存储数据的基本单位是( )。
 A. 位 B. 字 C. 串 D. 字节

6. 指令由操作码和地址码两部分构成,操作码用来描述( )。
 A. 指令注释 B. 指令长度 C. 指令功能 D. 指令执行结果

7. 下列关于 Flash 存储设备的描述,错误的是( )。
 A. 不可对 Flash 存储设备进行格式化操作
 B. Flash 存储设备是一种移动存储交换设备
 C. Flash 存储设备通常采用 USB 的接口与计算机连接
 D. Flash 存储设备利用 Flash 闪存芯片作为存储介质

8. 下列关于 ROM 的描述,错误的是( )。
 A. ROM 是只读的,所以它不是内存而是外存
 B. CPU 不能向 ROM 随机写入数据
 C. ROM 中的内容在断电后不会消失
 D. ROM 是只读存储器的英文缩写

9. 下列关于光介质存储器的描述,错误的是( )。
 A. 光盘需要通过专用的设备读取盘上的信息
 B. 光介质存储器指用光学方法从光存储媒体上读取和存储数据
 C. 光介质存储器上的数据可以随机读取
 D. 光介质存储器读写过程中,光头会磨损或划伤盘面

10. 半导体存储器分为 RAM 和 ROM 两种类型,其中,( )。
 A. ROM 中的数据只能被写入 B. RAM 中的数据会因断电而消失
 C. RAM 中的数据不会因断电而消失 D. ROM 中的数据可以被读出和写入

11. 内存的每个存储单元,都被赋予一个唯一的序号,这个序号称为( )。
 A. 内容 B. 地址 C. 标号 D. 容量

12. 一台计算机的字长为 64 位,则表明( )。
 A. 它能处理的二进制数值最大为 2 的 64 次方
 B. 它能处理的字符串最大长度为 8 个 ASCII 字符
 C. 它只能运行 64 位操作系统
 D. 它的 CPU 一次能处理 64 位二进制代码

13. 一种计算机所能识别并运行的全部指令,称为该种计算机的( )。
 A. 指令系统 B. 程序 C. 二进制代码 D. 软件

14. ( )不属于计算机的外部存储器。
 A. 光盘 B. 硬盘 C. 优盘 D. 内存

15. 在存储器容量的表示中,MB 的准确含义是( )。
 A. 100 万位 B. 1024Kb C. 1024KB D. 1024Byte

16. 从第一代计算机到第四代计算机的体系结构都是相同的,都是由运算器、控制器、存储器及输入输出设备组成。这种体系结构称为( )体系结构。
 A. 冯·诺依曼 B. 罗伯特·诺依斯

C. 艾伦·图灵　　　　　　　　　　D. 比尔·盖茨

17. 计算机系统软件主要包括操作系统、(　　)和实用程序。

　　A. 用户程序　　　B. 编辑程序　　　C. 实时程序　　　D. 语言处理程序

18. (　　)不是计算机采用二进制编码的理由。

　　A. 数码个数与逻辑值吻合,便于逻辑运算

　　B. 运算简单,通用性强

　　C. 物理上容易实现,可靠性强

　　D. 容易取得反码和补码

19. 关于高速缓冲存储器(Cache)的描述,(　　)是错误的。

　　A. Cache 是介于 CPU 和内存之间容量小、速度高的存储器

　　B. Cache 容量越大,处理器的效率越高

　　C. Cache 用于解决 CPU 和 RAM 之间的速度冲突问题

　　D. Cache 的功能是提高 CPU 数据输入输出的速率

20. 下列关于计算机指令论述中,错误的是(　　)。

　　A. 指令格式与机器字长、存储器容量及指令功能都有很大关系

　　B. 机器指令是计算机硬件系统能够识别并直接执行的十进制代码命令

　　C. 计算机指令编码的格式称为指令格式

　　D. 为了区别不同的指令及指令中的各种代码段,指令必须具有特定的编码格式

21. 计算机多层次存储系统是由(　　)共同组成的存储系统。

　　A. Cache、RAM、ROM、磁盘　　　　　B. Cache、RAM、ROM、辅存

　　C. 闪存、辅存　　　　　　　　　　　D. RAM、ROM、软盘、硬盘

22. 采用电子管作为元器件的电子计算机被称为(　　)。

　　A. 第四代计算机　B. 第一代计算机　C. 第二代计算机　D. 第三代计算机

23. 磁盘驱动器不属于(　　)设备。

　　A. 输入和输出　　B. 输出　　　　　C. 输入　　　　　D. 计算

24. (　　)不属于未来新型计算机可能发展的方向。

　　A. 量子计算机　　B. 光子计算机　　C. 磁计算机　　　D. 生物计算机

25. 下列关于软件、程序的描述中,正确的是(　　)。

　　A. 软件是程序、数据及相关文档的集合

　　B. 程序与软件是同一概念

　　C. 程序开发不受计算机系统的限制

　　D. 软件不可以被复制,程序可以被复制

26. 下列存储介质中,当计算机关机后,(　　)中存储的数据会消失。

　　A. RAM　　　　　B. U 盘　　　　　C. 硬盘　　　　　D. ROM

27. 微型计算机的存储系统可分为主存储器和(　　)。

　　A. RAM　　　　　B. 累加器　　　　C. 辅助存储器　　D. 寄存器

28. 以下说法中最正确的是(　　)。

　　A. 磁盘存储数据是依靠磁介质,磁盘要尽量远离强磁环境

B. 硬盘一旦出现坏道就只能废弃

C. 只要远离强磁环境,硬盘的使用寿命与环境因素无关

D. 只要没有误操作,并且没有病毒的感染,硬盘上的数据就是安全的

29. 完整的计算机系统应该包括(　　　)。

    A. 主机、键盘和显示器   B. 主机和其他外部设备

    C. 系统软件和应用软件   D. 硬件系统和软件系统

30. 计算机的主机指的是(　　　)。

    A. 运算器和输入输出设备   B. 计算机的主机箱

    C. CPU 和内存   D. 运算器和控制器

31. 计算机的软件系统可分为(　　　)。

    A. 程序、数据和文档   B. 操作系统和语言处理系统

    C. 系统软件和应用软件   D. 程序和数据

32. 信息处理进入了计算机世界,实质上是进入了(　　　)的世界。

    A. 抽象数字   B. 模拟数字   C. 十进制数   D. 二进制数

33. 关于内存的说法,错误的是(　　　)。

    A. 从输入设备输入的数据直接存放在内存

    B. 内存与外存的区别在于内存中的数据是临时性的,而外存中的数据是永久性的

    C. 内存与外存的区别在于外存中的数据是临时性的,而内存中的数据是永久性的

    D. 平时说的内存是指 RAM

34. 以下关于内存和外存的描述,错误的是(　　　)。

    A. 内存和外存都由磁介质构成   B. 外存不怕停电,信息可长期保存

    C. 外存的容量比内存大得多   D. 外存速度相对内存速度慢

35. (　　　)是代表CPU执行速度的常用单位。

    A. Mbytes   B. bps   C. CPS   D. Hz

36. 微型计算机的启动过程:通电后,CPU首先执行(　　　)程序,然后操作系统被调入内存,并管理和控制计算机。

    A. 鼠标、键盘命令   B. 内存中的主程序

    C. BIOS   D. Windows 核心模块

37. 目前计算机使用的元器件是(　　　)。

    A. 电子管   B. 集成电路   C. 晶体管   D. 大规模集成电路

38. 依据程序存储原理,程序和数据在存储器中以(　　　)的格式存储。

    A. 不同   B. 机器要求   C. 程序要求   D. 相同

二、多选题

1. 以下有关存储器的描述中,错误的是(　　　)。

A. 内存与外存的区别在于外存中的数据是临时性的,而内存中的数据是永久性的

B. 内存与外存的区别在于内存中的数据是临时性的,而外存中的数据是永久性的

C. 从输入设备输入的数据直接存放在内存

D. CPU 不能向 ROM 随机写入数据,可以向 RAM 随机写入数据

E. ROM 是只读的,所以它不是内存而是外存

2. 奠定计算机科学理论基础和计算机基础结构的著名科学家是( )。

A. 布尔　　　　　B. 艾伦·图灵　　　C. 冯·诺依曼

D. 比尔·盖茨　　E. 乔布斯

3. 下列存储设备中,( )为外部存储器。

A. ROM　　　　　B. CD-ROM　　　　C. RAM

D. U 盘　　　　　E. 磁盘

4. 计算机主要的性能指标有( )。

A. 内存容量　　　B. 字长　　　　　C. 运算速度

D. 价格　　　　　E. 体积

5. 计算机运行时,( )等部件不能随意插拔。

A. 键盘　　　　　B. CPU　　　　　C. 内存条

D. 显卡　　　　　E. 扫描仪

6. 组装微型计算机时,( )等部件需连接在主机箱的外部端口上。

A. 内存条　　　　B. U 盘　　　　　C. 打印机

D. 音箱　　　　　E. 微处理器芯片

7. 指令是计算机执行的最小功能单位,是计算机软硬件联系的纽带,下列关于指令说法正确的是( )。

A. 指令操作码的长度必须固定不变

B. 指令由操作码和地址码两部分组成

C. 不同指令的长度可以不同

D. 指令操作码只能给出指令的操作数地址

E. 指令的功能是由指令的长度决定的

8. ( )都属于不可擦写存储介质。

A. CD-ROM　　　B. RAM　　　　　C. ROM

D. EPROM　　　　E. EEPROM

9. 下列关于计算机存储容量单位换算关系的公式中,正确的是( )。

A. 1KB=1000Byte　　　　　　　B. 1KB=1024Byte

C. 1GB=1024KB　　　　　　　 D. 1GB=1012KB

E. 1TB=1024GB

三、判断题

1. 程序存储原理要求程序在执行前存放到内存中,同时要求程序和数据采用不同的格式存储。　　　　　　　　　　　　　　　　　　　　　　　　　　　( )

2. 字长是 CPU 的主要技术指标之一,表示 CPU 一次能处理的二进制数据的位数,字长一定是 2 的整数倍。　　　　　　　　　　　　　　　　　　　　　　(　　)

3. 半导体存储器从存取功能上可分为 ROM 和 RAM 两大类。其中,RAM 又分为 SRAM 和 DRAM。　　　　　　　　　　　　　　　　　　　　　　　(　　)

4. SSD 是一种非易失性存储器,为全电路结构,具有存取速度快、体积小的特点。
　　　　　　　　　　　　　　　　　　　　　　　　　　　　　　(　　)

5. 指令就是计算机执行的最基本操作。指令与计算机的硬件无直接关系,同一条指令可以随意移植到不同的计算机上运行。　　　　　　　　　　　　　　　(　　)

四、填空题

1. 假设某计算机的内存容量为 2GB,硬盘容量为 1TB,则硬盘容量是内存容量的_____倍。

2. 计算机软件系统分为_____软件和_____软件,前者是服务于计算机本身的软件,后者是解决特定问题的软件(如 QQ、Word)。

3. 当按下电源开关时,主板认为电压达到 CMOS 中记录的 CPU 的主频所要求的电压时,第一件事就是读取_____。

4. CPU 中的运算器执行的运算包括_____运算和_____运算。

5. 根据冯·诺依曼计算机模型,计算机系统由输入设备、_____、_____、控制器和输出设备五部分组成。

五、问答题

1. 简述计算机的 4 个主要发展阶段。

2. 简述计算机硬件系统的构成。

3. 列举至少 3 种常用的外存,并描述其特点。

4. 计算机的性能指标有哪些? 简述你的计算机硬件配置。

5. 简述内存和外存的区别。它们是如何配合工作的?

6. 什么是计算机程序?

7. 列举至少 3 种常用软件,简述其功能、输入和输出。

8. 简述冯·诺依曼理论的要点。

9. 简述计算机软件的分类,举例说明。

10. 简述计算机启动的过程。

第2章 操 作 系 统

操作系统是计算机系统中最重要的系统软件,是所有应用程序运行的基础。了解有关操作系统的基本概念,掌握常用操作系统的使用方法,对于更好地使用计算机解决实际问题非常重要。

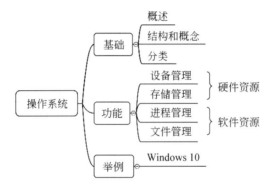

2.1 操作系统基础

2.1.1 操作系统概述

尽管计算机从发明至今已有几十年了,但还是没有一个关于操作系统的完全精确的定义。许多介绍操作系统的教材或书籍从不同的角度对操作系统给出了不同的定义,综合起来可以概括如下:操作系统是控制和管理计算机系统中所有软硬件资源,为用户提供良好地使用计算机环境的一组程序。操作系统直接运行在计算机硬件上,是对计算机硬件功能的第一次扩充。所有的软件都是在操作系统的支持下才能运行。操作系统为用户构成了一个方便、有效、友好的使用环境,因此可以说,它是计算机硬件和软件的接口程序,也是人和计算机之间的接口,是软件系统的核心、是计算机系统的大脑。

2.1.2 操作系统的结构和核心概念

操作系统的结构分为内核(Kernel)和用户接口(Shell):内核负责操纵硬件,用户接口(外壳)为用户使用计算机提供用户界面(User Interface,UI)。如

图 2.1 所示,这种结构最早源于著名的 UNIX 操作系统,直到现在仍然是操作系统设计的
完美结构。因此以 UNIX 操作系统为例做简单介
绍。将整个 UNIX 操作系统分为 5 层:最底层是
硬件层。第二层是 UNIX 操作系统的核心层,直
接建立在硬件层上,实现了操作系统的重要功能,
如进程管理、存储管理、设备管理、文件管理、网络
管理等。用户不能直接执行 UNIX 操作系统内核
中的程序,只能通过系统调用指令,以规定的方法
访问核心层才能获得系统服务。第三层系统调用
成为第四层应用层和第二层核心层之间的接口界
面。第四层应用层主要是系统的核外支持程序,
如系统命令程序、通信软件包、窗口图形软件包、
各种库函数及用户自编程序等。第五层即系统的

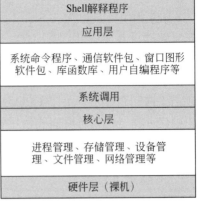

图 2.1 UNIX 操作系统层次结构图

最外层,是 Shell 解释程序,它作为用户与操作系统交互的接口,分析用户输入的命令和
解释并执行命令,Shell 中有些内部命令可不经过应用层直接通过系统调用访问核
心层。

操作系统的内核就是直接与硬件相关的程序,是操作系统的核心。它负责管理系统
的进程、内存、设备驱动程序、文件和网络系统,决定着系统的性能和稳定性。从理论上
说,所有操作系统都有类似的基本功能,只是会因不同的使用对象,某些功能、硬件要求以
及各种功能实现的方法不同。

2.1.3 操作系统分类

操作系统是计算机软件系统的核心,经过多年来的发展,其功能和种类也发生了许多
的变化,以适应各种不同的硬件系统和应用系统的需求。操作系统有各种不同的分类标
准,如按照用户数划分,可分为单用户操作系统和多用户操作系统;按照用户界面的使用
环境划分,可分为命令行界面操作系统(如 MS-DOS、Novell)和图形界面操作系统(如
Windows 10);按系统功能划分,可分为批处理操作系统、分时操作系统、实时操作系统、
网络操作系统、分布式操作系统等。下面按系统功能分类介绍各操作系统的主要功能和
特点。

1. 批处理操作系统

在批处理操作系统(Batch Processing Operating System)中,首先用户将作业(需要
运行的程序)交给系统操作员,系统操作员将用户交来的作业组成一批作业输入计算机,
在系统中形成一个自动转接的连续的作业流;其次启动操作系统,系统自动、依次按顺序
执行每项作业。最后操作员将结果交给用户。在这个过程中,用户是不直接操作计算机
的。现代操作系统都具备批处理功能。

2. 分时操作系统

在分时操作系统(Time-Sharing Operating System)中,一台计算机系统的主机连接若干台终端设备,每台终端设备供一个用户使用。分时操作系统将 CPU 的时间划分成若干个片段,称为时间片。系统允许多个用户在各自的终端设备同时或交互式地向主机发出服务请求,主机接收到每个用户的服务请求后,采用时间片轮转方式进行处理,并将处理结果向用户显示。由于 CPU 工作速度很快,使得每个用户从发出请求服务指令到主机响应并执行的等待时间非常短暂,可以完全忽略不计,就像每个人自己都有一台主机一样。较常见的分时操作系统如 UNIX、Linux 等。

3. 实时操作系统

实时操作系统(Real-Time Operating System)是指使计算机能及时响应外部事件的请求,在严格规定的时间内完成对该事件的处理,并控制所有实时设备和实时任务协调一致工作的操作系统。其目标是对外部请求在严格时间范围内进行响应,并具有高可靠性和完整性。在实际应用中,实时操作系统可分为强实时操作系统和弱实时操作系统两类:①强实时操作系统。就是对于像航空航天、军事、核工业等一些关键领域,系统的响应时间要求应能够得到完全满足,否则就会造成如飞机失事、导弹偏离飞行目标等重大安全事故,造成人们的生命和财产损失。因此,这类系统的设计和实现过程要求都非常高,尤其是对硬件要求,确保在各种条件下都能够正常工作以完成任务。②弱实时操作系统。某些应用虽然提出了时间要求,但实时任务偶尔违反这种要求对系统的运行以及环境不会造成严重影响,如视频点播系统、信息采集与检索系统就是典型的弱实时系统。在点播、信息检索时,系统只需保证绝大多数情况下视频数据、检索结果能够及时传输给用户即可,偶尔的数据传输延迟对用户不会造成很大影响,也不会造成像飞机失事、导弹偏离飞行目标那样严重的后果。

4. 网络操作系统

网络操作系统(Network Operating System)是在各种计算机操作系统上按网络体系结构协议标准开发的,功能包括网络管理、通信、安全、资源共享和各种网络应用的系统软件,其目标是实现联网的计算机相互间的通信、资源共享及提供网络服务,是网络的心脏和灵魂。较常见的网络操作系统如 UNIX、Linux、Windows Server 等。

5. 分布式操作系统

分布式操作系统(Distributed Operating System)是由多台计算机通过网络连接在一起而组成的系统,系统中任意两台计算机之间可以通过远程调用交换信息,系统中的计算机无主次之分,系统中的资源供所有用户共享。一个程序可分布在多台计算机上并行运行,互相之间协调完成一个共同任务。分布式操作系统的引入主要是为了增加系统的处理能力、节省投资、提高系统的可靠性。用于管理分布式系统资源的操作系统称为分布式操作系统。

6. 常见的操作系统

1）Windows

Windows 是美国微软公司研发的、基于图形界面的操作系统。由于其优美、形象的用户界面,简单易学的操作方式,吸引了全球数以亿计的用户,成为当前计算机特别是个人计算机安装最多的操作系统。从 1985 年发布的基于 MS-DOS、多任务图形用户界面 Windows 1.0 到 2015 年 7 月发布的 Windows 10 之间,微软公司陆续发布了许多更新版本,其功能也越发强大,极受用户的欢迎。

2）Windows Server

美国微软公司 1993 年推出第一个网络操作系统是 Windows Server NT 4.0。从 2003 年 4 月推出 Windows Server 2003 至今,大约每四年提供一次重大更新。经过多年来的不断发展和完善,Windows Server 目前最新的版本是 Windows Server 2019,其功能也越发强大。例如,提供了虚拟化、云计算、云存储、混合数据中心、超融合基础架构、增强的安全性等功能。

3）UNIX

UNIX 诞生于世界著名的贝尔实验室。它具有较好的可移植性,可安装在从巨型计算机到个人计算机等各种计算机中,是一种支持多任务、多用户、多处理器、网络管理和网络应用的操作系统。

UNIX 从 1965 年诞生至今,经贝尔实验室、美国加州大学贝克利分校、AT&T、Sun、SCO、IBM、HP、DEC 等商业巨头,还有 ISO 和 IEC 建立的联合技术委员会及开放软件基金会(OSF)的研发,先后推出了适合不同应用目的的各种版本,广受用户的欢迎。伴随着 UNIX 本身的不断发展,UNIX 的某些特征也移植到很多个人计算机操作系统中。

4）Linux

Linux 是一种内核源代码开放的操作系统。用户可通过 Internet 免费获取 Linux 内核及一些组件的源代码自己进行修改,创建适合自己的 Linux 开发平台的应用程序。

实际上 Linux 是基于 UNIX 标准的、现代的、免费的操作系统。它可以高效、可靠地运行在普通个人计算机硬件上,也可以运行在各种平台上,如手机。Linux 提供了与标准 UNIX 兼容的编程接口和用户接口,可运行大量的 UNIX 工具软件、应用程序和网络协议,是一个性能稳定的多用户操作系统,并支持多任务、多进程(线程)和多 CPU 架构。

由于 Linux 内核源代码的开源性,各厂商都根据需要推出各自的版本,所以 Linux 发行版本较多,如面向初学者、面向开发人员和系统管理员、面向服务器、面向可以在旧计算机上运行,用户可以根据自己的实际需求进行选择。

5）Mac OS X

Mac OS 是苹果公司为 Macintosh 系列计算机开发的专属操作系统,是苹果 Macintosh 系列产品的预装系统,同时它也是在商用领域最先采用图形用户界面的操作系统。

Mac OS X 中的 X 是罗马数字且正式的发音为十(Ten),它接续了先前的操作系统 Mac OS 8 和 Mac OS 9 的编号。2011 年,苹果公司推出 OS X Lion,改变了命名规则,在产品正式名称中去掉了 Mac 字样和版本号。从 2000 年 9 月苹果公司推出的 Mac OS X Public Beta 至今,操作系统版本的命名都有一些变化,这里不再赘述。目前,最新的版本是 macOS Catalina。

6)Android

Android(安卓)是一种基于 Linux 的、自由及开放源代码的操作系统。主要使用于移动设备,如智能手机和平板计算机。Android 操作系统最初由 Andy Rubin 开发,2005 年 8 月被 Google 公司收购,继续由 Google 公司和开放手机联盟领导,共同研发、改良。至今,Android 是智能手机上最重要的操作系统。

7)iOS

iOS 是由苹果公司开发的移动操作系统。苹果公司最早于 2007 年 1 月公布这个系统,准备设计给 iPhone 使用。后来在 iPad、iPhone、iPod touch 上都使用 iPhone OS,所以在 2010 年全球开发者大会(WWDC)上宣布改名为 iOS。目前 iOS 的最新版本是 iOS 13.3.1。

8)Windows Phone

Windows Phone 是微软公司在 2010 年 2 月正式向外界展示的智能手机操作系统,并于同年 10 月正式发布 Windows Phone 第一个版本 Windows Phone 7.0(简称 WP7)。在 2012 年 6 月发布的 Windows Phone 8 版本采用与 Windows 8 相同的 NT 内核,它也是第一个支持多核 CPU 的 WP 版本。

2015 年 1 月,微软公司召开了主题为"Windows 10,下一篇章"的 Windows 10 发布会,在发布会上提出 Windows 10 将是一个跨平台的操作系统,无论手机、平板计算机、笔记本计算机、二合一设备、PC,Windows 10 都将全部兼容。可惜,由于各种原因导致使用 Windows Phone 的智能手机在市场的占有率不断下滑,促使微软公司宣布从 2017 年 7 月 11 日开始终止对 Windows Phone 8.1 的技术支持和内容更新;从 2018 年 10 月 31 日开始,Windows 8.x 和 Windows Phone 8.x 的软件商店将不再接受新软件的提交。如今微软已经放弃了 Windows 10 移动版操作系统。

2.2 操作系统的功能

计算机系统是由硬件系统和软件系统组成,当计算机系统运行时,操作系统就要负责提供正确的方法管理和使用这些软硬件资源,为用户提供良好的服务。因此,从资源管理角度来看,操作系统的主要功能包括设备管理、存储管理、进程管理和文件管理。

2.2.1 设备管理

在计算机硬件系统中,除了 CPU 和内存外,其余几乎都是外部设备。而外部设备中,除输入输出(I/O)设备外,还有外存设备、传输设备和人机交互设备及专用设备等,种类繁多,物理特性、工作方式不一样,因此,操作系统对它们的控制和管理就很复杂。

(1)向用户提供标准的外部设备接口(如 USB 接口),按照用户的要求和设备的类型,完成用户的 I/O 请求。

(2)充分利用中断技术、通道技术和缓冲技术,以提高设备的利用率,提高 CPU 和外部设备之间并行工作的能力。

（3）对 CPU 和外部设备之间存在很大的速度差异,通常会在它们之间设置缓冲区予以解决,因此对缓冲区要实行有效控制和管理。

（4）根据用户和程序提出的 I/O 请求,系统应会视乎当时设备情况,按照事先制定的分配策略,把所需设备分配给申请者,待其使用完后及时收回。

Windows 操作系统为用户提供了一个"设备管理器"应用程序,方便人们对计算机中的硬件以及连接的外部设备进行管理,包括硬件的安装与卸载、更改设备驱动程序等。

2.2.2 存储管理

存储器是一种重要的系统资源,所有数据的处理过程都离不开存储器。由于 CPU 只能访问内存,因此程序要在计算机上运行,它的代码和需要处理的数据就要全部或部分从外存加载到内存中,否则无法运行。另外,操作系统本身(至少内核部分)也要占用相当大的内存空间,而内存容量非常有限,因此内存总是一种紧缺的系统资源。存储管理的任务：对要运行的程序分配内存空间,当它运行结束时要及时回收其所占的内存空间;保证各个应用程序在各自分配的内存空间进行操作,不破坏操作系统区的信息,并且互不干涉,也防止内存信息泄露;当应用程序使用的内存比物理内存大或内存空间被其他应用程序所占用时,操作系统通过虚拟存储技术,在硬盘分配一块空间作为虚拟内存以扩大内存容量,供应用程序使用。可见对存储器管理得好,可以大大提高其利用率,提高计算机系统整体性能。

在 Windows 10 操作系统中,虚拟内存称为页面文件,在系统安装时就创建了虚拟内存页面文件(pagefile.sys),其大小会根据实际情况自动调整。用户可以右击桌面"此电脑",在弹出的快捷菜单中选择"属性"命令,在弹出的界面中单击"高级系统设置"。在弹出的"系统属性"对话框中选择"高级"选项卡,单击"设置"按钮。在打开的"性能选项"对话框中单击"高级"选项卡即看见该计算机安装的 Windows 的虚拟内存情况。由于对它的管理比较复杂,不是专业人员不建议修改,让 Windows 自动管理。

内存管理的算法有很多,有些还需要硬件支持,所以,操作系统内存管理与系统硬件必须紧密结合。

2.2.3 进程管理

简单地说,**进程**是指正在执行的程序,包括这个程序所占据的所有系统资源。进程管理也称处理器管理,主要是指对请求使用 CPU 的分配实行有效控制,使其尽可能地发挥最佳的利用率。在多道程序(两个或两个以上程序在内存中同处于开始到结束之间的状态)环境下,许多操作系统对 CPU 的分配和运行是以进程为基本单位的,因此也可以说,对 CPU 的管理即是对进程的管理。CPU 是计算机系统中最重要的硬件资源,任何程序只有拥有了 CPU 使用权才能被执行。由于其处理信息的速度比存储器的存取速度以及外部设备工作的速度都要快得多,因而要协调好各组成部件之间的关系才能充分发挥 CPU 的作用。为此,操作系统可以预先制定优先使用 CPU 的规则和管理办法,以满足各种应用程序所需的服务。同时也可以实现在同一时间内并行处理多项任务,使 CPU 的利用率最大化,提高计算机响应用户的速度。这样使系统资源得到充分利用,实现资源共享的目的。

Windows 的进程管理在 2.3.2 节任务管理器中介绍。

2.2.4　文件管理

文件是指存储于计算机中,具有符号名的、在逻辑上具有完整意义的一组相关信息项的集合。在计算机中所有的数据、程序都是以文件的形式存放在外存中的,需要时就把它由外存调入内存进行处理。文件名由用户创建文件时指定,以后都是通过这个名字来读取文件。文件管理的目的就是根据用户的要求有效组织和管理文件的存储空间,为文件的访问和保护提供有效的方法和手段,实现按文件名存取,负责对文件的组织及对文件存取权限、打印等的控制。

2.3　操作系统举例——Windows 10

Windows 8 操作系统是自 Windows 95 操作系统以来的又一重大变革,但由于 Windows 8 操作系统过于颠覆的界面设计,使得广大用户需要花费大量的时间重新学习,掌握其操作,这无形中增加了许多成本,因而被很多人诟病。微软公司在开发 Windows 10 操作系统过程中,广泛听取了用户的意见,在 Windows 8 操作系统的基础上,在易用性、安全性等方面进行了深入的改进与优化,还针对云服务、智能移动设备、人机交互等新技术进行了融合。Windows 10 操作系统对硬件要求低,只要能运行 Windows 7 操作系统就能更加流畅地运行 Windows 10 操作系统。此外,它对固态盘、生物识别、高分辨率等硬件都进行了优化支持与完善。除了继承旧版 Windows 操作系统的安全功能外, Windows 10 操作系统还引入了 Windows Hello、Microsoft Passport、Device Guard 等安全功能。同时,为适应当今社会节能减排、保护环境的需要,微软公司完善了 Windows 10 操作系统的电源管理功能,使之变得更加智能、省电。为方便旧版 Windows 升级,微软公司提供了多种升级方式和工具,即使是普通用户也能完成操作系统升级。总之,经过上述一系列的优化与改变后,Windows 10 操作系统已成为最优秀的消费级别操作系统之一。

2.3.1　Windows 文件管理

1. 文件属性

1) 文件名

计算机中的文件是按名存取的,因此任何文件都必须有自己的名称才能相互区分,以便操作系统实行按名存取。文件名包括主文件名和扩展名两部分,其中主文件名是必不可少的,而扩展名则可以省略(不提倡省略)。在保存文件时,需提供符合特定规则的有效文件名,这些特定的规则称为文件命名规范。表 2.1 是 Windows 10

V2.1　Windows 10 文件管理

操作系统文件(夹)的命名规则。

表 2.1　Windows 10 操作系统文件(夹)命名规则

规　　则	说　　明
是否区分大小写	否
文件名最大长度	文件名和扩展名不能超过 255 个字符
是否允许使用空格、数字	允许,但忽略开头和结尾空格
不允许出现的字符	?、/、\、<、>、*、|、:
不允许使用的文件名	CON、AUX、COM1、COM2、COM3、COM4、LPT1、LPT2、LPT3、PRN、NUL

　　2) 文件类型

　　在绝大多数计算机操作系统中,文件的扩展名用于表示文件的类型。主文件名和扩展名间用圆点(.)分隔。Windows 使用文件关联列表,把文件扩展名和相应的应用程序连接起来。这种便利的特性使得用户在打开数据文件时不必先行打开应用程序,而只需双击该文件即可。常见的文件类型如表 2.2 所示。

表 2.2　常见的文件类型

文件类型	扩展名	说　　明
可执行程序	exe、com	可执行程序文件
源程序文件	c、cpp、bas、asm	程序设计语言的源程序文件
目标文件	obj	程序文件编译后的目标文件
文档文件	pdf、docx、txt	各类文档文件
图像文件	bmp、jpg、gif	不同格式的图像文件
压缩文件	zip、rar	不同格式的压缩文件
流媒体文件	rm、avi、qt	不同格式的流媒体文件
音频文件	wav、mp3、mif	不同格式的音频文件
网页文件	html、asp、jsp	不同格式的网页文件

　　3) 文件属性

　　除了文件名和文件类型外,文件还有描述、位置、大小、占用空间、创建时间、修改时间、访问时间等属性,图 2.2 是 Windows 10 的文件属性窗口,其中只读属性起保护文件作用,被设置了只读属性的文件只能读取,不能被修改或删除;而具有隐藏属性的文件在一般情况下是不显示的。

2. 文件夹

　　在使用图形化的文件管理器时,子目录被描述为文件夹,因为它们类似文件柜中存放某种相关文件的文件夹。

图 2.2　文件属性窗口

为了有效地管理和使用文件,用户通常在磁盘上创建文件夹,在文件夹下再创建文件夹,也就是将磁盘上所有的文件组织成树状结构,然后将文件分门别类地存放在不同的文件夹中。这种结构像一个倒置的树,树根为根文件夹(根目录),树中每一个分支为文件夹(子目录),树叶为文件,如图 2.3 所示。

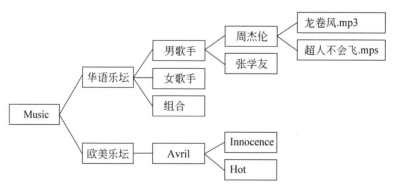

图 2.3　文件(夹)的树状结构

当一个文件被放入文件夹后,如何访问这些文件呢? 文件路径就是这些文件的"联系地址"。文件路径分为绝对路径和相对路径两种。

1）绝对路径

从根文件夹（根目录）开始，依序到该文件之前的文件夹（子目录）名所组成的字符串。如图 2.4 所示，用绝对路径表示 QQ.exe 文件的结果就是 C:\Program Files（x86）\Tencent\QQ\Bin\QQ.exe，其中，"C:"是驱动器名；":"后面的"\"表示该驱动器的根文件夹（根目录），它是在该驱动器进行格式化时系统自动生成的，用户不能将它删除；Program Files（x86）、Tencent、QQ、Bin 为子文件夹（子目录）名，它们之间用\分隔；QQ.exe 是文件名。绝对路径都是从根文件夹（根目录）开始描述的。

图 2.4　QQ.exe 文件路径窗口

2）相对路径

从当前文件夹（目录）开始到某个文件之前的文件夹（目录）名所形成的字符串。例如，对于文件 C:\Program File(x86)\Tencent\QQ\Bin\QQ.exe，假设当前文件夹（目录）是 C:\Program Files（x86）\Tencent\QQ，QQ.exe 文件的相对路径就表示为 Bin\QQ.exe。

3. 管理文件和文件夹

管理计算机中的文件和文件夹是用户最经常和重要的工作。在 Windows 10 操作系统中，文件资源管理器就是一个管理文件和文件夹的工具，使用它能清晰地显示文件夹结构及内容，同时也能方便地对文件、文件夹进行移动、复制、删除等操作。

1）启动文件资源管理器

启动文件资源管理器有以下两种方法。

（1）单击任务栏左边的"文件资源管理器"图标。

（2）右击屏幕"开始"按钮，从弹出的快捷菜单中选择"文件资源管理器"命令，如图 2.5 所示。

在文件资源管理器窗口有两个区域即左窗格和右窗格，左窗格以树状方式显示计算机资源的组织结构，右窗格显示的是在左窗格中选定的对象所包含的内容。右窗格的内容会随着用户在左窗格中选定的不同对象而自动刷新。

Windows 操作系统的一个重要特点：先选定准备要进行操作的对象，再选择操作命令。所以，用户在使用 Windows 时一定要注意遵守这个原则。

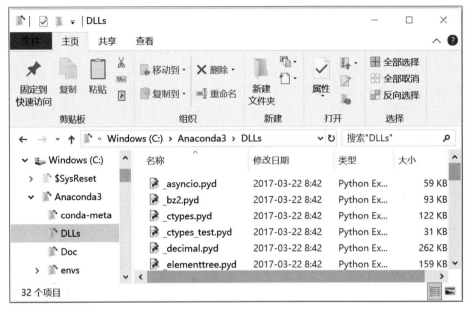

图 2.5　文件资源管理器窗口

2）选定文件或文件夹

（1）选定单个文件或文件夹：单击要选定的文件或文件夹。

（2）选定多个连续的文件或文件夹：单击要选定的第一个文件或文件夹，再按住 Shift 键的同时，单击最后一个文件或文件夹。

（3）选定多个不连续的文件或文件夹：按住 Ctrl 键，再单击要选定的文件或文件夹。

（4）全选定文件或文件夹：单击"文件资源管理器"窗口的"主页"菜单，从"选择"组中选择"全部选择"；也可以按 Ctrl＋A 键。

通常，对于文件和文件夹的操作有复制、剪切、删除、新建、粘贴、重命名、查看属性等，可以通过鼠标、菜单命令或键盘的操作实现。

4. 文件和文件夹管理技巧

虽然 Windows 提供了强大的文件管理功能，但是只有在组织文件时有一个逻辑的计划并遵照基本的文件管理方针，才能较好地管理文件。常见的技巧如下。

（1）使用描述性的文件名称。对文件和文件夹命名时使用描述性名称，避免使用隐晦的缩写。

（2）保留文件扩展名。在重命名文件时，保留原有文件的扩展名，这样会使用正确的软件打开文件。

（3）将类似的文件编组。根据主题将文件分装在不同的文件夹内。

（4）从上往下组织文件夹。设计文件夹层次时，考虑如何访问和备份文件，尽量逻辑上安排合理。

（5）不要把数据文件和程序文件混杂在一起。不要把数据文件存放在程序文件夹里,方便管理和备份。

（6）不要在根目录下保存文件。尽管在根目录下创建文件是允许的,但是这并不是一个良好的做法。

（7）从硬盘访问文件。为了达到最好的性能和备份方便,将 U 盘或光盘上的文件先复制到硬盘,然后再进行访问。

（8）删除或归档不需要的文件。及时进行文件整理,可以将文件大小和条理控制在一个良好的状态。

（9）定期备份重要文件。备份的原则：最好是在异地或者网络上备份,其次是在相近计算机上备份,再次是在同一个计算机不同磁盘分区备份,最差是在不同文件夹备份。备份数量根据重要性不同进行选择,在可以接受的范围内越多越好。

5. 剪贴板与回收站

1）剪贴板

Windows 中的剪贴板是内存中的一块区域,是应用程序和文件之间用于传递信息的临时存储区。它不但可以存储文本,还可以存储图像、声音等其他信息。通过它可以把各文件的正文、图像、声音粘贴在一起形成一个文档。剪贴板的使用方法是先将信息复制或剪切到剪贴板,然后在目标应用程序中将插入点定位到需要放置信息的位置,再使用"粘贴"命令将剪贴板中的信息传送到目标应用程序中。

将信息粘贴到目标程序后,剪贴板中的内容依旧保持不变,因此,可以进行多次粘贴。既可以在同一文件中多次粘贴,也可以在不同文件中多次粘贴,所以剪贴板提供了在不同应用程序间传递信息的一种常用方法。

"复制"、"剪切"和"粘贴"命令对应的快捷键分别是 Ctrl＋C、Ctrl＋X 和 Ctrl＋V。

此外,还可以按 Print Screen 键,把整个屏幕作为图像复制到剪贴板；或者同时按 Alt＋Print Screen 键,把活动窗口作为图像复制到剪贴板。

Windows 10 操作系统的剪贴板功能做了更新,可以暂存用户以往对文本进行复制、剪切操作的内容,当用户进行粘贴操作时,可以从中选择需要的内容。不过剪贴板历史功能开关默认是关闭的,开启步骤如下。

（1）右击屏幕"开始"按钮,在弹出的快捷菜单中选择"设置"命令,打开"Windows 设置"窗口。

（2）单击"Windows 设置"窗口中的"系统"图标,打开"设置窗口"。

（3）单击"设置"窗口左侧列表中的"剪贴板"按钮,打开"剪贴板"设置界面,单击"剪贴板历史记录"开关滑块,使其处于"开"状态,如图 2.6 所示。

当需要使用之前复制或剪切的内容时,可以按 Win＋V 打开"剪贴板"窗口,单击需要粘贴的内容；如果想清除剪贴板中的项目时,可单击项目右上角的"…"打开菜单,根据需要选择菜单便可。

当然,如果不想使用剪贴板历史记录,直接单击"粘贴"按钮或者按 Ctrl＋V 键即可。

2）回收站

回收站是 Windows 系统为用户提供的删除文件或文件夹的安全策略。回收站就是

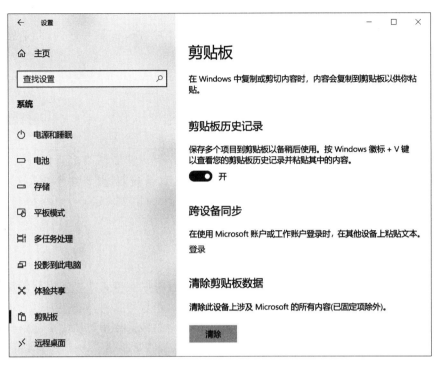

图 2.6 剪贴板的"设置"窗口

系统在硬盘中开设的一块存储区域。从硬盘中删除任何文件或文件夹时，Windows 系统会将其放入"回收站"中。"回收站"中存放的文件或文件夹是可以被恢复或还原到原位置的。当"回收站"充满后，Windows 会自动清除"回收站"中空间以存放最近被删除的文件或文件夹。

（1）恢复"回收站"的内容。

双击桌面上的"回收站"图标打开"回收站"窗口，选择要恢复的文件或文件夹、快捷图标等对象，再选择"回收站"窗口中"管理→回收站工具"选项卡还原组中的"还原选定的项目"，即可恢复删除的项目；也可以右击选定的对象，从弹出的快捷菜单中选择"还原"命令，恢复删除的项目。

（2）清空"回收站"的内容。

在"回收站"中的对象并没有腾出所占用的磁盘空间，只有清空"回收站"后，这些被占用的磁盘空间才真正被释放，被系统收回重新分配。要清空"回收站"，可右击桌面上的"回收站"图标，从弹出的快捷菜单中选择"清空回收站"命令，在确认删除对话框中选择"是"，即可清空"回收站"；也可以双击桌面上"回收站"图标，在打开的"回收站"窗口中选择"清空回收站"。

2.3.2 程序管理

程序是指计算机为完成某个任务所必须执行的一系列指令的集合。操作系统主要的功能就是管理程序的启动、运行和退出。

1. 程序文件

程序通常是以文件的形式存储在外存上。在 Windows 10 中,大多数程序文件的扩展名为 exe,少部分具有命令行提示符界面的程序文件的扩展名为 com。表 2.3 列出了 Windows 10 提供的常用程序文件名,这些程序文件都存放在 Windows 文件夹中,而代表这些程序文件的图标和名称都存放在"开始"屏幕的程序列表中。

表 2.3　常用程序文件名

常用应用程序	文 件 名	常用应用程序	文 件 名
Windows 文件资源管理器	Explorer.exe	画图	Mspaint.exe
Windows 控制面板	Control.exe	命令提示符	Cmd.exe
记事本	Notepad.exe	Windows Media Player	Wmplayer.exe
写字板	Wordpad.exe	Internet Explorer	Iexplore.exe

1）程序的运行和退出

程序的运行和退出方法有很多种,如表 2.4 所示。

表 2.4　应用程序启动与退出方法

方　　法		说　　明
启动应用程序	屏幕"开始"按钮	这是最常见的方法
	双击桌面上的应用程序图标	在桌面上创建常用的应用程序的快捷方式
	Windows 文件资源管理器	准确知道应用程序文件名
	系统"搜索"按钮	大概知道应用程序文件名,系统将根据用户输入字符自动搜索并显示结果
	双击文档文件	该文档已经与某个应用程序建立关联
退出应用程序	选择"文件"→"退出"命令	选择"文件"菜单中的"退出"命令
	单击窗口右上角"关闭"按钮	绝大多数的应用程序窗口都有"关闭"按钮
	Windows 任务管理器	强行关闭应用程序
	按 Alt＋F4 键	该应用程序窗口为当前窗口

2）应用程序快捷方式

（1）快捷方式。

在桌面上或者文件夹中,左下角有一个弧形箭头的图标称为快捷方式,如图 2.7 所示。通常,为了快速地启动某个应用程序,用户可以在桌面或屏幕"开始"按钮的程序列表等地方创建该应用程序的快捷方式,以便以后可以双击这个图标即启动相应的应用程序。

图 2.7　桌面上的快捷方式

需要说明的是,快捷方式只是一个连接对象的图标,不是这个对象本身,是指向这个对象的指针而已,其文件的扩展名为 lnk;快捷方式可以放置在 Windows 中的任意位置,即可以在"桌面"、文件夹或"开始"屏幕按钮的程序列表等地方创建快捷方式。

不仅可以为应用程序创建快捷方式,而且还可以为 Windows 中的任何一个对象创建快捷方式。例如,可以为文档、文件夹、个性化、控制面板、磁盘或打印机等创建快捷方式。对于一些经常使用的应用程序、文档、文件夹,就应该为它们在桌面上创建快捷方式。

(2)创建快捷方式。

由于创建快捷方式的方法较多,这里只列出其中的 3 种。

使用快捷菜单方式:右击需要创建快捷方式的对象,在弹出的快捷菜单中选择"创建快捷方式"命令,系统将在当前位置创建快捷方式。如果要在桌面上创建快捷方式,则从弹出的快捷菜单中选择"发送到"→"桌面快捷方式"命令。

鼠标方式:按 Ctrl+Shift 键,然后将文件拖曳到需要创建快捷方式的地方即可。

使用创建快捷方式向导:右击桌面或需要存放创建快捷方式的窗口空地,从弹出的快捷菜单中选择"新建"→"快捷方式"命令,打开"创建快捷方式"向导窗口,按照提示输入相应内容即可。

2. 任务(程序、进程)管理器

当程序被加载到内存时,系统就创建了一个进程,程序运行结束后进程也就终止了。可见进程具有"生命"特征,有一个创建、运行及消亡的过程。进程在整个生命周期中有 3 种基本状态,如图 2.8 所示。

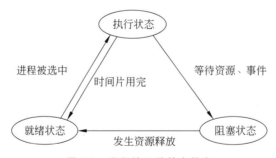

图 2.8 进程的 3 种基本状态

(1)执行状态:进程占用了 CPU,正在执行指令。在单 CPU 系统中,任何时刻最多只能有一个进程处于执行状态;在多 CPU 系统中,可有多个进程处于执行状态。

(2)就绪状态:进程拥有除 CPU 以外的任何其他资源和运行条件。一旦得到 CPU 便立即转为执行状态。在一个系统中可以有多个进程处于就绪状态。

(3)阻塞状态:也称挂起状态、睡眠状态或等待状态。进程因某个原因(或事件)暂时无法继续运行下去,因此放弃 CPU,等待影响它运行的因素消除。

在进程运行期间,进程不断地从一个状态转换到另一个状态。处于执行状态的进程,因时间片用完便转为就绪状态;因为需要使用某个资源(例如,打印机),而该资源被别的进程占用,则由执行状态转为阻塞状态;处于阻塞状态的进程发生了某个事件(例如,打印机已经成空闲状态)后就转换为就绪状态;处于就绪状态的进程被分配了 CPU 时间片后就转换为执行状态。

Windows 是一个多任务的操作系统,可同时运行若干个应用程序,即内存中同时有若干个进程,如图 2.9 所示。

图 2.9 任务管理器

用户则可以利用任务管理器管理当前正在运行的应用程序或进程,并查看当前计算机系统的有关信息。当系统出现"死机"症状时,往往是因为存在未响应的应用程序,此时,可以通过任务管理器终止这些未响应的应用程序,系统就可以恢复正常了。当然也可以通过任务管理器使计算机关机或重新启动等。

在 Windows 10 操作系统中,任务管理器得到了很大的革新,相对于旧版 Windows 系统的任务管理器,新版系统的任务管理器功能更强大、操作更简便、界面更直观。新版系统的任务管理器有两种显示模式,即详细信息模式(见图 2.9)和简略信息模式(见图 2.10),默认打开的是简略信息模式。

新版系统任务管理器采用热图显示方式,通过颜色直观地显示应用程序或进程使用资源的情况,同时也保留了数字显示方式,因为人眼对于颜色的敏感度远高于数值。当有应用程序出现异常,并导致操作系统出现某种资源过载时,任务管理器会通过红色系(色系随过载程度递增)向用户报警,使得用户能够迅速发现问题并进行处理。此外,Windows 10 操作系统对内存管理做了优化,采用了"挂起"模式来解决内存的使用问题(这里的"挂起"与进程"阻塞"含义不同),就是当应用程序不在

图 2.10 简略信息模式任务管理器

当前屏幕中使用时,操作系统自动将暂停并保留其所占用的内存空间,当内存资源不足时,操作系统要求这些被"挂起"的应用程序释放所占用的大部分内存资源,当该应用程序再次被打开时,操作系统重新为其分配内存资源,但应用程序本身不需要重新加载。这种做法的好处就是可以充分利用内存资源,用户几乎不会感觉到应用程序切换过程的间隙差异。

打开任务管理器的方法有如下 5 种。

(1) 按 Ctrl+Shift+Esc 键直接打开。

(2) 按 Ctrl+Alt+Delete 键,在打开的界面中选择"任务管理器"。

(3) 右击任务栏上的空白地方,在弹出的快捷菜单中选择"任务管理器"命令。

(4) 右击屏幕"开始"按钮,在弹出的快捷菜单中选择"任务管理器"命令。

(5) 右击屏幕"开始"按钮,在弹出的快捷菜单中选择"运行"命令(或按 Win+R 键)打开"运行"对话框,在"运行"对话框中输入 taskmgr.exe 并按 Enter 键。

首次打开新版系统的任务管理器时显示的只是简略信息,里面显示当前正在运行的应用程序,如图 2.10 所示。

新版系统的任务管理器更加简洁、直观,后台运行的应用程序也可以显示出来(如 Modern 应用程序、某些后台客户端程序),这在旧版系统的任务管理器应用程序选项页中是无法显示。而一些操作系统程序(如文件资源管理器、任务管理器等)在简略信息模式任务管理器中也是无法显示。如果在 64 位 Windows 10 操作系统中使用 32 位的应用程序时,会在应用程序后标注为"32 位"程序(见图 2.10)。要结束未响应的应用程序,用户可打开任务管理器。在简略信息模式任务管理器中对于未响应的程序会在右侧给出红色的"未响应"标识,如果要关闭某个应用程序,只需选中该程序,然后单击窗口下方的"结束任务"按钮即可,或者右击选定需要结束任务的应用程序,从弹出的快捷菜单中选择"结束任务"命令。

如果感觉简略信息模式不够用,可以单击其窗口左下方的"详细信息"选项,就可切换到功能更强的详细信息模式任务管理器。在这里可以看到进程、性能、用户等旧选项卡,以及新增的应用历史记录、启动、详细信息选项卡。

3. 安装或卸载应用程序

在 Windows 10 操作系统中,可以用如下 4 种方法打开控制面板。

(1) 右击"文件资源管理器"窗口的"此电脑"图标,在弹出的快捷菜单中选择"属性"命令,在打开的"系统"窗口左侧选择"控制面板主页"。

(2) 单击屏幕"开始"按钮,从程序列表中选择"Windows 系统"→"控制面板"。

(3) 单击屏幕"开始"按钮旁边的"搜索"按钮,在搜索框中输入"控制面板",单击"控制面板"图标打开即可。

(4) 右击屏幕"开始"按钮,从列表中选择"设置",在打开的"设置"窗口中输入"控制面板"即可。

在打开的"控制面板"窗口中单击"程序和功能"图标,打开如图 2.11 所示的"程序和功能"窗口,就可以卸载或更改程序。

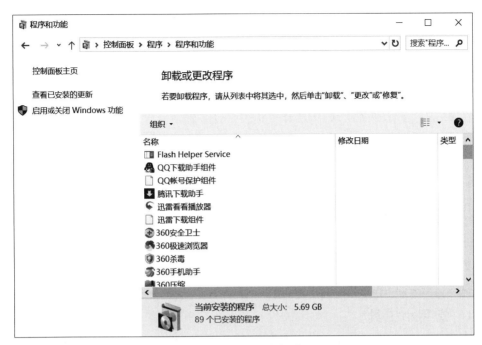

图 2.11　"程序和功能"窗口

用户在删除或安装的应用程序时应注意以下问题。

（1）删除应用程序的方法：最好不要采用直接将应用程序从文件夹中删除的方法，因为一方面应用程序不可能删除干净，有些 DLL 文件安装在 Windows 目录中；另一方面很可能会删除其他程序也需要的 DLL 文件，这样会导致其他依赖这些 DLL 文件的程序无法正常运行。如果应用程序本身提供了"卸载"功能，也可以使用该功能将应用程序从系统中删除。

（2）安装应用程序的方法。

① 如果应用程序是以光盘形式提供的，且光盘上有 Autorun.inf 文件，则光盘插入光驱后会自动运行安装程序。

② 直接运行安装盘中的安装程序 Setup.exe 或 Install.exe 文件。

③ 如果应用程序是从 Internet 上下载的，通常整套软件被捆绑成一个.exe 文件，那么用户直接运行该文件就可以安装应用程序。

2.3.3　硬件管理

在实际工作当中，每台计算机都会配置很多硬件设备，这些硬件设备的性能和工作原理都不一样。但在 Windows 10 操作系统的支持下，用户可以很方便地管理硬件设备。

1. 添加设备

现在的设备都支持通过 USB 电缆连接计算机，USB 端口都支持即插即用（Plug and Play，PnP）和热插拔。但不要误以为即插即用就不需要安装设备驱动程序，而是因为操作系统能自动检测到新连接的设备并自动安装相应的驱动程序,使设备能够正常工作。当然,如果 Windows 10 找不到该设备驱动程序,系统将会提示插入包含驱动程序的磁盘。

2. 管理设备

在 Windows 10 操作系统中,为用户提供了设备管理器应用程序,方便管理计算机中的各种设备。打开该应用程序窗口的方法有如下 3 种。

（1）右击"此电脑"图标,在弹出的快捷菜单中选择"管理"命令,在弹出的"计算机管理"窗口中再选择"设备管理器"。

（2）右击屏幕"开始"按钮,在弹出的快捷菜单中选择"设备管理器"命令。

（3）单击屏幕"开始"按钮旁边的"搜索"按钮,在搜索框中输入"设备管理器",单击"设备管理器"图标打开即可。

通过设备管理器用户可以了解有关计算机硬件的安装和配置情况,也可以查看已经安装的硬件信息,以及更新已安装硬件的设备驱动程序。

2.3.4 常用小工具

Windows 10 操作系统提供了许多实用的小程序给用户使用,以解决一些生活、工作当中经常遇到的小问题,下面简单介绍其中 4 个。

1. 记事本

Windows 10 操作系统内置的记事本功能非常实用,可以用来编辑一些简单的文本。同时因为它只能保存文本文件,所以许多程序员喜欢用它来阅读、编辑源程序代码。此外,其操作的功能比以往旧版本有所增强。现在能正确显示 UNIX、Linux 以及 Mac 系统的行尾符(End of Line),使用这些系统编辑的文本将能在 Windows 记事本里以正确的格式显示,大大方便了 IT 管理员和程序员在进行跨平台代码维护时的阅读,同时还强化了处理较大容量文件时的性能;除此之外,记事本在保持原有界面不做大改的前提下,对一些交互手段进行了改善。例如,增加了按 Ctrl 键+鼠标滚轮时,窗口显示的内容会自动缩放;按 Ctrl+Backspace 键自动删除整个单词;状态栏默认显示,并会跟踪光标的行列位置。打开记事本的方法有如下 4 种。

（1）单击屏幕"开始"按钮,从程序列表中选择"Windows 附件"→"记事本"。

（2）按 Win+R 键打开"运行"对话框,在输入框中输入 notepad 后单击"确定"按钮。

（3）单击屏幕"开始"按钮旁边的"搜索"按钮,在搜索框中输入"记事本",单击"记事本"图标打开即可。

（4）右击需要编辑的文件,从弹出的快捷菜单中选择"打开方式"→"记事本"。

2. 画图

Windows 画图程序已经存在很久了,很长一段时间微软公司对它的功能并没做太大的更新。但在新版的 Windows 10 操作系统下,微软公司令人意外地更新了 Windows 10

画图程序,除更新了许多实用功能外,还特别添加了抠图功能,可以通过各种模板绘制需要的 2D 或 3D 图像。下面简单介绍抠图功能。

V2.2 画图与截图工具使用

使用画图程序打开需要进行抠图的文件后,单击工具栏上"使用画图 3D 进行编辑"按钮(或右击所要抠图的图片文件,在弹出的快捷菜单中选择"使用画图 3D 进行编辑"命令),系统就会打开一个新的"画图 3D"窗口,再从该窗口工具栏中单击"神奇选择"按钮,这时在图片的周围会出现 8 个圆点,通过拖动这些圆点把要抠出来的物体圈起来,如图 2.12 所示。

图 2.12 "画图 3D"窗口(一)

单击"下一步"按钮,就能看到所要抠出的图已经被自动框选。但是,被自动框选的图片还有些不需要的内容,这时可以单击"删除"按钮,再在所框选的图片中按住鼠标左键画去不需要的部分,只留下必要的部分,如图 2.13 所示。

如果自动框选删除了所需要的部分,可以单击"添加"按钮,在图片中按住鼠标左键画出所需要的部分,如图 2.14 所示。单击"已完成"按钮,抠出来的图就被选中了。单击"全选"按钮,原图片中抠完后剩余的部分就会被选中,单击编辑处的"删除"按钮,图片中被抠的部分就会独立出来,完成抠图。

打开画图程序可以用如下 3 种方法。

(1) 单击屏幕"开始"按钮,从程序列表中选择"Windows 附件"→"画图"。

(2) 按 Win+R 键打开"运行"对话框,在输入框中输入 mspaint 后单击"确定"按钮。

(3) 单击屏幕"开始"按钮旁边的"搜索"按钮,在搜索框中输入"画图",单击"画图"图标打开即可。

图 2.13 "画图 3D"窗口(二)

图 2.14 "画图 3D"窗口(三)

3. 截图

在使用计算机工作时,经常会遇到需要截取屏幕中某部分内容的情况,这时可以使用 Windows 10 内置的截图功能快速截取所需内容,非常方便。按 Win+Shift+S 键即可启动截图程序。这时屏幕上方会出现一个工具条,上面有按钮供用户选择各种合适的截图方式,从左向右分别是"矩形截图""任意形状截图""窗口截图""全屏幕截图""关闭"按钮,鼠标在按钮上悬停时有提示说明。当用户按需要操作了鼠标后,截图内容自动会保存到"剪贴板",用户可以根据实际需要把它粘贴到文件中,或者打开画图程序,粘贴后进行编辑,以文件方式保存。

可以通过单击屏幕"开始"按钮,从程序列表中选择"Windows 附件"→"截图工具"方式打开截图工具应用程序,如图 2.15 所示,其操作方式比较简单。

图 2.15　Windows 10 截图工具

4. 计算器

Windows 10 操作系统内置的计算器的功能较多。在计算器"标准"模式下可以做加、减、乘、除、开平方根运算,通过"计算器"窗口左上角的菜单("程序员"左边),可以切换到其他模式,例如,"科学""程序员""日期计算""货币""容量""长度""温度""能量""货币"等进行各种计算或者换算,对于日常生活、工作中遇到的这类问题都能方便解决。打开计算器程序有如下 3 种方法。

(1) 单击屏幕"开始"按钮,从程序列表中选择"计算器"。

(2) 按 Win+R 键打开"运行"对话框,在输入框中输入 calc 后单击"确定"按钮。

(3) 单击屏幕"开始"按钮旁边的"搜索"按钮,在搜索框中输入"计算器",再单击"计算器"图标打开即可。

2.3.5　输入法的安装与设置

"语言栏"是指 Windows 桌面右下角任务栏处的输入法,其主要作用是用来进行输入法切换。当用户需要在 Windows 中进行文字输入时,就需要使用任务栏了。方法很简单,直接单击"语言栏",从打开的列表中选择需要使用的输入法即可。Windows 10 操作系统自带的中文输入法有"微软拼音""微软五笔""智能云输入法"。如果需要安装自己习惯使用的中文输入法,就要找到该输入法的安装程序并运行,按照提示进行安装,安装的输入法会添加到"语言栏"供选择。如果要对输入法进行维护,可以使用如下方法。

(1) 选择"语言栏"→"语言首选项"命令,打开"设置"窗口,窗口右边显示的是当前系统正在使用的语言、输入法等信息。

V2.3 输入法的安装与设置

(2) 如果需要安装其他输入法,单击"添加首选的语言"前面的＋按钮,打开"选择要安装的语言"对话框,按照提示操作即可。

(3) 需要设置默认输入法,单击"选择始终默认使用的输入法"链接,打开"高级键盘设置"对话框,在"使用语言列表(推荐)"列表框中选择需要设置为默认输入法的选项即可。

(4) 如果要添加/删除输入法,单击需要设置的输入语言,再单击"选项"按钮,在弹出的语言选项界面中的"键盘"选项栏会显示已安装的输入法列表。单击需要删除的输入法,再单击"删除"按钮,或者单击"添加键盘"前面的＋按钮打开列表,从中选择需要安装的输入法进行安装。

注意:在中文输入法状态时,半角和全角是针对标点符号的,全角标点占 2 字节,半角标点占 1 字节。单击输入法状态条中的"全/半角"按钮或者按 Shift＋Space 键即可在全角和半角之间切换;按 Ctrl＋Space 键或者按 Shift 键即可在中文和英文输入法之间切换。当然这些热键也可以按照自己的要求重新设置。

2.3.6　使用技巧

1. 显示/隐藏桌面系统程序图标

Windows 10 安装完后,有些图标是没有在桌面上显示的,如"此电脑""回收站""控制面板"等。可以使用如下方法让它们在桌面上显示出来:在桌面空白处右击,从弹出的快捷菜单中选择"个性化"命令,打开"设置"窗口,单击窗口左侧的"主题",在右侧的"主题"界面单击"桌面图标设置"选项,打开"桌面图标设置"对话框,如图 2.16 所示,这时就可以根据实际需要选中要在桌面上显示的应用程序,再单击"确定"按钮关闭窗口,在桌面上就可以看到相应的应用程序快捷方式图标。

2. Windows 安全模式

安全模式是 Windows 操作系统中的一种特殊模式。在此模式下操作系统仅以运行 Windows 所必需的基本文件和驱动程序的限定状态启动计算机,使计算机运行在系统最小模式,这样用户就可以方便地检测与修复计算机系统的故障。例如,当操作系统被安装了恶意程序或中了病毒,需要在安全模式下进行杀毒;或者安装的驱动程序导致计算机无法启动,需要到安全模式下将其卸载等。

Windows 8 以前的操作系统都可以通过在计算机启动时按 F8 键,从提示的菜单中选择进入安全模式即可。但在 Windows 10 操作系统就不可以了。下面介绍两种进入 Windows 10 操作系统安全模式的方法。

(1) 计算机在 Windows 10 操作系统工作状态。右击屏幕"开始"按钮,在弹出的快捷

图 2.16　"桌面图标设置"对话框

菜单中选择"运行"命令打开"运行"对话框,在输入框中输入 msconfig 后单击"确定"按钮,打开"系统配置"对话框,如图 2.17 所示。在"系统配置"对话框中单击"引导"选项卡,选中"安全引导"复选框,单击"确定"按钮,重新启动计算机即可。

(2) 让 Windows 10 操作系统支持开机时按 F8 键进入安全模式。计算机在 Windows 10 操作系统工作状态,右击屏幕"开始"按钮,在弹出的快捷菜单中选择 Windows PowerShell 命令,在打开的 Windows PowerShell 窗口中输入 bcdedit /set {default} bootmenupolicy legacy 后按 Enter 键执行命令(代码不再详述,有兴趣读者可以自行搜索)。重新启动计算机,按 F8 键系统就会进入"高级选项"界面,如图 2.18 所示。

在"高级选项"界面中选择"启动设置"按钮,系统会打开"启动设置"界面,选择"重启"按钮,打开如图 2.19 所示启动设置菜单。

此时按 4 键就可以进入安全模式了。需要注意的是,如果 Windows 10 操作系统开启了快速启动,下次关机再开机,可能无法使用 F8 键进入安全模式,因为系统并没有完全关机,需要将快速启动关闭后才会生效。

部分启动设置菜单项简介。

(1) 启用安全模式:只使用基本操作系统文件和驱动程序启动计算机,基本驱动程序主要包括鼠标、监视器、键盘、大容量存储器、基本视频以及默认系统服务。如果采用安全模式不能成功启动计算机,则可能需要使用 Windows 恢复环境(Windows Recovery Environment,WinRE)修复操作系统。

图 2.17　"系统配置"对话框

图 2.18　"高级选项"界面

（2）启用带网络连接的安全模式：只使用基本操作系统文件、驱动程序以及网络连接启动计算机。在安全模式下启动操作系统，包括访问 Internet 或网络上的其他计算机所需的网络驱动程序和服务。

（3）启用带命令提示符的安全模式：只使用基本操作系统文件和驱动程序启动计算机。登录操作系统后，只出现命令提示符，所有操作都只能在命令提示符中进行。

（4）禁用驱动程序强制签名：操作系统允许安装包含使用未经验证的签名驱动程序。

（5）禁用预先启动反恶意软件保护：阻止计算机启动初期运行反恶意软件，从而允许安装可能包含恶意软件的驱动程序。

（6）禁用失败后自动重新启动：仅当 Windows 10 操作系统启动进入循环状态（即

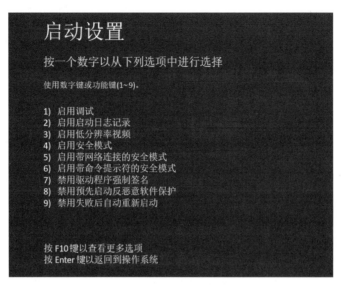

图 2.19　启动设置菜单

Windows 10 启动失败,重新启动后再次失败)时,才使用此选项。

3. 使用 OneDirve 同步数据

OneDirve 是 Microsoft 账户随附的免费网盘,提供的功能包括以下 3 部分。

(1) 相册的自动备份功能,无须人工干预。

(2) 在线 Office 功能。用户可以在线创建、编辑和共享文档,而且可以和本地的文档编辑进行任意切换,本地编辑在线保存或在线编辑保存。

(3) 分享指定的文件、照片或者整个文件夹,只需提供一个共享内容的访问链接给其他用户,这些用户就可以且只能访问这些共享内容。

要在 Windows 10 操作系统中使用 OneDirve,首先要有一个 Microsoft 账户,并且成功登录 OneDirve。具体步骤如下。

(1) 打开“此电脑”窗口,单击 OneDirve 图标,在弹出的“欢迎使用 OneDirve”对话框中选择“开始”按钮,弹出“登录”界面,按提示输入账户名称和密码,单击“登录”按钮。

(2) 成功登录后会打开“将你的 OneDirve 文件同步到此电脑”对话框,保持默认选项,单击“下一步”按钮。

(3) 在弹出的“从任何位置获取你的文件”对话框,保持默认选项,单击“完成”按钮完成登录 OneDirve 操作。

登录 OneDirve 后,就可以根据需要设置 OneDirve,如设置是否自动登录、自动保存及选择同步文件夹等。同样,也可以将文件、文件夹上传到 OneDirve,方便用户在任意位置通过 OneDirve 访问文件。如果用户没有 Microsoft 账户,可以在“登录”界面中单击“立即注册”按钮,按照提示操作即可。

云盘(网盘)是互联网存储工具,通过互联网为企业、个人提供信息的存储、读取、下载服务,具有一定的安全、稳定、海量存储的特点。现在互联网上有许多企业给个人提供免费的网盘服务,如"百度云盘""腾讯云盘""360云盘"等,但是,如果需要保存的数据带有机密性质,就要考虑使用加密方式保存。

4. 个人计算机的安全及系统优化

随着个人计算机的普及和互联网的广泛应用,计算机的安全与系统优化是使用者面临的最大问题。同时计算机病毒也在层出不穷,且迅速蔓延,这就要求用户要做好系统安全的防护,及时优化系统以提高计算机性能。用户可以从以下6方面入手。

1)计算机病毒查杀

杀毒软件可以保护计算机系统的安全,它已经成为计算机软件的标配。现在市场上各式各样的杀毒软件比较多,常见的有腾讯电脑管家、360杀毒软件、360安全卫士等,这些软件都集成了杀毒和管理功能,且免费,可以下载安装,随时对计算机进行病毒查杀,或者设置定期查杀功能。

2)计算机优化加速

对计算机系统进行优化是系统安全优化的一方面,可以通过使用上述360安全卫士软件,在主窗口中根据需要选择相应的命令按钮完成对计算机整理磁盘碎片、更改软件安装位置、减少启动项、转移虚拟内存和用户文件位置、禁止不同的服务、更改系统性能设置等操作。

3)开启系统防火墙

防火墙能够检查来自Internet或网络的信息,并根据防火墙设置阻止或允许这些信息进入计算机系统,是内部网、外部网及专用网络之间的保护屏障。Windows Defender是Windows 10内置的安全防护软件,主要用于帮助用户抵御间谍软件和其他潜在有害攻击软件的攻击,还可以起到设备优化的作用。使用它的方法:单击Windows 10屏幕"开始"按钮右侧的"搜索"按钮,在搜索框中输入Windows Defender,单击"Windows Defender防火墙控制面板"图标打开"Windows Defender防火墙"窗口,根据需要进行设置,如图2.20所示。

4)修复系统漏洞

系统漏洞是指操作系统在逻辑设计上的缺陷或在编写时产生的错误,这个缺陷或错误可能会被非法用户利用,通过传入木马、病毒等方式攻击或控制计算机,从而窃取计算机中重要资料、破坏计算机系统。可以通过单击上述360安全卫士软件中的"系统修复"按钮完成对操作系统漏洞定期检查、修复工作。

5)硬盘优化

硬盘用久了,由于用户经常要对文件或文件夹进行保存、删除、更改等操作,磁盘上会产生碎片,如果碎片多了就会严重影响系统的运行效率。因此,应定期对硬盘进行磁盘分析和碎片整理。在Windows 10操作系统中,磁盘碎片整理程序可以按计划自动进行,用户也可以手动运行该程序或更改原计划。具体方法:单击Windows 10屏幕"开始"按钮右侧的"搜索"按钮,在搜索框中输入"优化驱动器",单击"碎片整理和优化驱动器应用"图标打开"优化驱动器"窗口,如图2.21所示。单击"全部分析"按钮,系统先分析磁盘碎片的多少,再自动整理磁盘碎片,整理完成后单击"关闭"按钮。上述介绍的杀毒软件也带有

图 2.20 "Windows Defender 防火墙"窗口

磁盘整理功能,根据提示进行操作即可。

图 2.21 "优化驱动器"窗口

注意:固态盘和硬盘,在读写机制上有很大区别,不需要进行碎片整理操作。

6)数据的加密与解密

对于重要的文件夹,除了要定期做好备份外,还应该对它进行加密,这是保护数据安全最简单且行之有效的方法。可以利用 Windows 10 操作系统(专业版)提供的文件夹加密功能实现。具体方法：打开"此电脑"窗口,右击要加密的文件夹,从弹出的快捷菜单中选择"属性"命令,弹出"属性"对话框,单击"常规"选项卡下的"高级"按钮,打开"高级属性"对话框,选中"压缩或加密属性"选项栏中的"加密内容以便保护数据"复选框,单击"确定"按钮即可,完成设置加密后的文件夹名称以绿色字体显示。如果正在使用的 Windows 10 操作系统不是专业版,是没有提供这项功能的,而且此功能只能对文件夹进行加密,不能对单个文件进行加密。

此外,可以使用第三方压缩软件,如 360 压缩、2345 好压等,它们都是免费软件,且支持多种压缩格式。现以 360 压缩使用方法为例。右击选中需要加密的文件或文件夹,从弹出的快捷菜单中选择"添加到压缩文件"命令,打开"您将创建一个压缩文件-360 压缩"对话框,如图 2.22 所示。

图 2.22 "您将创建一个压缩文件-360 压缩"对话框

设置压缩文件的名称后,单击左下角的"添加密码"按钮,在弹出的"添加密码"对话框中输入密码,单击"确定"按钮返回后,再单击"立即压缩"按钮即可完成。如果需要解压,双击压缩文件或文件夹后,按照提示操作就可以了。

对比较重要的资料(例如,数据文件、照片、视频等),建议先进行压缩、加密,再作备份、传输或上传至云盘存储,以方便使用并保持一定的安全性。如果资料是属于办公文档(如 Word、Excel、PowerPoint 文档),创建这些文档的应用程序本身就提供加密功能,直接使用这功能进行加密即可。

2.4 思考题

一、单选题

1. 在 Windows 中,默认的无格式文本文件的扩展名是(　　)。
   A. txt 　　　　　 B. docx 　　　　　 C. doc 　　　　　 D. rtf
2. 目前流行的移动端操作系统有 iOS、WinPhone 和(　　)等。
   A. Mac OS 　　　 B. Windows XP 　　 C. Symbian 　　　 D. Android
3. 打印机驱动程序是操作系统和打印机之间的纽带。只有安装了打印机驱动程序,计算机才能和打印机进行连接并打印,以下说法正确的是(　　)。

A. 即使所要安装的打印机与已安装的打印机兼容,也必须再安装驱动程序

B. Windows 系统提供的打印机驱动程序支持任何打印机

C. 在安装驱动程序过程中,一定能在 Windows 系统所列出的打印机清单中找到所需的打印机

D. 若新安装的打印机与已安装的打印机兼容,则不必再安装驱动程序就可以使用

4. 在下列操作系统中,由苹果公司研制开发的是(　　)。

A. UNIX　　　　　B. iOS　　　　　C. OS/2　　　　　D. Symbian

5. 对于 Windows 10 操作系统,(　　)不是合法的文件名。

A. Jnu/computer. doc　　　　　B. 123 4_

C. program. c　　　　　D. jnu@gz

6. 两个文件同名是指其主文件名和扩展名都相同。在磁盘上,(　　)。

A. 不允许同一文件夹中的两个文件同名,但允许不同文件夹中的两个文件同名

B. 允许同一文件夹中的两个文件同名,也允许不同文件夹中的两个文件同名

C. 不允许同一文件夹中的两个文件同名,也不允许不同文件夹中的两个文件同名

D. 允许同一文件夹中的两个文件同名,但不允许不同文件夹中的两个文件同名

7. (　　)不是操作系统。

A. iOS　　　　　B. Mac OS　　　　　C. IIS　　　　　D. Android

8. Windows 屏幕保护是为了保护显示器而设计的一种特殊程序,以防止计算机因无人操作而使显示器长时间显示同一个画面而导致显示器老化。这里,无人操作指的是(　　)。

A. 没有单击、移动鼠标　　　　　B. 没有使用打印机

C. 没有按键　　　　　D. 既没有按键,也没有移动鼠标

9. Windows 的剪贴板可用来存放复制到的文字、图形、文件名等数据,是(　　)中的一个临时存储区。

A. 应用程序　　　　B. 内存　　　　C. 显示存储器　　　　D. 硬盘

10. 在 Windows 中,下面关于即插即用设备的说法正确的是(　　)。

A. 非即插即用设备与即插即用设备不能用在同一台计算机上

B. Windows 保证自动正确地配置即插即用设备,永远不需要用户干预

C. 即插即用设备只能由操作系统自动配置,用户不能手工配置

D. 非即插即用设备只能由用户手工配置

11. 在过程控制领域,要求操作系统能对来自外界的动作和消息在规定的时间内进行响应并处理,这样的操作系统称为(　　)。

A. 批处理系统　　　B. 分时系统　　　C. 多机系统　　　D. 实时系统

12. 下面关于虚拟内存的描述正确的是(　　)。

A. 虚拟内存的最大容量与 CPU 的寻址能力有关

B. 如果一个文件的大小超过了计算机所拥有的内存容量,则该文件不能被打开

C. 在 Windows 中,虚拟内存的大小是固定不变的

D. 虚拟内存能从逻辑上对内存容量加以扩充,增加虚拟内存后,实际内存也会增加

13. Windows 文件夹的结构特征是(　　　)。

  A. 环形　　　　　　B. 关系　　　　　　C. 网状　　　　　　D. 树状

14. 操作系统是(　　　)。

  A. 处于系统软件之上的应用软件　　　B. 处于裸机之上的第一层软件

  C. 处于硬件之下的底层软件　　　　　D. 处于应用软件之上的系统软件

15. 在 Windows 中,能够被执行的程序文件的扩展名有 exe、com 和(　　　)。

  A. cpp　　　　　　B. bat　　　　　　C. apk　　　　　　D. txt

16. 文件夹中不可存放(　　　)。

  A. 字符和数字　　B. 多种文件　　　　C. 多个文件　　　　D. 文件夹

17. 准确地说,文件是(　　　)。

  A. 能看得见的、有形的数据集　　　　B. 内存中的数据集

  C. 外存中的一组相关的数据集　　　　D. 存放在一起的信息集

18. 以下有关 Windows 删除文件的操作,错误的是(　　　)。

  A. 直接用鼠标将文件拖到回收站的不能被恢复

  B. 网络上的文件被删除后不能被恢复

  C. 软盘上的文件被删除后不能被恢复

  D. 超过回收站存储容量的文件不能被恢复

19. 在 Windows 系统中,各应用程序之间的信息交换是通过(　　　)进行的。

  A. 资源管理器　　B. 记事本　　　　　C. 剪贴板　　　　　D. 显示器

20. 操作系统的主要功能是(　　　)。

  A. 为用户提供可视化的界面　　　　　B. 存储计算机程序和文件

  C. 管理系统所有的软硬件资源　　　　D. 把源代码转换为可执行程序

21. 操作系统是按(　　　)访问文件的。

  A. 查看内存　　　B. 查看外存　　　　C. 文件通配符　　　D. 文件名

22. 在搜索文件或文件夹时,若用户输入 ＊.xlsx,则将搜索(　　　)。

  A. 所有文件名中含有 xlsx 的文件　　　B. 所有内容含有 xlsx 的文件

  C. 所有扩展名为 xlsx 的文件　　　　　D. 所有文件名包含 ＊.xlsx 的文件

23. 操作系统的多任务是指(　　　)。

  A. 有多个任务管理器　　　　　　　　B. 有多个用户同时使用计算机

  C. 管理多个同时运转的硬件设备　　　D. 同时运行多个进程

24. 文件系统的主要作用不包括(　　　)。

  A. 实现对文件的按名存取

  B. 管理和调度文件的存储空间

  C. 实现文件的高速输入输出

  D. 实现文件信息的共享,并提供可靠的文件保密和保护措施

25. 为打印机建立了一个快捷方式 PrintA,又为快捷方式 PrintA 建立了另一个快捷方式 PrintB,以下说法中正确的是(　　　)。

A. 删除快捷方式 PrintA 将导致打印机被删除

B. 快捷方式 PrintB 指向的目标是快捷方式 PrintA

C. 快捷方式 PrintB 指向的目标是打印机

D. 删除快捷方式 PrintA 将导致快捷方式 PrintB 不能工作

26. 批处理是指用户将一批作业提交给操作系统后就不再干预,由操作系统控制它们自动运行。批处理系统的主要缺点是(　　)。

A. 吞吐量小,执行速度慢　　　　　B. CPU 的利用率低

C. 不能并发执行　　　　　　　　　D. 缺少交互性

27. 分时系统中通常采用(　　)策略分配 CPU 时间。

A. 短作业优先　　B. 紧急作业优先　　C. 时间片轮转法　　D. 令牌环分配

28. Windows 10 是(　　)操作系统。

A. 单用户、单任务　　　　　　　　B. 单用户、多任务

C. 多用户、多任务　　　　　　　　D. 多用户、单任务

29. 操作系统管理计算机的所有资源。一般认为这些资源是(　　)。

A. 处理器、存储器、I/O 和数据　　B. 处理器、存储器、I/O 和控制

C. 处理器、存储器、I/O 和过程　　D. 处理器、存储器、I/O 和文件

30. 当一个应用程序窗口被最小化后,该应用程序将(　　)。

A. 被转入后台执行　　　　　　　　B. 被终止执行

C. 被暂停执行　　　　　　　　　　D. 被删除

31. 在 Windows 应用程序中,某些菜单项的命令右侧带有"…"表示(　　)。

A. 带有下一级菜单　　　　　　　　B. 是一个快捷键命令

C. 是一个开关式命令　　　　　　　D. 带有一个对话框

32. 在 Windows 10 的"文件资源管理器"窗口中,如果想一次选定多个分散的文件或文件夹,正确的操作是(　　)。

A. 按住 Shift 键,用鼠标左键逐个选取　　B. 按住 Ctrl 键,用鼠标右键逐个选取

C. 按住 Ctrl 键,用鼠标左键逐个选取　　D. 按住 Shift 键,用鼠标右键逐个选取

33. 在输入中文时,(　　)不能进行中英文切换。

A. 按 Shift+空格键　　　　　　　　B. 单击"中/英文"按钮

C. 用语言指示器菜单　　　　　　　D. 按 Ctrl+空格键

二、多选题

1. (　　)为操作系统软件。

A. Linux　　　　B. Android　　　　C. Windows

D. Internet Explorer　　　　　　　E. Office

2. 下列叙述中,不正确的是(　　)。

A. 存储在任何存储器中的信息,断电后都不会丢失,包括 ROM

B. 操作系统是只对硬盘进行管理的程序

C. 硬盘装在主机箱内,因此硬盘属于主存

　　D. 磁盘驱动器属于外部设备

　　E. 高速缓冲存储器可以进一步加快 CPU 访问内存的速度

3. ( )软件是安装在 Windows 附件中的。

　　A. 计数器　　　　　B. 记事本　　　　　C. 任务管理器

　　D. 计算器　　　　　E. 画图

4. 下面关于操作系统的叙述中错误的是( )。

　　A. 批处理作业必须具有作业控制信息

　　B. 分时系统都具有人机交互能力

　　C. 分时系统中,用户独占系统资源

　　D. 批处理系统主要优点是交互性较多

　　E. 实时系统在响应时间、可靠性等方面一般都比分时系统要求高

5. 在设备管理中引入缓冲技术的优点是( )。

　　A. 牺牲内存空间提高外部设备的输入输出速度

　　B. 减少中断次数

　　C. 缓解 CPU 与 I/O 设备之间速度不匹配的矛盾

　　D. 可以实现虚拟技术

　　E. 管理不同类型设备

6. 下列对虚拟内存描述正确的是( )。

　　A. 由于虚拟内存本质上是外存,因此虚拟内存的逻辑结构与物理内存的逻辑结构
　　　　不同

　　B. 使用虚拟内存的效率比物理内存的效率高

　　C. 虚拟内存是将物理内存分成若干区块(页或段),供操作系统按内存管理调度

　　D. 需要将虚拟内存的管理程序调入内存后,才可使用虚拟内存

　　E. 使用虚拟内存,可以容许执行的程序大小大于物理内存的容量

7. 下列不属于操作系统基本功能的是( )。

　　A. 处理器管理　　　B. 存储管理　　　　C. 文件管理

　　D. BIOS 程序管理　 E. 消息管理

8. 下面是关于中文 Windows 文件名的叙述,错误的是( )。

　　A. 文件名中允许使用汉字

　　B. 文件名中允许使用空格

　　C. 文件名中不允许使用多个圆点分隔符

　　D. 文件名中允许使用竖线(│)

　　E. 文件名的长度不能超过 255 个字符

9. 下列( )等键不可用于 Windows 操作中的组合键。

　　A. Alt　　　　　　　B. CapsLock　　　　C. Ctrl

　　D. Shift　　　　　　E. Backspace

三、判断题

1. 操作系统的多任务特征是指操作系统可以同时运行多个程序。　（　　）
2. 操作系统负责管理计算机系统的所有硬件和软件资源。　（　　）
3. 触摸屏也是一种显示器,它应属于计算机系统的输入输出设备。　（　　）
4. 辅助存储器分内置式和外置式,其中内置式辅助存储器又称为内存。　（　　）
5. 因为硬盘安装在主机箱内,所以硬盘属于内存。　（　　）
6. 操作系统是用户和应用程序之间的接口。　（　　）
7. Windows 10 帮助用户展示图形界面,应该属于应用软件。　（　　）
8. 在 Windows 操作系统中,文件和文件夹名是不区分大小写的。　（　　）
9. 在 Windows 操作系统中,按 Ctrl＋Alt＋Del 键可打开任务管理器。　（　　）
10. 在 Windows 操作系统中,剪贴板历史记录中的内容只能是文本。　（　　）

四、填空题

1. 操作系统的功能可分为 4 个,分别是进程管理、_____、_____和_____。
2. 操作系统的主要任务是管理计算机中软件资源和_____。
3. 网络操作系统两个主要功能分别是资源共享和_____计算。
4. _____是程序的一次执行过程,它是动态的。
5. 存储管理包括存储分配、存储共享、存储保护、存储扩充、地址映射。存储管理主要是管理_____资源。
6. 在 Windows 操作系统中,目录被称为_____。
7. 在 Windows 操作系统中,按 Alt＋Tab 键的作用是_____。
8. 在 Windows 操作系统中,为了在系统启动后自动执行某个程序,应将该程序文件添加到_____。
9. 在 Windows 操作系统中,按_____＋PrintScreen 键可以截取当前活动窗口。
10. 在 Windows 操作系统中,按_____＋Delete 键是可以把文件直接删除而不经过回收站,不需要再手动清空回收站。

五、问答题

1. 什么是操作系统? 操作系统的基本功能有哪些?
2. 操作系统可以分为哪些类型? 举例说明。
3. Windows 10 操作系统中,文件命名时要注意什么?
4. 简述在资源管理器下,查找 C 盘上所有的 Excel 文档和查找所有的文档中含有"计算机"的 Word 文档的步骤。
5. Windows 10 操作系统中"回收站"的功能是什么? 什么样的文件删除后可以恢复?

6. 快捷方式和程序有什么区别?

7. 绝对路径和相对路径有什么区别?

8. 列举保障计算机系统信息安全的措施。

9. 什么是即插即用设备?为什么接口为 USB 的设备并不都是可以即插即用的?

10. 简述嵌入式操作系统的概况。

11. 简述目前国产操作系统的研发和应用概况。

数据的表示与存储

在数据处理中最常用到的基本概念就是数据和信息,它们既有区别又有联系。数据是用来描述客观事物的可识别的符号,这些符号既可以是数字,也可以是文字、声音、图形和图像等多种表现形式。信息是指经过加工处理可以产生影响的数据表现形式,这种数据形式对于接收者是有意义的。由此可见,数据是信息的载体,信息是数据处理的结果。数据处理的目的就是从原始数据中得到有用的信息。因此,数据处理也称信息处理。

显然,用计算机进行的数据处理,这些数据不仅仅是数值型数据,还包括非数值型数据。采用什么方法可以较好地解决数值型数据和非数值型数据的表示、处理、传输及存储就是本章要介绍的内容。

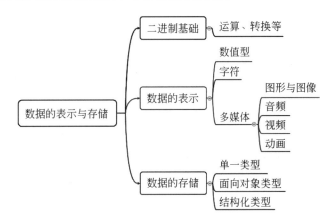

3.1 数据在计算机中的表示

3.1.1 数制

数制也称记数制,是用一组固定的符号和统一的规则来表示数值的方法。人们生活中买东西时使用的就是十进制,即逢十进一。但也有不使用十进制的时候,例如,时间有 12 小时制和 24 小时制;每星期有 7 天,第 8 天属于下周一等等。在不同的场合人们很自然地会使用不同的数制进行运算,以符合当时的习惯。

实际上,在讨论数制时都会涉及两个基本要素:基数和位权。

1) 基数

基数是指在某种进位记数制中,每个数位上能够使用数字的个数。例如,二进制的基数为 2,每个数位上能够使用的数字符号为 0、1;十进制的基数为 10,每个数位上能够使用的数字符号为 0~9。

表 3.1 为常见进制的表示方法。

表 3.1   常见进制的表示方法

项 目	二进制	八进制	十进制	十六进制
数字符号	0,1	0~7	0~9	0~9,A,B,C,D,E,F
规则	逢二进一	逢八进一	逢十进一	逢十六进一
基数	2	8	10	16
位权	2^i	8^i	10^i	16^i
表示方法	B	O	D	H

不同进制数的两种表示方法。

(1) 字母后缀。

例如,二进制数 1010 表示为 1010B,八进制数 23.45 表示为 23.45O,十进制数 123.45 表示为 123.45D,十六进制数 A1.23 表示为 A1.23H。一般来说,对于十进制数的后缀可以省略。

(2) 括号外面加下标。

例如,上述数值可表示为 $(1010)_2$、$(23.45)_8$、$(123.45)_{10}$、$(A1.23)_{16}$。

再举个例子,我有两个苹果,用十进制表示就是 $(2)_{10}$,而用二进制表示就是 $(10)_2$。为什么数字不一样呢?因为使用了不同的记数规则,二进制"逢二进一"。但不管用什么样的计数规则,我的苹果还是两个,没多也没少,所以 $(2)_{10}=(10)_2$ 就很好理解了。

注意:以下内容中约定,十进制数按平时习惯均不做特别标注。

2) 位权

位权是指一个数字在某个固定位置上所代表的值,处在不同位置上的数字代表的值不同。例如,十进制数 123,1 的位权是 100,2 的位权是 10,3 的位权是 1。位权与基数的关系:各进制中位权的值是基数的对应位次幂。位幂次的排列方式以小数点为界,整数自右向左,最低位为基数的 0 次幂;小数自左向右,最高位为基数的 -1 次幂。任何一种数制表示的数都可以写成如下按位权展开的多项式之和。

例 3.1   将 123.45、1010.11B、23.45O、A1.23H 按位权展开。

$$123.45 = 1 \times 10^2 + 2 \times 10^1 + 3 \times 10^0 + 4 \times 10^{-1} + 5 \times 10^{-2}$$

$$(1010.11)_2 = 1 \times 2^3 + 0 \times 2^2 + 1 \times 2^1 + 0 \times 2^0 + 1 \times 2^{-1} + 1 \times 2^{-2}$$

$$(23.45)_8 = 2 \times 8^1 + 3 \times 8^0 + 4 \times 8^{-1} + 5 \times 8^{-2}$$

$$(A1.23)_{16} = 10 \times 16^1 + 1 \times 16^0 + 2 \times 16^{-1} + 3 \times 16^{-2}$$

3.1.2　二进制

众所周知,在计算机中处理、存放的数据都是以0和1的二进制编码形式存放的。采用二进制编码基于以下3个原因。

(1) 物理上容易实现,可靠性强。电子元器件大都具有两种稳定的状态,如电压的高与低,电路的通与不通等,这两种状态正好可以使用二进制数的0和1表示。

(2) 运算简单,通用性强。二进制的运算比十进制的运算简单,如二进制的乘法运算只有3种:$1\times0=0\times1=0,0\times0=0,1\times1=1$。如果是十进制运算,则有55种情况。

(3) 计算机中二进制数的0、1数字与逻辑值"假"和"真"正好吻合,便于表示和进行逻辑运算。

对于数值型数据,都转换为二进制的形式。对于非数值型数据,如字符、文字、图形、声音、视频等,也要使用二进制进行编码表示为二进制数的形式,计算机才能对它们进行处理。此外,由于人们日常生活、工作当中使用的都是十进制数,而计算机内部采用的是二进制数,因此,计算机在输出处理结果时还应把二进制数转换成十进制数的形式。

3.1.3　二进制运算

二进制数的算术运算与十进制数的算术运算一样,有加、减、乘、除四则运算,但运算更简单。

1. 二进制数的算术运算

(1) 二进制数加法、减法运算。

二进制数的加法运算规则:$0+0=0,0+1=1,1+0=1,1+1=10$(向高位进位);两个二进制数相加时,每位最多有3个数:被加数、加数和来自低位的进位数。

二进制数的减法运算规则:$0-0=0,0-1=1$(向高位借位)$,1-0=1,1-1=0$;两个二进制数相减时,每位最多有3个数:被减数、减数和向高位的借位数。

(2) 二进制数乘法、除法运算。

二进制数的乘法运算规则:$0\times0=0\times1=1\times0=0,1\times1=1$

二进制数的除法运算规则:$0/1=0,0/0$ 和 $1/0$(无意义)$,1/1=1$

2. 二进制的逻辑运算

在逻辑代数里,表示"真"与"假"、"是"与"否"、"有"与"无"这种具有逻辑属性的变量称为逻辑变量。使用二进制数1表示"真",0表示"假",就可以将二进制数与逻辑取值对应起来。逻辑变量的取值只有两种:真和假,即1和0。

逻辑运算有3种最基本的运算:逻辑"或"、逻辑"与"和逻辑"非"。此外,还有"异或"运算等。计算机的逻辑运算是按位进行,没有进位或借位关系。

(1) 逻辑"或"运算。

逻辑"或"通常用符号+或∨表示。逻辑"或"运算规则如下:

$$0\lor0=0,0\lor1=1,1\lor0=1,1\lor1=1$$

只要两个逻辑变量中有一个为1,逻辑"或"的结果就为1;只有两个逻辑变量同时为0时,结果才为0。

例 3.2 $X=(10100100)_2$,$Y=(10111010)_2$,求 $X \vee Y$ 的结果。

$$
\begin{array}{r}
10100100 \\
\vee \quad 10111010 \\
\hline
10111110
\end{array}
$$

即:$X \vee Y=(10111110)_2$

(2) 逻辑"与"运算。

逻辑"与"通常用符号·或∧表示。逻辑"与"运算规则如下:

$$0 \wedge 0=0, \quad 0 \wedge 1=0, \quad 1 \wedge 0=0, \quad 1 \wedge 1=1$$

只要两个逻辑变量中有一个为0,逻辑"与"的结果就为0;只有两个逻辑变量同时为1时,结果才为1。

例 3.3 $X=(10100100)_2$,$Y=(10111010)_2$,求 $X \wedge Y$ 的结果。

$$
\begin{array}{r}
10100100 \\
\wedge \quad 10111010 \\
\hline
10100000
\end{array}
$$

即:$X \wedge Y=(10100000)_2$

(3) 逻辑"非"运算。

逻辑"非"运算又称"求反"运算,通常在逻辑数据上面加一横线表示。对某数进行逻辑"非"运算,就是对它的各位求反,即0变为1,1变为0。

逻辑"非"运算规则:

$$\overline{0}=1, \quad \overline{1}=0$$

例如,$X=(10100100)_2$,则 $\overline{X}=(01011011)_2$。

在计算机中,逻辑数据的值用于判断某个条件是否成立,成立为1(真),不成立为0(假)。当要对多个条件进行判断时,就需要用逻辑变量和逻辑运算符把它们连接起来进行运算,结果为逻辑值。

在逻辑运算中,将逻辑变量的各种可能组合与对应的运算结果列成表格,这个表格称为真值表,它是全面描述逻辑运算关系的工具之一。一般在真值表中用1或T表示"真"(True),用0或F表示"假"(False)。

3.1.4　进制的转换

由于计算机在进行数据处理时使用的是二进制,因此,其处理结果自然也是二进制数。如果计算机把这个处理结果以二进制数的形式输出(显示、打印)给用户,用户很可能看不懂,必须要把它(二进制结果)转换成平时采用的十进制数。

二进制只有0和1两个数字可以使用,而十进制有0~9十个数字可以使用,在相同位数的情况下,二进制数表示的数值范围比十进制数表示的数值范围小。例如,两位二进制数表示的数值有$(00)_2$、$(01)_2$、$(10)_2$和$(11)_2$共4个,而十进制数表示的数值有00、01、02、……、98、99共100个。由此可以看出,用二进制表示比较大一点的数,例如1000,需要的二进制位数比用十进制表示时需要的位数多很多,书写起来很不方便。为解决这个问题,可以采用八进制和十六进制来替代二进制,因为二进制、八进制、十六进制之间很容易相互转换。实际上在许多计算机应用软件中表示存储地址、颜色时,通常都是使用十六进制来描述的。

V3.1 二进制与十进制转换

1. 二进制数、八进制数、十六进制数转换成十进制数

二进制数、八进制数、十六进制数转换成十进制数采用上述介绍的按位权展开方法,把各项相加即可。

例 3.4　将 $(101.01)_2$、$(24.4)_8$、$(35.C)_{16}$ 转换成十进制数。

$$(101.01)_2 = 1 \times 2^2 + 0 \times 2^1 + 1 \times 2^0 + 0 \times 2^{-1} + 1 \times 2^{-2}$$
$$= 4 + 0 + 1 + 0 + 0.25 = 5.25$$

$$(24.4)_8 = 2 \times 8^1 + 4 \times 8^0 + 4 \times 8^{-1} = 16 + 4 + 0.5 = 20.5$$

$$(35.C)_{16} = 3 \times 16^1 + 5 \times 16^0 + 12 \times 16^{-1} = 48 + 5 + 0.75 = 53.75$$

2. 十进制数转换成二进制数、八进制数、十六进制数

(1) 整数部分:除以基数取余数法。

整数部分的转换采用"除以基数取余数法",即用基数多次除被转换的十进制数,直至商为 0,每次相除所得余数,按照第一次除所得为最低位,最后一次除所得为最高位把余数排列起来,便可得到转换结果。

例 3.5　将十进制数 13 转换成二进制数。

$$
\begin{array}{r|l}
2 & 13 \\
\hline
2 & 6 \quad\cdots\cdots 1 \quad 低位 \\
\hline
2 & 3 \quad\cdots\cdots 0 \\
\hline
2 & 1 \quad\cdots\cdots 1 \\
\hline
 & 0 \quad\cdots\cdots 1 \quad 高位
\end{array}
$$

即:$13 = (1101)_2$

例 3.6　将十进制数 156 转换成八进制数和十六进制数。

$$
\begin{array}{r|l}
8 & 156 \\
\hline
8 & 19 \quad\cdots\cdots 4 \quad 低位 \\
\hline
8 & 2 \quad\cdots\cdots 3 \\
\hline
 & 0 \quad\cdots\cdots 2 \quad 高位
\end{array}
\qquad
\begin{array}{r|l}
16 & 156 \\
\hline
16 & 9 \quad\cdots\cdots C \quad 低位 \\
\hline
 & 0 \quad\cdots\cdots 9 \quad 高位
\end{array}
$$

即:$156 = (234)_8 = (9C)_{16}$

注意:对于不同进制整数之间的互相转换,可以使用 Windows 操作系统提供的"计算器"很方便地解决。具体方法如下。

① 单击 Windows 屏幕"开始"按钮,在弹出的程序列表中选择"计算器"命令,启动计

算器。

② 单击"计算器"窗口左上角的"打开导航"→"程序员"命令。

③ 单击"计算器"窗口靠左上的基数列表中的基数（需要转换的数的基数），其中 HEX 表示十六进制，DEC 表示十进制，OCT 表示八进制，BIN 表示二进制。

④ 输入需要转换的整数，基数列表旁边会显示不同进制数的转换结果。

（2）小数部分：乘以基数取整数法。

用十进制小数乘以基数不断取整数，直至小数部分为 0（对于不能为 0 的小数，只需达到所求精度即可）。所得的整数从小数点自左向右排列，首次取得的整数在最左。

例 3.7 将十进制数 0.625 转换成二进制数和八进制数。

$$
\begin{array}{ll}
0.625 & 0.625 \\
\times \quad 2 & \times \quad 8 \\
\hline
\boxed{1}.250 \quad \cdots\cdots 1 \ \text{高位} & \boxed{5}.000 \quad \cdots\cdots 5 \ \text{高位} \\
\times \quad 2 & \times \quad 8 \\
\hline
\boxed{0}.500 \quad \cdots\cdots 0 & \boxed{0}.160 \quad \cdots\cdots 0 \\
\times \quad 2 & \times \quad 8 \\
\hline
\boxed{1}.000 \quad \cdots\cdots 1 \ \text{低位} & \boxed{1}.280 \quad \cdots\cdots 1 \ \text{低位}
\end{array}
$$

即：$0.625 = (0.101)_2 \approx (0.501)_8$

由上述例题可以看出，当包含有小数的数值要转换成不同进制数时，很多情况下是无法实现精确转换的。

3. 二进制数、八进制数、十六进制数之间的转换方法

由于 $2^3 = 8, 2^4 = 16$，即 1 位八进制数所表示的范围与 3 位二进制数所表示的范围相同，1 位十六进制数所表示的范围与 4 位二进制数所表示的范围相同，如表 3.2 所示。利用这个特点进行转换，方法就比较简单。

表 3.2   二进制、八进制、十进制和十六进制的数据对应关系表

十进制	二进制	八进制	十六进制	十进制	二进制	八进制	十六进制
0	0000	0	0	8	1000	10	8
1	0001	1	1	9	1001	11	9
2	0010	2	2	10	1010	12	A
3	0011	3	3	11	1011	13	B
4	0100	4	4	12	1100	14	C
5	0101	5	5	13	1101	15	D
6	0110	6	6	14	1110	16	E
7	0111	7	7	15	1111	17	F

二进制数转换成八进制数的方法：以小数点为界向左右两边进行分组，每 3 位为一

组,不足 3 位就用 0 补足,每组用一个八进制数表示即可,简称"三合一"。同样,二进制数转换成十六进制数的方法:以小数点为界向左右两边进行分组,每 4 位为一组,不足 4 位就用 0 补足,每组用一个十六进制数表示即可,简称"四合一"。

例 3.8 将二进制数 $(10110101.10101)_2$ 转换成八进制数和十六进制数。

$(\underline{010}\ \underline{110}\ \underline{101}.\underline{101}\ \underline{010})_2 = (265.52)_8$(整数高位和小数低位分别补 0)

$\quad\ \ 2 \quad\ \ 6 \quad\ \ 5 \quad\ 5 \quad\ 2$

$(\underline{1011}\ \underline{0101}.\underline{1010}\ \underline{1000})_2 = (B5.A8)_{16}$(小数低位补 0)

$\quad\ \ B \quad\ \ 5 \quad\ \ A \quad\ 8$

同样,将八进制数转换成二进制数时,只需把每位八进制数拆分为 3 位二进制数,简称"一拆三";将十六进制数转换成二进制数时,只需把每位十六进制数拆分为 4 位二进制数,简称"一拆四"。

例 3.9 将八进制数 $(123.25)_8$ 和十六进制数 $(38.D2)_{16}$ 转换为二进制数。

$(123.25)_8 = (\underline{001}\ \underline{010}\ \underline{011}.\underline{010}\ \underline{101})_2 = (1010011.010101)_2$

$(38.D2)_{16} = (\underline{0011}\ \underline{1000}.\underline{1101}\ \underline{0010})_2 = (111000.1101001)_2$

整数最高位的 0 和小数最低位的 0 可以去掉。

当需要将八进制数和十六进制数相互转换时,可以先将其转换为二进制数,然后再将这个二进制数转换成对应的八(十六)进制数即可。

例 3.10 将八进制数 $(123.25)_8$ 转换为十六进制数。

$(123.25)_8 = (\underline{001}\ \underline{010}\ \underline{011}.\underline{010}\ \underline{101})_2 = (\underline{0000}\ \underline{0101}\ \underline{0011}.\underline{0101}\ \underline{0100})_2$

$\qquad\qquad\qquad\qquad\qquad\qquad\quad\ 0 \quad\ \ 5 \quad\ \ 3 \quad\ \ 5 \quad\ 4$

即:$(123.25)_8 = (53.54)_{16}$

3.1.5 数值在计算机中的表示与存储

前面介绍了数制和二进制的基本运算规则,但在实际应用当中,参与算术运算的数据都是带有正、负符号的,多数都还带有小数,符号怎么表示? 这些数据在计算机中如何存储? 这些问题都有待解决,下面逐一介绍。

1. 机器数和真值

在计算机中,对于数学上的正(+)、负(-)号也只能使用二进制中的 0 和 1 两个数字表示。规定用 0 表示正,1 表示负,因为计算机存储信息时是以字节为单位,符号就存放在该字节的最高位,称为**符号位**,也称**数符**。

例 3.11 一个 8 位二进制数 -0110011,它在计算机中表示为 10110011,如图 3.1 所示。

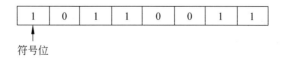

符号位

图 3.1 机器数

这种把符号数值化了的数称为"机器数",而它代表的数值称为该机器数的"真值"。在例 3.11 中,10110011 为机器数,−0110011 为该机器数的真值。

数值的符号经过数字化后就能被计算机识别了,但由于此时符号位和数值是一起存放的,数据在进行运算时,符号位如果参与一起运算,有时会产生错误的结果,见例 3.12。

例 3.12   计算(−9)+6=? 结果应为−3。可是在计算机中按照上述所说的符号位也一起参与运算,其结果为

$$
\begin{array}{r}
10001001 \quad \cdots\cdots-9\ 的机器数\\
+\quad 00000110 \quad \cdots\cdots+6\ 的机器数\\
\hline
10001111 \quad \cdots\cdots-15\ 运算结果
\end{array}
$$

显然这个结果是错误的。若要把符号位单独分开进行判断,反而把本来简单的运算变得复杂了。这就说明上述的方法只是解决了正数和负数的表示问题,没有解决数值运算的问题。通过分析可以看出,这都是由负数的符号位产生的问题,那么还有其他办法吗? 实际上符号数还有多种的表示方式,常见的有原码、反码和补码方法。为简单起见,下面以整数、一字节为例说明。

(1) 原码。

原码的表示规则:机器数的最高位表示符号位,正数的符号位为 0,负数的符号位为 1,其余各位是数值的绝对值,通常用$[X]_原$方式表示。

例 3.13   整数 X 分别取不同的值时,给出其原码的表示结果。

$$[+1]_原 = 00000001 \qquad [-1]_原 = 10000001$$
$$[+1011011]_原 = 01011011 \quad [-1011011]_原 = 11011011$$
$$[+127]_原 = 01111111 \qquad [-127]_原 = 11111111$$

从上例可见,8 位原码表示的最大值是正的 127(即 2^7-1),最小值是负的 127。

这个方法就是前面采用的方法,简单方便,机器数与真值转换容易,但存在以下问题:①数值 0 的表示有两种形式,$[+0]_原 = 00000000$,$[-0]_原 = 10000000$,给计算机判断带来不便;②做算术运算时,符号位需要单独处理,增加了运算规则的复杂性,即增加了机器的设计成本。

(2) 反码。

反码的表示规则:正数的反码就是其原码,负数的反码是符号位为 1,其余各位按位取反,通常用$[X]_反$方式表示。

例 3.14   设整数 X 分别取不同的值时,以下就是其反码的表示结果。

$$[+1]_反 = 00000001 \qquad [-1]_反 = 11111110$$
$$[+91]_反 = 01011011 \qquad [-91]_反 = 10100100$$
$$[+127]_反 = 01111111 \qquad [-127]_反 = 10000000$$

从例 3.14 可见,8 位反码表示方法与原码表示方法、数值表示范围都一样。同时,0 也是有两种不同的表示形式,$[+0]_反 = 00000000$,$[-0]_反 = 11111111$,存在二义性。

虽然反码与原码从外观看有很大区别,但运算同样都不方便,一般只用于求补码的过程。

（3）补码。

补码的表示规则：正数的补码就是其原码，负数的补码是其反码在最低位加 1，通常用$[X]_补$方式表示。

例 3.15　设整数 X 分别取不同的值时，以下就是其补码的表示结果。

$$[+1]_补 = 00000001 \qquad [-1]_补 = 11111111$$
$$[+91]_补 = 01011011 \qquad [-91]_补 = 10100101$$
$$[+127]_补 = 01111111 \qquad [-127]_补 = 10000001$$

补码表示方法中，0 的表示方式是唯一的：$[+0]_补 = 00000000$，$[-0]_补 = 00000000$。

从上例可见，编码 10000000 没有使用，可以用来扩充补码所能表示的数值范围，即用它表示负 128，那补码的数值范围就是$-128 \sim +127$。当然$[10000000]_补$中的最高位就比较特殊，既可看作符号位负数，也可作为数值位，其数值为-128，与原码、反码不同。下面看看补码的运算。

例 3.16　$(-9)+15$ 的运算。

$$\begin{array}{r} 11110111 \\ +\quad 00001111 \\ \hline \boxed{1}00000110 \end{array}$$
……　-9 的补码
……　$+15$ 的补码
……　运算结果

运算结果的高位 1 丢弃，运算结果为$[00000110]_补$，符号位为 0，说明这是个正数，其对应的真值是它数值位的数值 0000110，转换为十进制数是 6，计算结果正确。

再看看补码的运算能否解决例 3.12 出现的问题。

例 3.17　$(-9)+6$ 的运算。

$$\begin{array}{r} 11110111 \\ +\quad 00000110 \\ \hline 11111101 \end{array}$$
……　-9 的补码
……　$+6$ 的补码
……　运算结果

运算结果为$[11111101]_补$，符号位为 1，说明结果为负数。对负数的补码求其真值的方法，即对该补码的数值位再做一次求补操作即可。

$[[11111101]_补]_补 = 10000011$，即 -0000011，转换为十进制数就是 -3，运算结果正确。

计算机在执行数值运算时，运行的结果只能在补码表示数值的范围内，超出的数位（进位）只能丢弃。

例 3.18　$(-9)+(-6)$ 的运算。

$$\begin{array}{r} 11110111 \\ +\quad 11111010 \\ \hline \boxed{1}11110001 \end{array}$$
……　-9 的补码
……　-6 的补码
………　运算结果

运算结果的高位 1 丢弃，剩余的 8 位$[11110001]_补$，按照例 3.16 的方法可求出运算结果为十进制数-15。

例 3.19　$90+60$ 的运算。

$$\begin{array}{r} 01011010 \\ +\quad 00111100 \\ \hline 10010110 \end{array}$$
……　90 的补码
……　60 的补码
……　运算结果

运算结果$[10010110]_补$的最高位为 1,说明结果为负数。为什么两个正数相加的结果会是个负数呢？原因是这两个数相加的结果已经超出了使用一字节补码表示数值的范围($-128\sim+127$),这种现象称为"溢出"。

从上述例子可见,利用补码方法可以很方便地实现正负数的加法运算,规则简单。只要参与运算的数据是在数值表示范围内,符号位同数值位一样参与运算而不需要单独考虑。如果运算的结果为正数,结果的真值就是其本身;否则,就对结果再次求补即可得到其真值。且允许产生最高位的进位(丢弃)。

此外,计算$(-9)+6$,这种一个负数加上一个正数的运算,实际上是可以将它改写成$6-9$的形式,即是将加法运算转换成为减法运算,这可以简化电路设计。实际上计算机就是使用补码进行加法、减法运算。

图 3.2 时钟

对于利用补码实现减法转换为加法,不妨看看日常生活中熟悉的例子。如图 3.2 所示,假定时间采用 12 小时制,由于时钟出现故障,现在的时间应该是上午 1 点,但时钟显示的时间是 3 点。为了重新调整时钟,该怎么做? 有两种方法。第一种方法是把时针向逆时针方向拨 2 小时;第二种方法是把时针向顺时针方向拨 10 小时,都可以达到目的。

这里,先设定时针往顺时针方向为正,逆时针方向为负。按第一种方法就很好理解,就是$3-2=1$;第二种方法就是$3+10=13$,因为采用的是 12 小时制即十二进制,逢十二进一,高位丢弃,余数为 1,就是 1 点。同样,有其他错误时间也一样可以使用这两种方法进行校准。

由于时钟超过 12 的表示,相当于舍弃了进位,可以看到:$3-2$ 等同于$3+10$,$3-1$ 等同于$3+11$,$9-4$ 等同于$9+8$,$\cdots$。在十二进制中(不考虑进位,即减去模),上述式子中的-2、-1、-4 可以用$+10$、$+11$、$+8$ 代替,即减法变成加法。

可以从上述例子得出一个结论:若两个数a、b 之和等于R,则称a 和b 互为"补数"(补码),R 称为模。上面例子中,10 和 2、11 和 1、8 和 4 就是以 12 为模的互为补码。可以看出,求a 的补码b 时,直接用$R-a$ 即可,有了b 可以方便地把减法运算转换为加法运算,例如上面的式子$3-2$,先求出 2 的补码,即$12-2=10$,所以$3-2$ 可以转换为$3+10=13$,丢弃模 12,$13-12=1$,得出结果为 1。

模R 的取值是指定数值范围中包含的整数个数。上面时钟例子,时钟共有 12 小时,故R 的取值为 12。计算机中的数据都是采用定长方式存储,8 位二进制能表示的整数有$2^8=256$,$R=256$,推广到n 位二进制,即$R=2^n$。以一字节为例,看看利用模R 求补码的方法,能否在二进制和十进制中实现减法运算转换为加法运算。

例 3.20 $105-83$ 的运算。

方法一,采用十进制方法,8 位二进制能表示的整数有$2^8=256$,所以$R=256$。按照公式$R=a+b$,已知$a=83$,求得$b=R-83=256-83=173$。

所以$105-83$ 可转换为$105+173=278$,丢弃模 256,$278-256=22$,得出的结果正确。

方法二,采用二进制补码方法。

$$01101001 \quad \cdots\cdots 105 \text{ 的补码}$$
$$+\quad 10101101 \quad \cdots\cdots -83 \text{ 的补码}$$
$$\boxed{1}\,00010110 \quad \cdots\cdots \text{运算结果}$$

丢弃高位进位 1,运算结果$[00010110]_{补}$的符号位是 0,说明结果是正数,其真值就是 $(10110)_2$,转换为十进制就是 22,结果正确。

由此可见,在指定范围内,用补码方法实现减法运算转换成加法运算不但适用于二进制,在其他进制中也同样适用。

2. 实数在计算机中的表示

解决了数的符号表示和运算问题,接下来就要解决实数存储问题,之前讨论的数值都没有涉及小数,实际应用中经常使用的是实数,要采用什么样的形式存放?计算机中小数点是不占数位的,因此,就要规定小数点的位置来表示数值,分为定点整数、定点小数和浮点数 3 种形式。

(1) 定点整数。

定点整数规定小数点的位置在最低位的右边,这种方法表示的数为纯整数,如图 3.3 所示。

(2) 定点小数。

定点小数规定小数点的位置在符号位的右边,这种方法表示的数为纯小数,如图 3.4 所示。

(3) 浮点数。

图 3.3　定点整数表示

在计算机中定点数通常只用于表示纯整数或纯小数,其数值表示范围很有限,在实际应用中远远不够,尤其是在科学实验中需要表示特别大或者特别小的数值时,这时就要采用类似科学记数法的形式,称为浮点数表示,如图 3.5 所示。

图 3.4　定点小数表示　　　　　　　图 3.5　浮点数表示

浮点数由阶码和尾数组成:阶码用定点数表示,阶码所占的位数确定了数值的范围;尾数用定点小数表示,尾数所占的位数确定了数值精度,即小数点后有效位数。因此,实数就是用浮点数来表示和存储的。

为了唯一地表示浮点数在计算机中的存储,对尾数采用了规格化的处理,规定尾数的最高位为 1,即所有规格化数必须转换成$\pm 0.1 \times\times\times\cdots\times\times\times\times 2^{\pm p}$形式,其中 p 是指数(即阶码),最终也要转换为二进制数,对于不符合要求的可以通过阶码调整。

IEEE 在 1985 年制定了 IEEE 754 标准,统一浮点数的存储格式。因此,在程序设计语言中比较常见的有以下两种类型的浮点数。

① 单精度浮点数(Float 或 Single)占 4 字节,其中阶符占 1 位,阶码占 7 位,尾符占

1 位,尾数占 23 位。

② 双精度浮点数(Double)占 8 字节,其中阶符占 1 位,阶码占 10 位,尾符占 1 位,尾数占 52 位。

可见双精度浮点数比单精度浮点数占用的存储空间更大,表示的数值范围更广,且精度更高。

例 3.21　36.5 采用单精度浮点数在计算机中的存储形式如图 3.6 所示。

0	0000110	0	1001001000…0000000

7位阶码　　　　　　　　　23位尾数

图 3.6　单精度浮点数存储格式

规格化表示:$36.5=100100.1B=0.1001001\times2^6B=0.1001001\times2^{110B}B$

从十进制数转换成二进制数的过程,要使十进制实数完全转换为二进制实数,十进制实数的小数部分最后一位必须是 5(当然这是必要条件,并非充分条件),所以,一个十进制小数能用浮点数精确地表示,其小数部分的要求也是一样的。

3.2　字符的编码

字符包括西文字符(英文字母、数字、各种常用符号)、中文字符和一些特殊控制字符。计算机中的数据都是以二进制的形式存储和处理的,因此,字符也必须按特定的规则用二进制进行编码,即数字化后才能输入计算机进行处理。字符编码的方法:先确定需要编码的字符,把它们按一定的规律排好顺序,然后就可以开始从头到尾进行编码。当然,编码的长度与字符的总数有关,字符越多,长度越长。

3.2.1　ASCII 码

对于英文字符的编码,最常用的是美国信息交换标准代码(American Standard Code for Information Interchange,ASCII)。它是由美国国家标准研究所(American National Standards Institute,ANSI)制定的,供不同计算机在相互通信时共同使用,后来它被国际标准化组织(International Organization for Standardization,ISO)定为国际标准,称为 ISO 646 标准。ASCII 码采用 7 位二进制编码,共有 $2^7=128$ 种不同的组合,可以表示 128 个字符,包括 10 个数字字符 0～9、52 个大小写的英文字母以及特殊字符和控制字符,详见附录 A。

由附录 A 可以看到,ASCII 表的基本规律如下。

(1) 十进制码值 0～32 和 127,即表中的 NUL～SP 和 DEL 共 34 个字符为非图形字符(也称控制字符,不可见),其余 94 个字符为图形字符,可显示出来。

(2) 字符 0～9、A～Z、a～z 的码值都是按从小到大顺序排列。

(3) 数字字符的码值小于英文字符。

(4) 小写字母比大写字母的码值大 32,为大小写字母的相互转换提供了方便。

计算机内信息的存储和处理是以字节(8 个二进制位)为单位来进行操作,因此,一个字符在计算机内实际上是用 8 位二进制数表示。正常情况下,一个英文字符的 ASCII 码的最高位 d7 为 0。在需要进行奇偶校验时,这一位可用于存放奇偶校验码,这时称这一位为奇偶校验位。

英文字符除了常用的 ASCII 码外,还有 BCD 码(Binary-Coded Decimal),它将十进制数的每位分别用 4 位二进制数表示,又称二-十进制编码;还有另一种 EBCDIC 码(Extended Binary Coded Decimal Interchange Code),即扩展的二-十进制交换码,这种编码主要在大型计算机中使用。

3.2.2　汉字的表示

GB 2312—1980《信息交换用汉字编码字符集 基本集》收集和定义了 6763 个汉字及 682 个拉丁字母、俄文字母、汉语拼音字母、数字和常用符号等,共 7445 个汉字和字符。其中使用频度较高的 3755 个汉字为一级汉字,按汉字拼音字母顺序排列,使用频度较低的 3008 个汉字为二级汉字,按部首排列。

汉字字符比 ASCII 码表中的字符多很多,因此其编码比英文字符编码复杂。要在计算机中处理汉字,需要解决汉字的输入、处理、输出以及汉字的存储、传输等如下问题。

V3.2 汉字的编码

(1) 键盘上无汉字,不能直接利用键盘输入,需要输入码来对应。

(2) 汉字在计算机中的存储需要机内码来表示,以便存储、处理。

(3) 汉字量大、字形变化复杂,需要用对应的字库来存储。

计算机汉字处理流程如下(见图 3.7)。

图 3.7　汉字处理流程

(1) 将汉字以输入码方式输入计算机中。

(2) 将输入码转换成计算机能够识别的汉字机内码进行处理、存储。

(3) 将机内码转换成汉字字形码输出。

1. 汉字输入码

汉字输入码是指从键盘上输入汉字时采用的编码,又称**外码**。汉字输入码有多种,目前采用较多的有:以拼音为基础的编码方案,例如“微软拼音”“搜狗拼音”等;字形编码方案,例如“微软五笔”“搜狗五笔”等。汉字输入码进入到计算机后必须转换成机内码。

2. 汉字交换码(国标码)和机内码

1980 年,我国颁布了汉字编码的国家标准 GB 2312－1980,这个字符集是我国中文信息处理技术的发展基础,也是目前国内所有汉字系统的统一标准,GB 2312－1980 称为**国标码**。GB 2312－1980 规定每个汉字用 2 字节的二进制编码,每字节的最高位为 0,其余 7 位用来表示汉字信息。为保证中、英文字符兼容,在计算机内部能区分 ASCII 字符和汉字,将汉字国标码的 2 字节二进制编码的最高位置 1,从而得到对应的汉字机内码。汉字机内码是汉字在计算机内部被存储、处理和传输时使用的编码,简称**内码**。表 3.3 为中/英文字符的编码方案。

表 3.3　中/英文字符的编码方案

ASCII 码:	0	ASCII 码低 7 位		
国标码:	0	第一个字节低 7 位	0	第二个字节低 7 位
机内码:	1	第一个字节低 7 位	1	第二个字节低 7 位

例如,汉字“阿”的国标码 2 字节二进制编码为 00110000B 和 00100010B,对应的十六进制数为 30H 和 22H;而其机内码的 2 字节二进制编码为 10110000B、10100010B,对应的十六进制数为 B0H 和 A2H。

计算机处理字符数据时,如遇到最高位为 1 的字节,则可将该字节连同其后续最高位也为 1 的另一字节看作 1 个汉字的机内码;如遇到最高位为 0 的字节,则可将其判定为一个 ASCII 英文字符,这样就实现了汉字、英文字符的共存。

GB 18030 全称《信息技术 中文编码字符集》,是中华人民共和国国家标准所规定的变长多字节字符集。其对 GB 2312—1980 完全向后兼容,与 GBK 基本向后兼容,并支持 Unicode(GB 13000)的所有码位。GB 18030 当前版本为 GB 18030—2005,该标准规定了信息技术用的中文图形字符及其二进制编码的十六进制表示。

Unicode(**统一码**、**万国码**)在 1992 年被国际标准化组织确定为国际标准 ISO 10646,成为可以用于表示世界上所有文字和符号的字符编码方案。目前,所有的计算机都支持 Unicode。Unicode 用一些基本的保留字符制定了三套编码方式,分别是 UTF-8、UTF-16 和 UTF-32,UTF 是 Unicode Transformation Format 的缩写。在 UTF-8 中,字符是以 8 位二进制即一字节来编码的。用一或几字节表示一个字符,这种方式的最大好处是保留了 ASCII 字符的编码作为它的一部分。而其他字符,例如中国、日本、韩国等大部分常用字,使用 3 字节编码;UTF-16 和 UTF-32 分别是 Unicode 的前 16 位和前 32 位编码方式。

以上介绍的只是简体字的编码方式,繁体字的编码方式与简体字的编码方式不同,所以,在使用一些应用软件或者浏览网页时会出现乱码现象,如图 3.8 所示。

图 3.8　汉字乱码

如果浏览网页时出现乱码,可以右击页面,在弹出的快捷菜单中选择"编码"→ Unicode(UTF-8)即可。乱码的原因很可能是选择了"中文(简体)(GBK)"造成的。如果还不成功那就是编码选择错了,要通过查看网页源文件头部,看一下网页的编码设置是哪一个,改成相应的即可。同理,如果是应用软件编辑窗口(如网页制作软件)内容乱码,通过应用软件的菜单中"编码"命令重新设置即可。

3. 汉字字形码

汉字**字形码**又称汉字字模,用于汉字在显示屏或打印机输出。汉字字形码通常有两种表示方式:点阵方式和矢量方式。

用点阵表示汉字时,汉字字形码指的是这个汉字字形点阵的代码。根据输出汉字的要求不同,点阵的多少也不同。常用的点阵有 16×16、24×24、32×32、64×64 或者更高。图 3.9 是"景"字的 24×24 点阵字形显示图。有笔画的小方格用二进制数 1 表示,没有笔画的小方格用二进制数 0 表示。显然,点阵规模越大字形越美观,但它所占的存储空间也越大。以 16×16 点阵为例,每个汉字字形就要占用 32 字节($16\times16/8=32$ 字节),7400 多汉字和字符大约占用 256KB。如果觉得 16×16 点阵不够精细,可以把每个格子分成两半成为 32×32(即提高了分辨率),每个汉字要占用的字节数就是 $32\times32\div8=128$ 字节,比原来多了 3 倍存储空间。因此,字形点阵只能用来构成汉字库,一般存储在硬盘上,当要显示输出时才调入内存进行处理、输出,而不长驻内存当中。

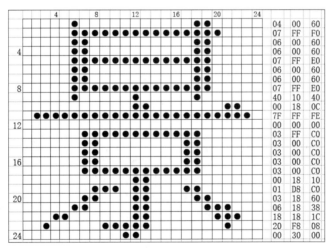

图 3.9　"景"字的 24×24 点阵

矢量方式存储的是描述汉字字形的轮廓特征,当要输出汉字时,通过计算机的计算生成所需大小和形状的汉字。矢量化字形与最终文字显示的大小、分辨率无关,因此产生高质量的汉字输出。

点阵方式和矢量方式的区别:前者编码、存储方式简单,无须转换直接输出,但字形放大后产生的效果差;矢量方式特点正好与前者相反。

3.3 多媒体数据的表示

媒体是指承载或传递信息的载体。在日常生活、工作当中,报纸、图书、杂志、广播、电影、电视均是媒体,都以它们各自的媒体形式传播信息。它们中有的以文字作为媒体,有的以声音作为媒体,有的以图像作为媒体,还有的将文字、图像、声音结合在一起作为媒体。同样的信息,在不同领域中采用的媒体形式也可以不同。

在信息领域中,**多媒体**是指文本、图形、图像、声音、影像等这些媒体和计算机程序融合在一起形成的信息媒体,运用存储与再现技术得到的计算机中的数字信息。

多媒体信息处理是指对文字、声音、图形、图像等多媒体信息在计算机运算下的综合处理。在传统媒体中,声音、图形、图像等媒体几乎都是以模拟信号的方式进行存储和传播的,而在计算机多媒体系统中将以数字的形式对这些信息进行存储、处理和传播。

3.3.1 图形与图像

在计算机科学中,**图形**(Graphics)和**图像**(Image)两个概念是有区别的。

图形(见图 3.10(a))一般指用计算机软件绘制的由直线、圆、圆弧、任意曲线等图元组成的画面,以矢量图形文件形式存储。矢量文件中存储的是一组描述各个图元的大小、位置、形状、颜色、维数等属性的指令集合,通过相应的绘图软件读取这些指令可将其转换为输出设备上显示的图形。因此,矢量图文件的最大优点是对图形中的各个图元进行缩放、移动、旋转而不失真,且占用的存储空间小。图形多用于计算机辅助设计(CAD)、三维动画创作等。

(a) 各种线条画的图形   (b) 数码照相机拍的图像

图 3.10   图形与图像

图像(见图 3.10(b))则是指由输入设备(如扫描仪、数码相机等)捕捉的实际场景画面,经数字化后以位图形式存储的画面。位图文件中存储的是构成图像的每个像素点的亮度、颜色,位图文件的大小与分辨率和色彩的颜色种类有关,放大、缩小会失真,占用的空间比矢量文件大。

图像有多种分类方法,按照图像数据的表示方法,主要分为位图图像和矢量图像。位图图像也称点阵图像或栅格图像,是由像素(图片元素)的单个点组成的。这些点可以进行不同的排列和染色以构成图样,其存储形式就像前面介绍汉字字形码一样(见图 3.9),每像素占一个小方格存储,用一个二进制位表示,像素的颜色也是用若干个二进制位表示(以字节为单位,如 1 字节可以表示 256 种颜色,常说的真彩颜色是用 3 字节表示颜色),然后把这些点位像素数据存储在计算机中。位图的缺点和点阵汉字一样,放大时会失真。数码照相机拍摄的照片就是数字化后存储在照相机的存储卡中。矢量图和矢量汉字一样,存储的不是像素数据,而是存放各种图形元素(如点、线、圆、矩形等对象数据),包括颜色、形状、轮廓、大小等数据。因此,矢量图形数据量与图像的复杂程度有关,与图像的分辨率无关,所以图像放大时不会失真。图 3.11 为放大后的位图与矢量图。

(a) 位图　　　　　　　　　　　(b) 矢量图

图 3.11　放大后的位图与矢量图

由图元/线条组成的图形,如工程图、三维造型或艺术字等,特别适合用于文字设计、图案设计、版式设计、标志设计、工艺美术设计、插图等,较多用在工程作图软件,如 AutoCAD。位图可以表现的色彩比较多,表现力强、细腻、层次多、细节多,能够制作出颜色和色调变化丰富的图像,可以逼真地表现自然界的景观,特别适合制作由无规律的像素点组成的图像,如风景、人物、山水等,一般较多用 Photoshop 软件处理。但位图图像在缩放和旋转时会产生失真现象,同时文件较大,对内存和硬盘空间容量的需求较高。总之,图形、图像技术是相互关联的,把图形处理技术和图像处理技术相结合可以使视觉效果和质量更加完善。

1. 图像的数字化

现实中的图像都是模拟信号,是不能直接用计算机进行处理的,需要转换成用一系列的 0、1 数字所表示的数字图像,这个过程就是将模拟图像数字化,通常用采样、量化和编码方法来解决。

1)采样

采样就是将二维空间上连续的图像转换成离散点的过程,采样的实质就是用多少个像素(Pixels)点来描述这一幅图像,称为图像的分辨率,用"列数×行数"表示,分辨率越高,图像越清晰,存储容量也就越大。

2)量化

量化是在图像离散化后,将表示图像色彩浓淡的连续变化值离散化为整数值的过程。把量化时所确定的整数值取值个数称为量化级数,表示量化的色彩值(或亮度)所需的二进制位数称为量化字长。一般可用 8 位、16 位、24 位或以上来表示图像的颜色,24 位可

以表示 $2^{24}=16\ 777\ 216$ 种颜色,称为**真彩色**。量化字长越大,越能真实地反映原有图像的颜色,但得到的数字图像的存储容量也越大。

在多媒体计算机中,图像的色彩值称为图像的颜色深度,有 3 种表示方式。

(1) 黑白图:图像的颜色深度用一个二进制位 1 和 0 分别表示纯白、纯黑两种状态。

(2) 灰度图:图像的颜色深度用一字节表示,灰度级别就有 $256(2^8=256)$ 级,通过调整黑白两色的程度(称为**灰度**)来显示单色图像。

(3) RGB(Red、Green、Blue,三原色):24 位真彩色显示时,由红、绿、蓝三原色通过不同的强度混合而成。强度分为 256 级,占 24 位(3 字节),就构成了 $2^{24}=16\ 777\ 216$ 种"真彩色"图像。

3)编码

将采样和量化的数据转换成为二进制数的表示形式。

图像的分辨率和像素位的颜色深度决定图像文件的大小,即图像的质量,其计算公式为

$$列数 \times 行数 \times 颜色深度 \div 8 = 图像字节数$$

例 3.22   要表示一个分辨率为 1024×1024 的 24 位"真彩色"图像,则图像大小为

$$1024 \times 1024 \times 24 \div 8b = 3MB$$

这仅仅是一张数字化后的图像存储容量,可见其数据量巨大,无论是存储还是传输都不方便,必须采用压缩技术解决。

2. 图形的存储

图形文件是一种以数学的方式对图形进行描述,在原制作软件和库文件的环境下,通过计算机可以任意缩放图形,又不损失其细节的文件。

矢量图形通常由直线、圆、弧线等各种矢量对象组成,图形中的每个对象都是一个独立的实体,都独立地定义了各自的色彩、形状、轮廓、尺寸以及位置等属性,通过数学方法将这些矢量对象组合而成的图形,以一组指令的形式保存。对于图像中更为复杂的曲面、光照、材质等效果,同样也是使用这种形式保存。

矢量图形的特性如下。

(1) 由于矢量图形把线段、形状及文本定义为数学方程,因此矢量图形与分辨率无关,对图形的展现更为细致、真实。它可以将图形的尺寸任意改变而不会导致失真和降低图形的质量。这是矢量图形一个非常有用的特点。

(2) 由于矢量图形与分辨率无关,因此矢量图形可以自动适应输出设备的最大分辨率。以打印机作为输出设备时,打印机把矢量图形的数学方程变成打印机的像素,无论打印的图形有多大,图形看上去都十分均匀清晰。

(3) 由于矢量图形是以数学方法描述的图形,它并不存储图形的每一点,而只存储图形内容的轮廓部分,因此矢量图形的存储空间较位图图像的存储空间要小得多。

(4) 在矢量图形中,文件大小取决于图形中所包含对象的数量和复杂程度,因此矢量图形文件大小与输出图形的大小几乎没有关系,这一点与位图图像正好相反。

(5) 在矢量图形中可以只编辑其中某个对象而不影响图形中的其他对象。矢量图形

中的对象可以互相覆盖而不会互相影响。

3. 常见图形和图像文件格式

1）BMP(.bmp)

BMP(Bitmap)是一种与设备无关的图像文件格式,是 Windows 环境中经常使用的一种位图格式。其特点是包含的图像信息较丰富,几乎不进行压缩,故文件占用空间较大。大多数图像处理软件都支持此格式。

2）JPEG(.jpg 或.jpeg)

JPEG 是由联合照片专家组(Joint Photographic Experts Group)开发的。它既是一种文件格式,又是一种压缩技术。JPEG 作为一种灵活的格式,具有调节图像质量的功能,允许用不同的压缩比例压缩图像文件。它用有损压缩方式去除冗余的图像和彩色数据,在获得极高压缩率的同时也能展现十分丰富生动的图像。JPEG 应用非常广泛,大多数图像处理软件均支持此格式。

JPEG 2000 作为 JPEG 的升级版,其压缩率比 JPEG 高约 30%,同时支持有损和无损压缩。JPEG 2000 格式有一个极其重要的特征是它能实现渐进传输,即先传输图像的轮廓,再逐步传输数据,不断提高图像质量,让图像由朦胧到清晰显示。此外,JPEG 2000 还支持"感兴趣区域"特性,可以任意指定影像上感兴趣区域的压缩质量,还可以选择指定的部分先解压缩。JPEG 2000 和 JPEG 相比优势明显,且向下兼容,因此可取代传统的JPEG 格式。

3）GIF(.gif)

GIF(Graphic Interchange Format)是 CompuServe 公司开发的图像文件格式,采用了压缩存储技术。GIF 同时支持线图、灰度和索引图像,但最多支持 256 种色彩的图像。其特点是压缩比高、磁盘空间占用较少、下载速度快,可以存储简单的动画,被广泛用于Internet 中。

4）PNG(.png)

PNG(Portable Network Graphics,可移植的网络图像)是流式图像文件。压缩比高,并且是无损压缩,适合在网络中传播,但是它不支持动画功能。

5）WMF(.wmf)

WMF(Windows Metafile Format)是 Windows 中常见的一种图元文件格式,它属于矢量图形,其特点是文件非常小,可以任意缩放而不影响图像质量,整个图形常由各个独立的组成部分拼接而成,但其图形往往较粗糙。Windows 中许多剪贴画图像以该格式存储,广泛应用于桌面出版印刷领域。

6）SVG(.svg)

SVG(Scalable Vector Graphics)是一种基于 XML,由 World Wide Web Consortium(W3C)开发的,开放、标准的矢量图形文件。它可以使图像在改变尺寸的情况下,图形质量不会有损失。与 JPEG 和 GIF 图像比起来,其尺寸更小,可压缩性更强,方便下载。文本在 SVG 图像中保留可编辑和可搜寻的状态,可用任何文字处理工具打开 SVG 图像,直接用代码来描绘图像,也可以通过改变部分代码使图像具有交互功能,并随时插入

HTML 中通过浏览器观看。它还可以在任何分辨率下被高质量地打印,非常适用于设计高分辨率的 Web 图形页面,是目前比较流行的图像文件格式。

3.3.2 音频

声音是通过空气振动发出的,在介质中传播时,实际上是一种波,称为**声波**,通常用模拟波的方式表示。声波的物理元素包括振幅、频率:振幅决定了音量,频率决定了音调。**音频**是声音的信息表示,通常指在 20～20 000Hz 频率范围的声音信号,是连续变化的模拟信号,而计算机只能处理数字信号,必须把它转换成数字信号计算机才能处理,这就是音频的数字化,如图 3.12 所示。

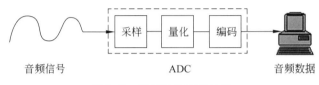

图 3.12 音频的数字化过程

1. 音频的数字化

音频的数字化过程要经过采样、量化和编码。采样和量化的过程可由模数转换器(Analog-to-Digital Converter,ADC)实现。ADC 以固定的频率采样、量化,经采样和量化的声音信号再经编码后就成为数字音频信号,以数字声波文件形式保存在计算机存储介质中。若要将数字音频输出,则通过数模转换器(Digital-to-Analog Converter,DAC)将数字信号转换成原始的模拟信号即可。

在数字化过程中,**采样频率**、**采样精度**(量化位数)和**声道数**是非常重要的指标。采样频率是指每秒要采集多少个声音样本,频率越高,声音的保真度越高,声音的质量就越好。一般使用的频率为 11.025kHz(语音效果)、22.05kHz(音乐效果)、44.1kHz(高保真效果)。采样精度是指每个声音样本需要用多少个二进制位来表示,它反映声音波形幅度的精度,一般分为 8 位采样、16 位采样。样本位数的多少影响声音的质量,位数越多,声音的质量就越好。声道数是指使用的声音通道个数,用来表明声音记录是产生一个波形还是两个波形,即通常所说的单声道、立体声。图 3.13 为采用 16 位和 24 位的音频采样。

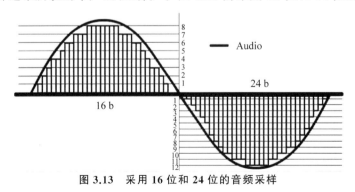

图 3.13 采用 16 位和 24 位的音频采样

模拟波形声音经数字化后,其音频文件的存储容量(未经压缩)计算公式为

采样频率(Hz)×量化位数(b÷8)×声道数×时间(s)＝存储容量

例 3.23　用 44.1kHz 的采样频率进行采样,量化位数为 16 位,则在录制 1 秒的立体声节目时,其 WAV 文件所需的存储容量。

根据上述计算公式有 44.1Hz×1000×16b÷8×2×1s＝176 400B

对声音的要求不同场合会有不同,表 3.4 可作为参考。

表 3.4　常见应用的采样频率

应 用 场 合	参　数	
	采样频率/Hz	量化位数/b
互联网(语音、简单乐曲)	11 025	8
游戏(效果音、效果音乐)	22 050	8
多媒体自学读物(提示音)	11 025	8
电子教案(语音、效果音)	11 025	8
多媒体宝典、大全(乐曲、语音)	22 050	8
多媒体音乐鉴赏(音乐、解说)	44 100	16

2. 音频文件格式

在多媒体音频技术中存储声音信息的文件格式有多种,常见的有以下 5 种。

1) WAV(.wav)

WAV(Waveform Extension,波形扩展)是微软公司开发的一种音频文件格式,用于保存 Windows 平台的音频信息资源。主要由外部声源(话筒、录音机等)录制后,经声卡转换成数字音频信息以后缀.wav 存储,播放时还原成模拟信号由扬声器输出。WAV 格式支持多种压缩算法,支持多种音频位数、采样频率和声道,是 PC 上较流行的音频文件格式,几乎所有的音频编辑软件都能够读取。WAV 文件直接记录了真实声音的二进制采样数据,被称为无损的音乐,但通常文件较大,多用于存储简短的声音。

2) MIDI(.mid)

MIDI(Music Instrument Digital Interface,乐器数字接口)是为了把电子乐器与计算机相连而制定的规范,是数字音乐的国际标准。MIDI 标准规定了各种音调的混合及发音,通过输出装置可以将这些数字重新合成为音乐。

与 WAV 文件不同的是 MIDI 文件存放的不是声音采样信息,而是将乐器弹奏的每个音符记录为一连串的数字,然后由声卡上的合成器,根据这些数字代表含义进行合成后由扬声器播放声音。因此,MIDI 文件比 WAV 文件小很多。但 MIDI 的主要限制是它缺乏重现真实自然声音的能力,因而不能用在需要语音的场合。此外,MIDI 只能记录标准所规定的有限种乐器的组合,而且回放质量受到声卡合成芯片的限制。近年来,国外流行的声卡普遍采用波表法进行音乐合成,使 MIDI 的音乐质量大大提高。

3) MP3(.mp3)

MP3(Moving Picture Experts Group Audio Layer III,动态影像专家压缩标准音频

层面 3)是一种音频压缩技术。利用该技术,可以将音乐以 1∶10 甚至 1∶12 的压缩比,压缩成存储容量较小的文件,而对于大多数用户,重放的音质与最初的不压缩音频相比没有明显的下降,非常适合网上传播,是当前使用最多的音频格式文件。

上述的 WAV 和 MIDI 文件格式均可以压缩成为 MP3 文件格式。

4) WMA(.wma)

WMA(Windows Media Audio)是微软公司力推的一种音频文件格式。WMA 格式以减少数据流量但保持音质的方法达到更高压缩率的目的,其压缩比一般可以达到 1∶18,生成的文件大小只有相应 MP3 文件的一半。

5) RA(.ra)

RA(RealAudio)是一种可以在网络上实时传送和播放的音乐文件的流媒体技术的音频格式。RA 文件压缩比例高,可以随网络带宽的不同而改变声音质量。此类文件格式主要有 RA(RealAudio)、RM(RealMedia,RealAudio G2)、RMX(RealAudio Secured),这些格式统称为 Real。

3.3.3 视频

视频是将一幅幅独立图像组成的序列按一定的速率连续播放,利用人的视觉暂留特征形成连续运动的画面。模拟视频的数字化过程需要先采样,将模拟视频的内容进行分解,得到每个像素点的色彩组成,然后采用固定采样率进行采样、量化、编码,生成数字化视频并以文件形式存储在磁盘上,这一过程一般通过视频采集卡完成。数字化视频和传统视频相同,由帧的连续播放产生视频连续的效果。在多数数字化视频格式中,视频的播放速度为 24 帧/秒(24f/s)。

1. 视频信息常用的参数

(1)帧速:每秒播放的静止画面数,用帧/秒(f/s)表示。PAL 制式为 25f/s,NTSC制式为 30f/s。

(2)数据量:未压缩的每帧图像数据量乘以帧速。

(3)画面质量:与原始图像和视频数据压缩比有关,压缩比越高,数据量越小,图像质量就越差。

2. 常见的视频文件格式

(1) AVI:AVI(Audio Video Interleaved)文件允许视频和音频交错在一起同步播放,是较为常见的视频文件格式,但数据量较大。

(2) MPEG:MPEG(Moving Pictures Experts Group)格式是 PC 上全屏幕活动视频的标准文件格式,使用 MPEG 技术进行压缩的全运动视频图像,数据量较小。MPEG 的平均压缩比为 1∶50,最高可达 1∶200。

(3) ASF:ASF(Advanced Streaming Format)是一种高级流媒体格式,以网络数据包的形式传输,可以在 Internet 上实现实时播放。它使用 MPEG-4 压缩算法,压缩比很高,且图像质量很好。其特点是数据量小,本地或网络回放、邮件下载都可以。

（4）RM：RM(Real Media)是 Real Networks 公司开发的一种流媒体视频文件格式。RM 可以根据网络数据传输的不同速率制定不同的压缩比率，以便在低速的 Internet 上进行视频文件的实时播放与传输。它包括 RealAudio、RealVideo 和 RealFlash 3 部分。

（5）WMV：WMV(Windows Media Video)是微软公司推出的一种流媒体格式，是 ASF 格式的升级延伸。在同等视频质量下，WMV 格式的数据量非常小。

（6）QuickTime：QuickTime 是苹果公司采用的面向桌面系统用户的低成本、全运动视频格式，现在软件压缩和解压中也都使用这种格式。向量量化是 QuickTime 软件的压缩技术之一，它在最高为 30f/s 下提供的视频分辨率是 320×240，其压缩比为 1∶4～1∶32。

3.3.4　动画

动画是活动的画面，实质上是一幅幅静态图像的连续播放。这种连续画面在时间和内容上都是连续的。组成动画的每个静态画面称为帧(Frame)，动画的播放速度称为帧速率，以每秒播放的帧数描述，用帧/秒(f/s)表示。一般情况下，动画每秒播放 12 帧画面，而视频每秒播放 25 帧或以上画面，人眼睛看到的就是连续的画面。

动画有两种表现形式：一种是帧动画，由一幅幅图像组成的连续画面，如图 3.14 所示，它的运动只能是平移；另一种是造型动画，是对每一个运动物体分别进行设计，赋予它们各自的特征，如物体的大小、形状、颜色、位置等。

V3.3 动画制作

图 3.14　帧连续播放形成的动画

常见的动画文件格式：

（1）FLI 格式：Autodesk 公司开发的较低分辨率的文件格式，具有固定的画面尺寸（320×200）及 256 色的颜色分辨率。计算机可用 320×200 或 640×400 的分辨率播放。

（2）FLC 格式：Autodesk 公司开发的较高分辨率的文件格式。FLC 格式改进了 FLI 格式尺寸固定与颜色分辨率低的不足，是一种可使用各种画面尺寸及颜色分辨率的动画格式，可适应各种动画的需要。

（3）SWF 格式：Flash 支持的矢量动画格式。这种格式的动画在缩放时不会失真，文件的存储容量很小，还可以带有声音，因此被广泛应用。

3.4　数据的存储

3.1～3.3 节介绍了计算机中不同的数据类型，包括数字、字符和多媒体类型。不同数据类型的运算规则不同，数字可以进行加、减、乘、除等数学运算；字符可以进行字符串的连接、查找、替换等操作；多媒体类型中图像和音频是不可分割的原子媒体类型，视频和动画通常是由多种类型的数据组成的。本节通过分析常见文件类型存储原理,介绍不同类型的数据是如何存储的。

3.4.1 数据存储基础

数据存储就是将信息以各种不同的形式存储在外存的过程。数据通常以文件的形式存储在外存设备中。文件存储时,为了读取和处理方便,需要对数据进行合理编排,通常会对数据进行不同层次的组织。

1. 基本概念

数据是对现实世界的抽象,数据用人为规定的符号表示从现实世界中观察、收集到的现象和事实。

数据对象是对一个实体的具体描述,如一个人的个人信息、一张照片等。

当一个数据对象中包含多个相同类型的数据单元时,通常把一个数据单元称为一个**数据元素**。

数据项是指具有独立含义的最小的数据存储单位,如果进一步分割则会失去数据本质的含义,如地名广州代表了一个城市,如果再进一步拆解为广,则与这地方本身代表的对象没有实际的关系。

数据的**逻辑结构**是从逻辑的角度(即数据间的联系和组织方式)观察数据,分析数据,与数据的存储位置无关。数据的逻辑结构是指数据使用者所看到的数据组织方式,在数据处理时按照逻辑结构进行数据访问。

数据的**存储结构**,也称物理结构,是指数据的逻辑结构在计算机中的实现形式,即数据在物理存储空间上的存放方式(连续存放还是分散存放)。数据的物理结构是从数据的管理者的角度研究数据项之间的关联。本书只讨论数据的逻辑结构,物理结构不展开讲述。

2. 数据类型汇总

从计算机的角度,数据泛指可以被计算机接收并能被计算机处理的符号。如3.1～3.3节介绍,计算机中数据的表现形式包括文本形式(数字、文字)和多媒体形式(图形、图像、动画、声音)。

根据文件存储内容可将文件分为单一类型和复合类型。

(1)**单一类型**:指在文件内部只存储一种数据信息,如文本文件中只存储字符。单一类型的文件还包括图像、声音等。

(2)**复合类型(面向对象)**:指文件内部保存了不同类型的数据,如视频、Word或HTML文档等。

(3)**复合类型(结构化)**:主要指基于关系数据库的数据存储。

数据分类如表3.5所示。

表 3.5　数据分类

类　别	类型	特　　　点
单一类型	文本	只存储字符,如 txt 等
	声音	存储的是声波文件,如 WAV、MP3 等
	图像	用数字任意描述像素点、强度和颜色,如 JPG、PNG、BMP 等
复合类型 (面向对象)	图形	由外部轮廓线条构成的矢量图,即由计算机绘制的直线、圆、矩形、曲线、图表等。例如,SVG、CDR 等
	标记文件	由标记和数据构成,如 HTML、XML 等
	视频	存储的内容包括声音、大量的图、文字等,如 MP4、AVI 等
	动画	存储的内容包括声音、图形、图像、文字等,如 SWF、FLC 等
	其他	包含不同的数据对象类型,如 Word、Excel 等文档
复合类型 (结构化)	数据库	存储一条条记录,如 mbd、bdf 等

3.4.2　单一类型数据存储

计算机中基本的数据类型包括数字、文本、声音和图像。单一类型数据是指数据中只存在一种数据类型格式,并且数据之间没有明确的语义关系,如文本文件里面只有字符,如图 3.15 中展示了一个文本文件 jnu.txt。这类单一类型数据通常由最本原的手段获取,并且没有与其他类型的数据共同存储在一个文件中,如图像通常由照相机获取,声音由录音机获得等,文本文件由用户直接输入字符等。

图 3.15　文本文件示例

图 3.15 jnu.txt 文本文件中的内容全部是英文字符,英文字符在存储的时候存储每个字符对应的 ASCII 码。图 3.16 展示的是文本文件的存储,每行存储 16 个字符,每行前面的数字代表字符位置(十六进制形式)。从图 3.16 中可以看到第一个字符存储的数字是 0x4a,即一个十六进制数 4a,其对应的十进制数是 74,也就是字母 J 对应的 ASCII 码(大写字母 A 对应的 ASCII 码是 65),以此类推,可以发现此文本文件包含的是一个个连续存放的字符。

对于此类文件进行存储时,需要逐个读取其中的数据,再进行相应的数据计算,例如,如果要将图 3.15 中的 Jinan 修改为 JiNan,就需要修改对应的 ASCII 码数值为 78(大写字符 N 的 ASCII 码),其对应的十六进制数为 4e,修改后的效果如图 3.17 所示。

单一类型数据文件通常由专门的应用软件来完成,如 mspaint 进行修图的基本原理就是对相应的像素点进行颜色设置,通常选择一片区域或者相同数值的颜色值进行批量

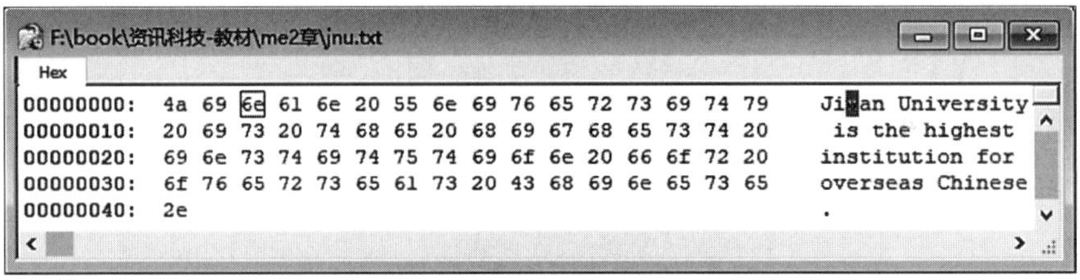

图 3.16　文本文件存储内容示例（一）

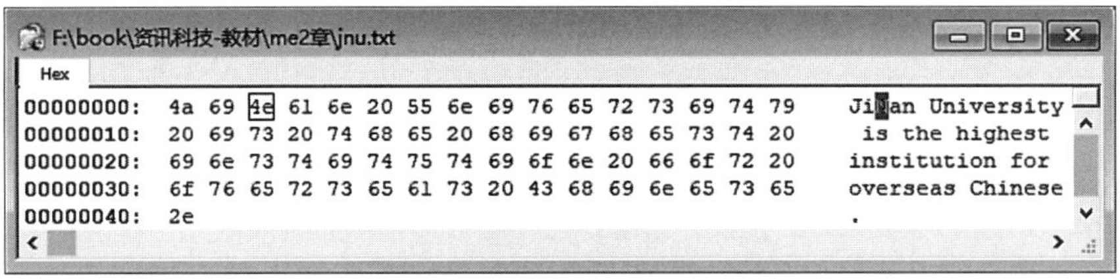

图 3.17　文本文件存储内容示例（二）

设置。

3.4.3　复合类型数据存储——面向对象

复合类型数据存储是指在同一个文件内部包含了不同种类的数据，如视频、动画、Word 或 Excel 文档、数据库类型等。其中，视频、动画这样的类型没有固定的内部格式，将其归类为面向对象的复合数据类型，数据库中每个数据库文件通常有固定的结构，将其归为结构化的复合数据类型。

1. 视频文件

尝试通过一个视频处理软件 Camtasia 打开视频文件的原始素材，界面如图 3.18 所示，下方显示该视频文件中的三个轨道，分别是图像、音频和字幕。当 Camtasia 软件将这些素材组合成一个视频文件时，就需要将三个轨道作为一个个的数据对象进行进一步封装处理，其过程非常复杂（处理过程比较耗时，通常视频处理软件也非常庞大），在此不过多陈述。

动画文件与视频文件比较类似，所不同的是视频文件中的动态画面是由一幅幅图片连续播放形成的，而动画中的动态画面可能是若干对象实体的形状/位置变化所得到的，所以相对来说视频文件比动画文件存储的图片要多、视频文件通常比较大。

2. 标记语言文件

标记语言文件是指文件内容包含了标记信息，其对应的处理软件会根据不同的标记展示不同的内容。简单地说，标记语言文件是使用标记语言来描述的文件。通常，标记语言文件可以将不同类型的数据进行标记编排，形成指定的格式文件。

图 3.18　视频编辑界面

名词释义：标记语言（Markup Language）

标记语言是一种将文本以及文本相关的其他信息结合起来，展现出关于文档结构和数据处理细节的文字编码。与文本相关的其他信息（包括文本的结构和表示信息等）与原来的文本结合在一起，但是使用标记进行标识。

常见的标记语言格式有 HTML（超文本标记语言）、XML（可扩展标记语言）、SGML（标准通用标记语言）、XAML（可扩展应用程序标记语言）等。HTML 文本是由 HTML 命令组成的描述性文本，HTML 中的标签可以将网络上的文档格式统一，使分散的 Internet 资源链接为一个逻辑整体，HTML 命令可以说明文字、图形、动画、声音、表格、链接等。如图 3.19（a）是一个 HTML 文件，该文件将文本、图片进行组合，用浏览器解析打开之后的界面如图 3.19（b）所示。

HTML 文件中的每个数据元素都需要进行标记，用＜标签＞数据元素＜/标签＞来标记，例如，HTML 文件 jnu.html 中包含了文本和图片两类数据：

（1）＜title＞暨南大学简介＜/title＞：标记该文件的标题。

（2）＜style type＝"text/css"＞ ＜/style＞：定义该文件用到的格式。

（3）＜p align＝"center"＞＜img src＝"jnu100.jpg" width＝"385" height＝"205" /＞＜/p＞：标记插入图片的名称、对齐方式、宽度和高度等。通过这些描述就可以将图像文件作为段落插入到页面中。

HTML 文件可以将文本、图片、声音、视频、动画等数据对象进行标记，在网页上展示

(a) HTML 文件   (b) 对应的网页

图 3.19　HTML 文件与对应的网页

不同的对象类型数据。XML 是用于标记电子文件使其具有结构性的标记语言，可以用来标记数据、定义数据类型，它允许用户定义自己的标签和自己的文档结构。XML 是 SGML 的子集，非常适合 Web 传输。

综上所述，标记语言文件就像一个说明书，把不同类型的素材黏合在一起，但是每种素材都是依据素材本身的文件特点进行存储的。

3. Word 文件

Word 文件也可以包含文本、图像、动画、表格等，还可以对数据对象进行非常丰富的格式设置，但 Word 文件的存储与文本文件有很大的不同，Word 文件其实是一个 Zip 压缩文件，可以用 Zip 软件进行解压。

如图 3.20 对 jnu.docx 文件进行解压，上半部分是解压后的内容，下半部分是 Word 文件打开之后的内容，Word 文件对应的压缩包主要由 XML 文件构成，分为 4 部分。

图 3.20　Word 文件与对应的数据元素

（1）docProps：目录中的 XML 文件保存了 docx 文件的属性，其中包括 core.xml、app.xml 文件。

（2）word：目录中包含了文档的字体、格式、风格、Web 设置等。

（3）_rels：目录中会有一个扩展名为 rels 的文件，它里面保存了这个目录下各个 Part 之间的关系。

（4）［Content_Types］.xml：目录文件，记录每个 XML 文件的内容类型。

扩展名为 ppt、xlsx 文件的存储原理与 Word 类似。无论是多媒体类型文件、标记语言文件，还是 Word 文件，处理对象都是没有固定结构的数据，称为面向对象的数据存储，其操作实现比较复杂。

单一类型的数据存储和面向对象的数据存储都归类为非结构化数据。

3.4.4　复合类型数据存储——结构化

普通程序员要想存储、处理复合类型数据，使用面向对象的形式，难度非常大，几乎是不可实现的。计算机科学家提出了一种结构化的数据存储方式，用于存储具有相同数据元素的批量数据。

1. 结构化数据定义

简单地说，结构化数据对象中的数据通常具有相同的格式，这些数据需要依据不同的数据类型进行快速计算、修改。结构化的数据是指可以使用关系数据库表示和存储，由二维表结构进行逻辑表达和实现，严格地遵循数据格式与长度规范，主要通过关系数据库进行存储和管理。一般特点：数据以行为单位，一行数据表示一个实体的信息，每列数据的属性相同。

结构化数据是高度组织和格式化的数据，与非结构化数据相比，是更容易使用的数据类型。保存和管理这些数据一般为关系数据库，当使用结构化查询语言（SQL）时，计算机程序很容易搜索这些数据。结构化数据具有的明确关系使这些数据运用起来十分方便。

2. 结构化数据举例

图 3.21 是一个关系数据库的基本表，首行是字段名称（也称属性），每行代表一条记录，即每个交易单的基本数据。人们可以很方便地进行查询或者更新，例如，如果想查找 2019 年 12 月份总消费情况，就可以直接筛选时间和使用类别，将使用金额相加即可。

对于图 3.21 中的数据，依然可以存储在 Word 文件中，但是已经失去了结构化的含义。

非结构化数据存储和传输比较方便，但是缺点十分明显：如果想做修改或者统计，难度非常大，尤其是当行数较多时，几乎无法实现。所以结构化数据存储加快了处理数据的速度和效率，在某种程度上，结构化数据的存在，也是实现自动计算的第一步。

在第 4 章数据管理示例中，会针对不同的数据存储类型，介绍常见的数据处理工具及简单的使用方法。

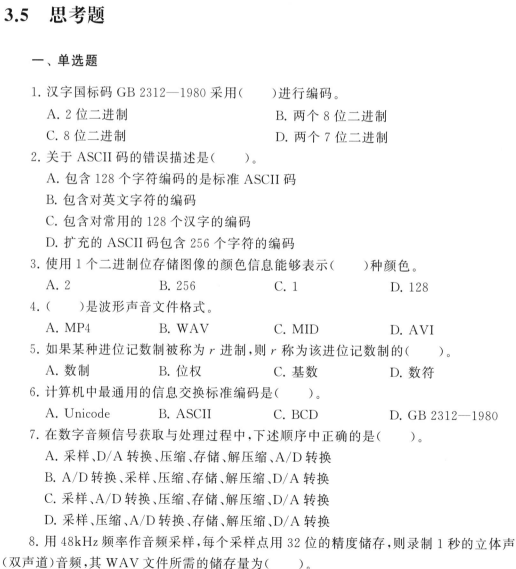

交易号	卡号	时间	使用类别	使用金额	余额
201528	001	2019-10-28 19:52:26	消费	￥10.00	￥483.00
201529	001	2019-10-28 19:54:05	充值	￥20.00	￥503.00
201530	001	2019-10-28 19:54:09	消费	￥2.00	￥501.00
201531	001	2019-12-30 19:49:29	充值	￥200.00	￥701.00
201532	001	2019-12-30 19:49:34	消费	￥18.00	￥683.00
201533	001	2019-12-30 19:51:33	消费	￥20.00	￥663.00
201534	001	2019-12-30 21:28:21	充值	￥200.00	￥863.00
201535	001	2019-12-30 21:28:26	消费	￥19.00	￥844.00
201536	001	2019-12-30 21:28:30	消费	￥25.00	￥819.00
	001	2020-04-11 0:47:19			

图 3.21　结构化数据

3.5　思考题

一、单选题

1. 汉字国标码 GB 2312—1980 采用（　　）进行编码。

　A. 2 位二进制　　　　　　　　　　　B. 两个 8 位二进制

　C. 8 位二进制　　　　　　　　　　　D. 两个 7 位二进制

2. 关于 ASCII 码的错误描述是（　　）。

　A. 包含 128 个字符编码的是标准 ASCII 码

　B. 包含对英文字符的编码

　C. 包含对常用的 128 个汉字的编码

　D. 扩充的 ASCII 码包含 256 个字符的编码

3. 使用 1 个二进制位存储图像的颜色信息能够表示（　　）种颜色。

　A. 2　　　　　　B. 256　　　　　　C. 1　　　　　　D. 128

4.（　　）是波形声音文件格式。

　A. MP4　　　　　B. WAV　　　　　C. MID　　　　　D. AVI

5. 如果某种进位记数制被称为 r 进制，则 r 称为该进位记数制的（　　）。

　A. 数制　　　　　B. 位权　　　　　C. 基数　　　　　D. 数符

6. 计算机中最通用的信息交换标准编码是（　　）。

　A. Unicode　　　B. ASCII　　　　C. BCD　　　　　D. GB 2312—1980

7. 在数字音频信号获取与处理过程中，下述顺序中正确的是（　　）。

　A. 采样、D/A 转换、压缩、存储、解压缩、A/D 转换

　B. A/D 转换、采样、压缩、存储、解压缩、D/A 转换

　C. 采样、A/D 转换、压缩、存储、解压缩、D/A 转换

　D. 采样、压缩、A/D 转换、存储、解压缩、D/A 转换

8. 用 48kHz 频率作音频采样，每个采样点用 32 位的精度储存，则录制 1 秒的立体声（双声道）音频，其 WAV 文件所需的储存量为（　　）。

A. 375KB　　　　B. 96KB　　　　C. 187.5KB　　　　D. 750KB

9. (　　)不可能是七进制数。

A. 10000　　　　B. 1234　　　　C. 657　　　　D. 1004

10. (　　)是关于二进制错误的论述。

A. 二进制加法运算是逢二进一

B. 二进制数只有 0 和 1 两个数码

C. 二进制数只有两位数组成

D. 二进制数整数部分各个位上的位权对应十进制数的值分别为 1，2，4，8，16，…

11. 一般来说,要求声音的质量越高,则(　　)。

A. 量化级数越高和采样频率越低　　　B. 量化级数越低和采样频率越高

C. 量化级数越高和采样频率越高　　　D. 量化级数越低和采样频率越低

12. 数据在计算机存储器中的表示称为(　　),也是指数据的逻辑结构在计算机中的表示。

A. 数据的关系结构　　　　　　　　B. 数据结构

C. 数据的逻辑结构　　　　　　　　D. 数据的存储结构

13. 多媒体信息从时效上可分为静态媒体和动态媒体两大类,动态媒体包括(　　)。

A. 音频、文本、图形和图像　　　　B. 文本、图形和图像

C. 音频、视频和动画　　　　　　　D. 音频、图形和图像

14. 对波形声音采样频率越高,存储该声音文件所需的存储空间(　　)。

A. 不变　　　　B. 越大　　　　C. 越小　　　　D. 不能确定

15. 多媒体数据具有的特点是(　　)。

A. 数据量小、输入和输出复杂

B. 数据量大、数据类型多

C. 数据类型间区别大、数据类型少

D. 数据类型多、数据类型间区别小

16. 模数转换器(即 A/D 转换器)的功能是将(　　)。

A. 数字量和模拟量混合处理　　　　B. 模拟量转换为数字量

C. 数字转换为二进制　　　　　　　D. 声音转换为声波

17. 已知英文大写字母 B 的 ASCII 码是 42H,那么英文大写字母 G 的 ASCII 码为十进制数(　　)。

A. 15　　　　B. 46　　　　C. 68　　　　D. 71

18. 以下不同进制的 4 个数中,最大的一个数是(　　)。

A. $(19)_D$　　　B. $(11100011)_B$　　　C. $(97)_O$　　　D. $(CA)_H$

19. 用键盘输入汉字时,在键盘上输入的是汉字的(　　)。

A. 机内码　　　　B. 交换码　　　　C. 输入码　　　　D. 字型码

20. 设汉字点阵为 32×32,那么 1 个汉字的字形码信息所占用的字节数是(　　)。

A. 1280　　　　B. 128　　　　C. 1024　　　　D. 32

21. 多媒体技术是指利用计算机技术对( )等多种存储在不同介质上的信息综合一体化,使它们建立起逻辑联系,并能进行加工处理的技术。

　　A. 拼音码和五笔字型

　　B. 硬件和软件

　　C. 中文、英文、日文和其他文字

　　D. 文本、声音、图形、图像、视频和动画

22. 1 字节由 8 个二进制位组成,它所能表示的最大八进制无符号数为( )。

　　A. 377　　　　　　B. 777　　　　　　C. FF　　　　　　D. 255

23. 24 位真彩色用 ♯rrggbb 格式表示,其中,rr、gg、bb 分别为( )位十六进制数所表示的红色、绿色、蓝色成分的强度值。

　　A. 2　　　　　　　B. 8　　　　　　　C. 1　　　　　　　D. 16

24. ( )为非压缩格式位图文件的扩展名。

　　A. gif　　　　　　B. jpg　　　　　　C. bmp　　　　　　D. png

25. 以下选项中与四进制数 123 相等的二进制数是( )。

　　A. 10101　　　　　B. 11011　　　　　C. 10111　　　　　D. 11101

26. 用 1 字节可以表示最大的无符号十进制整数是( )。

　　A. 255　　　　　　B. 8　　　　　　　C. 256　　　　　　D. 127

27. 以下选项中( )不是图形图像文件的扩展名。

　　A. png　　　　　　B. rm　　　　　　C. gif　　　　　　D. bmp

28. 以下关于字符 ASCII 码值大小关系的表示中,正确的是( )。

　　A. B > b > 空格符　　　　　　　　B. 空格符 > b > B

　　C. 空格符 > B > b　　　　　　　　D. b > B > 空格符

29. 以下选项中( )能表示的图像色彩分辨率最高。

　　A. 真彩色　　　　B. 灰度　　　　　C. 高彩色　　　　D. 黑白

30. 以下选项中( )是 GIF 文件具备而 BMP 文件不具备的特点。

　　A. 可以包含多重图像　　　　　　　B. 能显示更多的颜色

　　C. 没有被压缩,没有像素丢失　　　D. 可以在网络中传输

31. 将十六进制数 1ABH 转换为十进制数是( )。

　　A. 273　　　　　　B. 112　　　　　　C. 427　　　　　　D. 272

32. 能使等式(1)R+(11)R=(100)R 成立的进制 R 表示( )。

　　A. 二进制　　　　B. 十六进制　　　C. 十进制　　　　D. 八进制

33. 以下选项中( )不是用于处理中文的字符编码。

　　A. ASCII　　　　　B. GBK　　　　　C. Big5　　　　　D. GB 2312—1980

34. 以下选项中关于补码的叙述错误的是( )。

　　A. 正数的补码是该数的反码　　　　B. 负数的补码是该数的反码最右一位加1

　　C. 负数的补码是该数的原码最右加1　D. 补码便于实现减法运算

35. 浮点数在计算机中由 4 部分组成,其中( )部分决定了数的大小和范围。

　　A. 尾数　　　　　B. 阶符　　　　　C. 阶码　　　　　D. 尾符

36. 二进制数的补码是 10011011,它的原码是(　　　)。

　　A. 11100100　　　　B. 10011011　　　　C. 10011010　　　　D. 11100101

37. 二进制数的原码是 10011011,它的补码是(　　　)。

　　A. 1100100　　　　B. 10011011　　　　C. 11100101　　　　D. 11100100

38. 用 1 字节表示数据,十进制数 75 的二进制原码是(　　　)。

　　A. 10110101　　　　B. 01001011　　　　C. 11001011　　　　D. 00110100

39. 用 1 字节表示数据,十进制数 −85 的二进制原码是(　　　)。

　　A. 00101010　　　　B. 01010101　　　　C. 11010101　　　　D. 10101010

40. 用 1 字节表示数据,十进制数 116 的二进制反码是(　　　)。

　　A. 10000100　　　　B. 11110100　　　　C. 01110100　　　　D. 00001011

41. 用 1 字节表示数据,十进制数 −112 的二进制反码是(　　　)。

　　A. 10010000　　　　B. 01110000　　　　C. 11110000　　　　D. 10001111

二、多选题

1. 当前多媒体技术中主要有三大编码及压缩标准,(　　　)和(　　　)不属于压缩标准。

　　A. H.261　　　　B. ASCII　　　　C. EBCDIC

　　D. JPEG　　　　E. MPEG

2. 下列选项中(　　　)和(　　　)属于静态媒体。

　　A. 声音　　　　B. 图形　　　　C. 动画

　　D. 图像　　　　E. 视频

3. 模拟音频的数字化过程包括音频的采样、(　　　)和(　　　)。

　　A. 录制　　　　B. 量化　　　　C. 模拟

　　D. 编码　　　　E. 压缩

4. 下列选项中正确的是(　　　)。

　　A. 西文字符在计算机中以 ASCII 码表示

　　B. 存储在计算机中的信息以十进制编码表示

　　C. 中文的区位码与机内码相同

　　D. 汉字字型码也称汉字输出码

　　E. ASCII 码采用 7 字节表示一个西文字符的编码

5. 下列选项中(　　　)不能作为数据库中的数据进行存储。

　　A. 人员　　　　B. 图形　　　　C. 电流

　　D. 文字　　　　E. 声音

6. 多媒体信息类型主要有(　　　)。

　　A. 音箱、摄像头　　B. 文本、图形　　C. 图像、音频

　　D. 软盘、硬盘、光盘　E. 视频播放器

7. 以下选项中与二进制数 11010110.01011 相等的数是(　　　)和(　　　)。

　　A. $(326.26)_O$　　　　B. $(326.13)_O$　　　　C. $(D6.58)_H$

　　D. (D6.51)$_H$　　　　E. (214.23)$_D$

8. 下列选项中关于 ASCII 码的描述正确的有（　　　）和（　　　）。

　　A. A 的 ASCII 码值比 B 的 ASCII 码值大

　　B. ASCII 码可以对 128 个符号进行编码

　　C. 字符 0 至字符 9 的 ASCII 码值递减

　　D. 7 位的 ASCII 码用 1 字节表示，其最高位为 0

　　E. 7 位的 ASCII 码用 1 字节表示，其最高位为 1

9. 十进制数转换成 r 进制数的算法为（　　　）和（　　　）。

　　A. 小数部分采用乘 r 取整法

　　B. 整数部分采用除 r 取余法

　　C. 小数部分采用除 r 取余法

　　D. 采用乘 r 取整法或者除 r 取余法

　　E. 整数部分采用乘 r 取整法

10. 下列选项中与十进制数 82 相等的数是（　　　）和（　　　）。

　　A. (541)$_6$　　B. (521)$_6$　　C. (1010010)$_2$

　　D. (1010100)$_2$　　E. (122)$_8$

三、判断题

1. 十进制小数转换为十六进制小数时可用除 16 取余方法。　　　　　　（　　　）

2. 所有小写英文字母的 ASCII 码值小于大写英文字母的 ASCII 码值。　（　　　）

3. 在一个非零、二进制正整数的右侧添加 3 个 0，则此数的值为原数的 8 倍。（　　　）

4. 在 UTF-8 编码中一个汉字需要占用 2 字节。　　　　　　　　　　　（　　　）

5. 在 GBK 编码中十个汉字需要 20 字节表示。　　　　　　　　　　　（　　　）

6. 对汉字编码时，笔画多的汉字比笔画少的汉字占的存储容量大。　　　（　　　）

7. 计算机使用十六进制的原因是它比十进制书写更方便，和二进制之间的转换更直接。　　　　　　　　　　　　　　　　　　　　　　　　　　　　　　　（　　　）

8. 就理论而言，不同进制数之间都可以完全相互转换，但有可能不能精确转换。

　　　　　　　　　　　　　　　　　　　　　　　　　　　　　　　　　（　　　）

9. 所有二维表都是结构化数据。　　　　　　　　　　　　　　　　　　（　　　）

10. 由 3 个 1 和 5 个 0 组成的 8 位长二进制数中，奇数的个数和偶数的个数一样多。

　　　　　　　　　　　　　　　　　　　　　　　　　　　　　　　　　（　　　）

四、填空题

1. 如果在一个非零十六进制正整数的最右端添加一个 0，则与之相等的二进制数需要在最右侧添加_____个 0，才能和新十六进制数相等。

2. 十六进制数 3DC 转换为十进制数是_____，二进制数 1011101 转换为八进制数是_____。

3. 标准 ASCII 码采用_____个二进制位编码。

4. 使用 GBK 编码，1KB 的存储空间最多可以存储_____个汉字。

5. 字符 a 的 ASCII 码十进制值为_____。

6. 在计算机内部传输、处理和存储的汉字编码称为汉字_____。

7. 由 3 个 1 和 5 个 0 组成的 8 位长二进制无符号数中，对应十进制的最大值为_____、最小值为_____。

8. 数据压缩分为有损压缩和_____压缩。

9. 24 位真彩色中，红、绿、蓝的颜色强度值都相同的颜色有_____种。

10. 某汉字的 GB 2312—1980 十六进制国标码为(46)H、(38)H，该汉字的十六进制机内码为_____。

11. 十进制数—89，用 1 字节表示的二进制补码是_____。

12. 如果用 8 位二进制补码表示整数，则能表示的十进制数范围是_____。

13. 如果用 8 位二进制表示无符号的整数，则能表示的十进制无符号数范围是_____。

14. 用原码、反码、补码表示整数时，不会出现正零和负零问题_____。

五、问答题

1. 计算机为什么要采用二进制？

2. 什么是基数？什么位权？

3. 不同进制数之间都可以完全相互转换吗？举例说明。

4. 什么是汉字的内码、外码？内码和外码有什么区别？

5. WAV 文件和 MIDI 文件有什么区别？

6. 一个参数为 2min、25f/s、640×480 分辨率、24 位真彩色数字视频的不压缩的数据量约占多少？

7. 为什么要使用补码？

8. 计算机中如何表示实数？

9. 简述非结构化数据处理技术的发展状况。

10. 简述数据库处理技术和大数据处理技术的区别。

第 4 章

数据管理示例

数据管理是指对数据的收集、分类、组织、编码、存储、查询和维护等活动。数据管理技术就是指与数据管理活动有关的技术。为了高效、准确地实现数据管理,常通过电子表格、数据库或程序设计软件完成数据管理。本章介绍常见的数据管理软件及其功能。

Excel 电子表格程序是微软公司办公软件 Microsoft Office 的重要组件之一,它之所以又被称为电子表格,是因为它采用表格的方式管理数据。其直观的界面、出色的计算功能和图表工具,使它成为个人计算机上流行的数据处理软件之一。

Access 是微软公司的 Microsoft Office 办公软件中的一个重要组成部分。它是一个运行于 Windows 平台上的关系数据库管理系统,通过各种数据库对象控制和管理数据。

Access 和 Excel 是同属于 Microsoft Office 的两个组件,Access 是标准的结构化数据管理工具,Excel 则不完全结构化(但是存在 Excel 中的数据已经默认结构化了)。Excel 具有强大的数据处理和分析复杂报表的功能,但它不是数据库,缺乏 Access 的关系处理功能。Access 数据库对数据的管理和存储结构化程度高,更多的是以数据管理为中心任务。而 Excel 相对于 Access 的数据管理,对结构化存储方面的要求没有那么严格,更多的是利用数学模型和数据方法对数据进行复杂的计算分析。随着功能的不断增强,Office 的版本也在不断更新。

本章以 Office 2013 为版本介绍 Excel 电子表格和 Access 数据库在数据管理方面的应用。最后,还对非结构化数据处理进行简单介绍,并以 XML 文档为例,给出了 Excel 中相关的应用示例。

4.1 Excel 电子表格

Excel 的功能主要有以下 3 方面：①表格处理功能。包括输入数据，修改、删除数据，完成各种计算，格式化表格，打印表格等。②数据管理与分析功能。在工作表（电子表格）中对数据清单进行增加、删除、查询、排序和统计等操作；另外，它还提供了许多数据分析和辅助决策工具，如统计分析、方差分析、回归分析、线性规划等。③图表处理功能。能够将指定的数据转换成图表，类型丰富，表现直观。

4.1.1 Excel 基础知识

图 4.1 是一张利用 Excel 制作的电子表格，对于不同的 Excel 版本，显示的 Excel 界面和菜单也会略有不同。

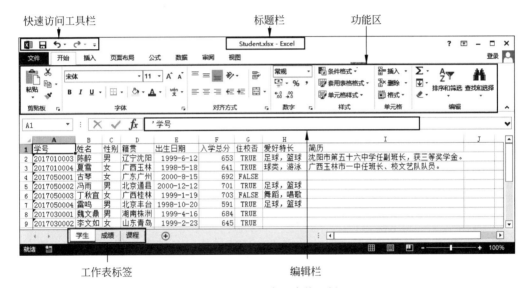

图 4.1 Excel 电子表格示例

1. 界面组成

1）快速访问工具栏

位于 Excel 界面的左上角，包含一组用户使用频率较高的工具，有"新建""保存""撤销""恢复"等按钮。

2）标题栏

位于 Excel 界面的顶端，显示当前正在编辑的工作簿文件。

3）功能区

位于标题栏的下方，是一个由选项卡组成的区域。每个选项卡中的功能按钮根据其用途分为不同的组，以便更快地查找和应用所需要的功能，每个组中又包含一个或多个用途类似的命令按钮。常用的有"文件""开始""插入""页面布局""公式""数据""审阅""视图"选项卡。

4）编辑栏

编辑栏由名称框、命令按钮区、编辑框组成。名称框用来显示活动单元格的地址或选定单元格区域、对象的名称。命令按钮区包括 3 个命令按钮,其中左边的按钮是"取消"按钮,表示取消所输入的内容;中间的按钮是"输入"按钮,表示确认所输入的内容;右边的按钮是"插入函数"按钮。编辑框用来显示和编辑活动单元格中的内容。

2. 基本概念

1）工作簿

在 Excel 电子表格中用来存储并处理数据的文件称为工作簿,它由若干张工作表组成,其扩展名为 xlsx。

2）工作表

工作表是由若干行和若干列组成的矩形网格,以数字作为行标号,以字母作为列标号。每个工作表都有一个标签,标签名确定工作表,用户可以根据需要对工作簿进行插入、删除、重命名、移动或复制等操作。

3）单元格

工作表中列与行的交叉点称为单元格,它是工作表的基本单位。在单元格中不仅可以存放数值和文字,也可以存放公式以完成计算,另外还可以设置数据的显示格式。

一个单元格由它的坐标表示和确定,单元格坐标也称单元格地址。在工作表中单元格地址为二维的,其形式为列行。例如,B 列与 2 行交叉点上单元格的坐标为 B2。

在工作簿中单元格地址为三维的,其形式为标签名！列行。例如,工作表 Sheet2 中 B 列与 2 行交叉点上单元格的坐标为 Sheet2！B2。

工作表的所有单元格中只有一个为活动单元格(当前单元格),许多操作的对象都默认为活动单元格。指定一个单元格为活动单元格的操作是多种多样的,下面的 3 种方法都可以将一个单元格指定为活动单元格。

（1）单击该单元格。

（2）通过←、↑、→、↓键将光标移动到该单元格。

（3）在名称框中输入该单元格的坐标后再按 Enter 键。

4）区域

为了实现一次对一组单元格或一组数据进行操作,需要区域的概念。由一个工作表中相邻单元格构成的矩形称为区域,一个区域由它的坐标表示和确定,区域坐标也称为区域地址。一个矩形区域可由一组对顶点来确定,用两个对顶点的单元格坐标表示,两个坐标中间使用":"分隔开。区域共分为 4 种。

（1）一行若干列构成的行区域,例如 A1:E1。

（2）一列若干行构成的列区域,例如 A1:A5。

（3）若干行与若干列构成的一般区域,例如 A1:E5。

（4）一个单元格构成的区域,例如 A1:A1。

选取一个区域的操作也是多种多样的,下面的 3 种方法都可以选定一个区域。

（1）先选中该区域的一个顶点单元格，再用鼠标拖曳其到对顶点单元格后释放。

（2）先选中该区域的一个顶点单元格，按住 Shift 键并单击其对顶点单元格。

（3）在名称框中输入该区域的坐标后再按 Enter 键。

4.1.2　Excel 数据和公式

1. 数据类型

数据类型不仅定义了数据在磁盘和内存中的存储方式，也决定了可对数据进行的操作。不同数据类型所占的空间大小不同，可以进行的操作或运算也不同。

1）数值型数据

数值型数据是用于描述事物数量的数据，可包括 0、1、2、3、4、5、6、7、8、9、.、＋、－、/、E 等字符。对数值型数据可以进行算术运算、关系运算及数值型函数运算。

另外，数值型数据的一个重要方面是表示日期和时间。其中，日期是用一个整数表示，而时间是用一个大于或等于 0 且小于 1 的小数表示。在 Excel 中规定：1900 年 1 月 1 日对应数值 1，每增加一天其对应数值也随之加 1。最大的日期序数为 2 958 465，对应 9999 年 12 月 31 日。至于时间，零点对应数值 0，每增加一小时其对应数值也随之加 1/24。

2）字符型数据

字符型数据也称文本型数据，是用于描述事物特性的数据，可包括任意可打印的 ASCII 字符或汉字。对字符型数据可以进行连接运算、关系运算及字符型函数运算。

为说明一个数据是字符型数据，可在该数据前加上单引号字符"'"，它称为字符型数据前导符。字符型数据前导符不是数据的一部分，而只表明其后的内容作为字符型数据处理。它必须用在数据的最前面，否则其不具有字符型数据前导符的意义，而被作为一个普通字符对待。它主要是对那些系统会优先认定为数值型数据，但需要强制其作为字符型数据时使用。

3）逻辑型数据

逻辑型数据是用于描述事物之间关系是否成立的数据，只有 FALSE（表示不成立）和 TRUE（表示成立）两个值。对逻辑型数据可以进行逻辑型函数运算。

4）数组型数据

作为一个整体处理的若干个数据，其中每个数据为数组的一个分量，所有分量都是一个相同的公式，从而完成一个多重运算，如矩阵的运算。

一般一个数组是用一个区域来表示，其中的每个单元格表示该数组的一个分量。当一个区域中存放一个数组时，其中个别单元格的内容不能被单独改变。

特别地，一列多行的数组称为垂直数组，它必须存放在一个列区域中。一行多列的数组称为水平数组，它必须存放在一个行区域中。

2. 数据运算

1）算术运算

对数值型数据可以进行算术运算。算术运算符有下面 5 种。

（1）＋(加)、－(减)：用于计算两个数的和或差。

（2）＊(乘)、/(除)：用于计算两个数的积或商。

（3）＋(正)、－(负)：用于指定一个数的符号。

（4）^(乘方)：用于计算数的方幂。

（5）()(括号)：用于改变运算顺序。

在一个算术表达式中,括号运算,乘方运算,正、负运算,乘、除运算,加、减运算的优先顺序依次递减。

2）字符串连接运算

字符串连接符 & 用于将其左、右两个数据作为字符串连接合并成一个字符串。

3）关系运算

计算两个数据之间的某种大小关系是否成立,成立时结果为逻辑值 TRUE；否则为 FALSE。因此,关系运算通常用于判断一个命题是否成立。

关系运算符有下面 6 种。

（1）＜(小于)。

（2）＜＝(小于或等于)。

（3）＝(等于)。

（4）＜＞(不等于)。

（5）＞＝(大于或等于)。

（6）＞(大于)。

数值型数据的大小顺序是明显的,字符型数据的大小顺序一般是按其编码的字典序排列的。

3. 数据输入

通常数据可以有两种形式：一种形式是固定不变的量,称为常量；另一种形式为公式,它是用于计算的,其结果依赖于所使用的数据。

一般数值型常量数据简称数值,字符型常量数据简称字符串,而逻辑型常量只有 FALSE 和 TRUE 两个值。

1）数值的输入

数值有整数、小数、分数、日期、时间 5 种常见形式。

（1）整数和小数按其书写格式直接输入。

（2）输入分数时,需要先输入 0 和空格,再输入分数。例如,1/2 应输入 0 1/2。

（3）输入日期时,可按 yyyy-mm-dd 的格式输入(其中,yyyy 表示年,mm 表示月,dd 表示日)。例如,2020 年 2 月 7 日在 Excel 单元格中输入 2020-2-7 即可,如果输入 2020-02-07,默认显示的还是 2020-2-7。

（4）输入时间时,可按 hh:mm:ss 的格式输入(其中,hh 表示时,mm 表示分,ss 表示秒)。例如,下午 5 点 27 分 58 秒应输入 17:27:58。

2）字符串的输入

一般直接依次输入字符串的每个字符即可。但对于那些系统会优先认定为数值型数据但需要强制其作为字符型数据时,须先输入字符型数据前导符,然后再输入内容。例如,输入字符串 012345 时应依次输入'012345。

若需要强制在某处换行时,可按 Alt＋Enter 键。

3）公式的输入

公式是一个以＝开始的,用运算符将数据连接起来的一个合理的运算表达式。其中,＝也称公式前导符。公式中的字符型常量必须用双引号括起来,否则系统将认为是一个区域名称。

输入公式时先输入公式的前导符＝,再输入公式的内容。在公式中输入单元格或区域坐标时可使用光标指示法,即用指定活动单元格和选取区域的操作便可将选取的单元格或区域的坐标输入公式中。

4）数组的输入

选定要输入数组的区域后在当前单元格中输入数组元素的公式,输入结束时按 Ctrl＋Shift＋Enter 键确认。确认后系统会自动将每个元素用｛｝括起来。

4. 公式中单元格坐标的引用

若想在一个公式中使用工作表中一些单元格或区域中的数据,可以通过在公式中指定要使用的数据所在的单元格或区域的坐标实现。这是在公式中引用单元格或区域的坐标,简称坐标引用。

单元格或区域可以被相对引用、绝对引用、混合引用。

为了减少输入工作量,通常是采用复制的方法。将一个公式复制到其他单元格时,对其所引用的单元格或区域的坐标是否随之发生相应的变化会有不同的要求,这必须通过在公式中特定的引用形式来指定。

各种类型引用的特性如表 4.1 所示。

表 4.1 各种类型引用的特性

引用类型	坐标在公式中出现的形式	意 义	示 例
相对引用	列行	公式使用相对所在单元格的某个位置的单元格中的数据	在 D2 单元格中输入公式"＝A2＋B2＊C2",其中单元格 A2、B2 和 C2 均被该公式相对引用。单元格 A2、B2 和 C2 相对于 D2 单元格分别为同一行中左边 3 列、2 列和 1 列的单元格
绝对引用	＄列＄行	公式使用工作表中某个固定单元格中的数据,而此单元格与该公式所在单元格的位置无关	在 D2 单元格中输入公式"＝A2＋＄B＄2＊C2",其中单元格 B2 被该公式绝对引用,＄B＄2 的意义就是工作表中第二列与第二行交叉点单元格

续表

引用类型	坐标在公式中出现的形式	意　义	示　例
混合引用	列 $ 行	公式使用相对所在单元格位置的某个列和工作表中某个固定行所确定的单元格中的数据	在 D2 单元格中输入公式"＝A2＋$B2∗C$2",其中单元格 B2 和 C2 被该公式混合引用,$B2 的意义就是工作表中第二列与相对于 D2 单元格为同一行的单元格,而 C$2 的意义就是相对于 D2 单元格左边一列与工作表中第二行的单元格
	$ 列行	公式使用工作表中某个固定列和相对所在单元格位置的某行所确定的单元格中的数据	

区域被引用时,其两个顶点单元格的坐标也分别可以使用上面的 3 种形式。另外还有一种引用为循环引用。循环引用是指一个单元格中的公式引用自身的单元格。循环引用分为直接循环引用和间接循环引用两种。循环引用是用于完成迭代计算的。

当一个单元格中的公式复制到其他单元格时,它所引用的单元格或区域的坐标有下面两种情况。

(1) 相对引用的行或列的坐标将发生相对变化。

(2) 绝对引用的行和列的坐标不发生变化。

当仅仅是向一个单元格中输入公式时,无须考虑其中所指定的单元格或区域是用何种方式引用;当向一个区域中输入公式或向一个单元格中所输入的公式还准备复制到其他单元格时,必须考虑其中所指定的单元格或区域是用何种方式引用。要使一个单元格中所输入的公式复制到其他单元格时,其中所指定的单元格或区域的行或列发生相应变化,则应当对其使用相对引用方式;要使一个单元格中所输入的公式复制到其他单元格时,其中所指定的单元格或区域的行或列不发生变化,则应当对其使用绝对引用方式。

4.1.3　Excel 表的结构化

Excel 工作表简称 Excel 表,存储于 Excel 工作簿中,一个 Excel 工作簿可以创建多个 Excel 表。Excel 表是一个二维表格,类似于数据库表,在存储数据时可以不进行结构化处理而直接输入数据,Excel 会根据输入的数据类型自动处理,而没有表结构设计的要求。

在 Excel 表中,每列的数据可以是相同类型的数据,也可以是不同类型的数据,而这在数据库表中是不可能的。当然,在实际应用中,大量 Excel 表的同一列中的数据是同一类型的,这相当于进行了部分结构化,也从一定程度上认为与数据库表有相同点。所以,这类 Excel 表可以导入数据库中,以数据库表的形式存储。因此,Excel 表可以满足数据库系统对表的结构要求,并转换成数据库表。但是,在创建 Excel 表时,对所创建的 Excel 表应有一定的要求,即创建 Excel 表为数据列表或数据清单。

数据列表或数据清单是 Excel 表中若干列和至少两行的一个区域中的数据,在结构上是一个二维表。习惯上将每列称为一个字段,对于每个字段,该区域第一行单元格中的内容称为字段名称,以下各行单元格中的内容都称为字段值,它们的数据类型应当是相同的。对于一个数据清单,它的第一行称为标题行,即标题行由所有字段名称组成。以下各行均称为记录,即记录是由同一行中的所有字段值组成。如图 4.1 中 A2:I9 区域内的数据就是一个数据清单,它共有 9 个字段,8 条记录。数据清单中不留空行,因为空行中的数据类型无法确定,在输入空行中的数据时,可能会造成列中的数据类型不一致的问题。在 Excel 表中,空行预示着数据清单的结束。

在创建数据清单时,首先创建数据清单的第一行(标题行),第一行是描述数据清单的描述性标签。数据清单中的列具有同质性,同质性用于确保每列中包含相同类型的信息,即每列中数据(除第一行标题外)的数据类型是一致的。可以预先格式化整列,以保证数据拥有相同的数据格式类型。对单元格的数据类型格式化就是对单元格可以存储的数据类型事先进行约定,以后在对约定的单元格输入数据时,如果输入的数据类型与约定的类型不一致,约定的单元格就不接收输入的数据。格式化单元格的数据类型主要有两种方法:一种是使用"设置单元格格式"对话框格式化数据类型;另一种是使用"数据验证"对话框格式化数据类型。

1. 使用"设置单元格格式"对话框格式化数据类型

对 Excel 数据列表格式化的方法如下。

(1) 单击要格式化的列标题,选中该列,然后右击,在弹出的快捷菜单中选择"设置单元格格式"命令,弹出"设置单元格格式"对话框,如图 4.2 所示。

图 4.2　"设置单元格格式"对话框

(2) 在该对话框中选择与字段要求一致的数据类型。

注意:应在对每一列单元格输入数据前进行数据类型的格式化,例如,将"姓名"字段的数据类型格式化为"文本"类型,将"入学总分"字段的数据类型格式化为"数值"类型。

2. 使用"数据验证"对话框格式化数据类型

在创建 Excel 数据清单的过程中,有些单元格中输入的数据没有限制,而有些单元格中输入的数据具有有效范围。使用 Excel 数据验证,可以建立一定的规则,规定可以向单元格中输入的数据规则或者范围。如果输入了一个无效的输入项,将显示一个提示消息,提示输入规定范围内的有效数据。

例如,在图 4.1 所示的数据清单中,规定"入学总分"所在列的单元格只能输入 0~700 的整数,"性别"所在列的单元格中只能输入"男"或"女"。下面以"性别"一列为例,设置"数据验证"的方法如下。

(1)选择单元格或区域。

(2)单击"数据"选项卡"数据验证"选项组中的"数据验证"按钮,弹出"数据验证"对话框。

(3)选择"设置"选项卡,在"允许"下拉列表中选择"序列",如图 4.3 所示。

图 4.3　"数据验证"对话框

(4)在"来源"文本框中输入"男,女"自定义序列。需要注意的是,序列中各项中间的逗号必须为英文状态的符号。

4.1.4　Excel 函数

1. 函数的基本概念

Excel 函数是 Excel 所提供的能在工作表中运用的计算工具,在 Excel 中大量复杂的计算都需要通过函数来完成。Excel 的内置函数分为数据库函数、日期与时间函数、工程函数、财务函数、信息函数、逻辑函数、查询和引用函数、数学和三角函数、统计函数、文本函数等,基本能够满足用户日常处理数据的需要。函数作为 Excel 处理数据的一个重要手段,其功能强大,具有多种应用。

函数实质上是一个个能够按照计算规则完成计算过程的程序,供用户需要进行这些计算时调用。使用函数也称函数调用。

函数的一般格式如下:

〈函数名〉(参数 1,参数 2,…)

掌握一个函数需要了解如下内容。

(1) 函数名。函数的标识,一般是表示该函数功能的英文单词或缩写。

(2) 参数的个数和每个参数的数据类型。在一个函数中,每个参数的数据类型都有明确的规定。另外,部分函数的参数个数是确定的,也有一些函数的参数个数是不确定的。参数的形式可以是常量、单元格坐标、区域坐标和表达式等。需要特别说明的是,参数本身也可以是函数,这就是函数的嵌套。另外,参数还分为必选参数和可选参数两类,对于可选参数要了解其默认值。

(3) 返回值。函数运算的结果。若结果为错误值时还要了解其原因。

2. 插入和编辑函数

函数是公式的组成元素之一,无论是输入包含各种类型数据的混合公式,还是只有一个函数的简单公式,都必须以=开始。向单元格插入函数的方法如下。

(1) 使用分类函数库。

① 如果只向空白单元格中输入一个函数,则选中该单元格,或者通过双击将光标定位于该单元格;如果单元格中已经包含一个公式,要向公式中输入函数,则双击该单元格,并将光标定位于公式中要插入函数的位置。

② 单击"公式"选项卡"函数库"选项组中的"函数类型"下拉按钮,弹出下拉列表。

③ 在下拉列表中选择要插入的函数,打开"函数参数"对话框。

④ 输入或选择参数。

⑤ 单击"确定"按钮,完成输入函数的操作。

在输入"公式"选项卡"函数库"选项组"自动求和"下拉列表中的函数时,其参数的设置将直接在单元格中进行,而不使用对话框。

(2) 使用"插入函数"按钮。

① 如果只向空白单元格中输入一个函数,则选中该单元格,或者通过双击将光标定位于该单元格;如果单元格中已经包含一个公式,要向公式中输入函数,则双击该单元格,并将光标定位于公式中要插入函数的位置。

② 单击"公式"选项卡"函数库"选项组中的"插入函数"按钮,打开"插入函数"对话框。

③ 在"或选择类别"下拉列表中选择要插入的函数类别,在"选择函数"列表框中选择要插入的函数,单击"确定"按钮,打开"函数参数"对话框。

④ 输入或选择参数。

⑤ 单击"确定"按钮,完成输入函数的操作。

当然,也可通过键盘手动输入函数。如果要修改单元格中的函数,可双击单元格,进入编辑状态进行修改。

例 4.1 图 4.4 是教师视力抽样统计的电子表格，要求利用函数对样本情况进行统计。

	A	B	C	D	E	F	G	H	I	J
1	教师视力抽样统计表							样本情况		
2	姓名	性别	年龄	学院	左眼	右眼			全部样本	男性样本
3	郑合因	女	57	医学院	0.9	0.7		人 数	30	19
4	李海儿	男	36	理工学院	1.5	1.4		平均年龄	39.9	40.4211
5	陈 静	女	33	理工学院	1.1	0.9		最大年龄	57	54
6	王克南	男	38	理工学院	0.8	1.4		最小年龄	29	29
7	钟尔慧	男	36	文学院	1.2	1.4				
8	卢植茵	女	34	文学院	1.2	0.8		45岁及以上人员		
9	林 寻	男	51	经济学院	1.1	1.1		左眼的平均视力		0.99
10	李 禄	男	54	理工学院	0.7	0.8				
11	吴 心	女	35	理工学院	0.5	0.7		左眼视力高于		
12	李伯仁	男	53	经济学院	0.8	1.1		右眼视力的人数		10
13	陈 醉	男	40	理工学院	1.0	1.3				
14	马甫仁	男	34	文学院	1.0	1.2				
15	夏 雪	女	36	文学院	1.2	1.4				
16	钟成梦	女	45	理工学院	1.4	1.1				
17	王晓宁	男	45	理工学院	1.2	1.1				
18	魏文鼎	男	29	经济学院	0.8	1.1				
19	宋成城	男	39	理工学院	1.0	1.3				
20	李文如	女	44	理工学院	1.4	1.1				
21	伍 宁	女	30	理工学院	1.2	1.0				
22	古 琴	女	37	理工学院	0.8	1.4				
23	高展翔	男	53	理工学院	0.7	0.8				
24	石 惊	男	33	经济学院	0.9	0.9				
25	张 越	女	29	经济学院	0.6	1.1				
26	王斯雷	男	33	理工学院	0.6	0.9				
27	冯 雨	男	34	医学院	0.9	0.7				
28	赵敏生	男	32	理工学院	0.8	1.0				
29	李书召	男	46	文学院	1.1	1.1				
30	丁秋宜	女	49	经济学院	1.1	1.1				
31	申旺林	男	31	文学院	0.9	1.0				
32	雷 鸣	男	51	理工学院	0.9	1.1				

图 4.4 教师视力抽样统计表

（1）选中 I3 单元格，统计全部样本人数，输入公式"＝COUNTA(A3:A32)"。

（2）选中 J3 单元格，统计男性样本人数，输入公式"＝COUNTIF(B3:B32,"男")"。

V4.1 例 4.1 教师视力抽样统计

（3）选中 I4 单元格，统计全部样本平均年龄，输入公式"＝AVERAGE(C3:C32)"。

（4）选中 J4 单元格，统计男性样本平均年龄，输入公式"＝AVERAGEIF(B3:B32,"男",C3:C32)"。

（5）选中 I5 单元格，统计全部样本最大年龄，输入公式"＝MAX(C3:C32)"。

（6）选中 J5 单元格，统计男性样本最大年龄，输入公式"＝MAX(IF(B3:B32＝"男",C3:C32))"。该公式是数组公式，输入结束时按 Ctrl＋Shift＋Enter 键确认。

（7）选中 I6 单元格，统计全部样本最小年龄，输入公式"＝MIN(C3:C32)"。

（8）选中 J6 单元格，统计男性样本最小年龄，输入公式"＝MIN(IF(B3:B32＝"男",C3:C32))"。该公式是数组公式，输入结束时按 Ctrl＋Shift＋Enter 键确认。

（9）选中 J9 单元格，统计 45 岁及以上人员左眼的平均视力，输入公式

"＝AVERAGEIF(C3:C32,"＞＝45",E3:E32)"。

（10）选中 J12 单元格，统计左眼视力高于右眼视力的人数。首先创建辅助列，在 G3
单元格输入公式"＝E3＞F3"，并复制到 G3:G32 区域中；然后对 G3:G32 区域中所有值
为 TRUE 的单元格进行统计，在 J12 单元格中输入公式"＝COUNTIF(G3:G32,
TRUE)"。

4.1.5　Excel 图表

图表是数据的图解说明，它作为数据的一种表现形式可以更直观地表示数据所表达
的意义。因而在实际工作中经常要求将一些用表格处理的数据绘制成图表。为此，Excel
提供了非常强的图表处理功能，它能够将工作表中一个区域内的数值和字符数据转换成
一种图形数据，生成各种类型的图表。并且图表对数据的表现都是动态的，一旦图表所依
赖的数据发生了变化，图表也会自动更新。

若用工作表中一个区域内的数据生成一个图表，则这个区域称为该图表的数据源。
在使用图表功能时，弄清楚图表如何使用（表现）数据源中的数据非常重要。对于一个一
般区域构成的数据源，其中的数据可以按行或者按列分成若干个数据系列。数据系列按
列划分时，区域中第一行的数据将作为各系列的图例项，而第一列的数据将作为分类轴数
据，所有数据系列中同一行中的数据组成一个数据分类；数据系列按行划分时，区域中第
一列的数据将作为各系列的图例项，而第一行的数据将作为分类轴数据，所有数据系列中
同一列中的数据组成一个数据分类。

1. 图表类型

图表主要用于表现一般常见的统计图形。每个图表都有一个类型，称为图表类型。
Excel 所提供的图表类型非常丰富，其中常用的图表类型主要有柱形图、折线图、XY 散点
图、饼图等。其中 XY 散点图所表示的是数据之间量与量的对应关系，因而它是二维的。
其他多数图表表示的是数据的量或数据之间量与量的比例，其中的分类轴上的数据是按
其所在单元格的顺序均匀排放的，它们只充当标记而不再具有量的意义，是一维的。

（1）**柱形图**。柱形图是用柱形块表示数据的图表，通常用于反映数据之间的相对差
异，为最常用的图表类型。对于柱形图，一个图表中可以绘制多组数据系列，同一数据系
列中的数据点用同一颜色或图案绘制，它们被均匀离散地分布在分类轴上。每个数据分
类中的数据点在图表内被相邻地绘制在一起。

（2）**折线图**。折线图是用点以及点与点之间连成的折线表示数据的图表。通常用于
反映数据之间的顺序变化，利用折线图既可以分析实际数据，又可以对比线段的倾斜度，
以衡量变化的快慢。在折线图中，同数据系列中的数据绘制在同一条折线上。

（3）**XY 散点图**。在 XY 散点图中的 X 轴为数轴，它所对应的数据系列为必选项，并
且其中的数据是图中数据点在横轴上的值而不是标记，这些数据按照其值由小到大分布
在横轴上而不管它们在数据系列中的顺序。对于各个数据系列中的非数值型数据都当作
数字 0 处理，对于空白单元格则无相应的数据点。

（4）**饼图**。饼图是用若干个扇形切片构成一个圆盘来表示数据的图表。与其他图形

不同,它只能处理一组数据系列,表明其中各数据的量在总和中所占的百分比,反映局部与整体的关系。另外,它无坐标轴和网格线。

其他图表类型不再逐一介绍。总之,使用图表时应根据要反映的侧重面选择相应的图表类型。顺便指出,各种图表还有三维的表现形式。

2. 生成图表

生成一个图表的一般步骤如下。

(1) 在工作表中输入数据。

(2) 选取准备作图的数据区域。

(3) 单击"插入"选项卡"图表"选项组中的选项选择图表类型。

(4) 设置图表的各项参数。

例 4.2   对图 4.4 中的教师视力抽样统计表用柱形图显示教师的左右眼视力情况。效果如图 4.5 所示,具体操作步骤略。

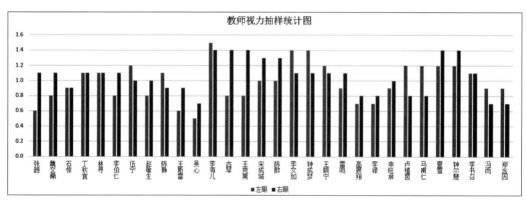

图 4.5   教师视力抽样统计图效果

4.1.6   Excel 数据管理和分析

1. 数据排序

数据排序是指对于一个指定区域内的数据,根据其某些列或行中各个单元格取值的大小,按递增或递减的规则,将所有行或列重新排列其前后或左右的顺序。

特别地,数据清单中记录的排序是根据数据清单的一些列的各个单元格中值的大小,按递增或递减的规则,对数据清单中的所有记录重新排列其先后顺序。

例 4.3   对图 4.4 的教师视力抽样统计表数据清单中的记录按年龄从高到低的顺序排列,年龄字段相等的记录则按性别从高到低的顺序排列。

具体操作步骤如下。

(1) 选择排序的数据区域。在要排序的数据区域与其他数据有明显分界的情况下仅选定此区域的左上角,系统便会自动设定,否则需要选定整个区域。

(2) 单击"数据"选项卡"排序和筛选"选项组中的"排序"按钮,打开"排序"对话框。

（3）在"排序"对话框内设置排序参数，如图 4.6 所示。

排序			
+↓ 添加条件(A) **✕ 删除条件(D)** **📋 复制条件(C)** ▲ ▼ 选项(O)... ☑ 数据包含标题(H)			
列	排序依据	次序	
主要关键字 年龄 ▾	数值 ▾	降序 ▾	
次要关键字 性别 ▾	数值 ▾	降序 ▾	
		确定 取消	

图 4.6 "排序"对话框

对于一个数据清单，由于其有标题行，应选中"数据包含标题"复选框，排序时将不涉及此行，而只对所有记录排序。

（4）设置排序关键字。其中，主要关键字是对排序区域中所有行排序所依据的列；次要关键字是对主要关键字的值相同的行做进一步排序所依据的列。

（5）单击"确定"按钮即可。

2．分类汇总

分类汇总包含分类和汇总两个运算：先对某个字段进行分类（排序），再按照所分的类对指定的数值型字段进行某种方式的汇总。

常用汇总方式有求和、计数、求平均值、求最大值、求最小值等。

例 4.4 对图 4.4 的教师视力抽样统计表数据清单中的记录分类计算各学院教师的平均年龄。

具体操作步骤如下。

（1）选择分类汇总的数据区域。

（2）以"学院"字段为关键字排序（升序、降序均可）。

（3）单击"数据"选项卡"分级显示"选项组中的"分类汇总"按钮，打开"分类汇总"对话框。

（4）在"分类汇总"对话框中设置"分类字段"为"学院"，"汇总方式"为"平均值"，"选定汇总项"为"年龄"，如图 4.7 所示。

V4.2 例 4.4 分类汇总

（5）单击"确定"按钮。

3．数据透视表

数据透视表是一种对大量数据快速汇总和建立交叉列表的交互式表格，在数据透视表中可以通过转换行和列查看源数据的不同结果，可以通过显示不同页面筛选数据，还可以根据需要显示区域中的明细数据。因此，数据透视表是重新组织数据和统计数据的一个简单有效的工具。

例 4.5 对图 4.4 的教师视力抽样统计表数据清单中的记录用数据透视表计算各学院男女教师的平均年龄,效果如图 4.8 所示。

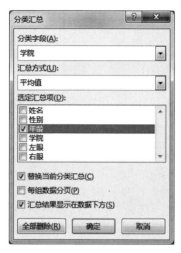

图 4.7 "分类汇总"对话框

图 4.8 数据透视表效果图

具体操作步骤如下。

(1) 单击"插入"选项卡"表格"选项组中的"数据透视表"按钮,打开"创建数据透视表"对话框。

V4.3 例 4.5 数据透视表

(2) 在"创建数据透视表"对话框中选择要分析的数据和放置数据透视表的位置。

(3) 在"数据透视表字段"窗格中选择要添加到报表的字段:将"学院"拖动到"行"列表框,表示显示的行标签来源于"学院";将"性别"拖动到"列"列表框,表示显示的列标签来源于"性别";将"年龄"拖动到"值"列表框,打开"值字段设置"对话框,将汇总方式设置为"平均值"。

4. 数据筛选

数据筛选是在数据清单中选出满足设定条件的记录,筛选的结果是将数据清单中不满足设定条件的记录所在的行隐藏起来,而将满足设定条件的记录所在的行保留显示。

例 4.6 对图 4.4 的教师视力抽样统计表数据清单,筛选出左眼视力和右眼视力都排在前 5 名的记录。

具体操作步骤如下。

(1) 选择筛选的数据区域。

(2) 单击"数据"选项卡"排序和筛选"选项组中的"筛选"按钮。

(3) 单击"左眼"列标题右侧筛选按钮,在下拉菜单中选择"数字筛选"中的"前 10 项",打开"自动筛选前 10 个"对话框,修改其中的数字为 5。

(4) 单击"右眼"列标题右侧筛选按钮,在下拉菜单中选择"数字筛选"中的"前 10 项",打开"自动筛选前 10 个"对话框,修改其中的数字为 5。

4.2　Access 数据库

Excel 的特点是以工作表的形式管理数据,同一个 Excel 文件中不同工作表之间数据可以有简单的联系,适合日常小型活动中的数据管理,但对于数据量比较大、数据间关系比较复杂的情况,Excel 很难胜任。

当面对数据量较大、数据间关系比较复杂等情况时,数据的存储结构、共享性、安全性、独立性等问题会越来越突出,一般会采用数据库系统进行数据管理,数据库技术正是研究解决这些问题的专门技术。与 Excel 相比,数据库系统的数据管理能力有着本质的区别。Excel 不具备完善的数据完整性约束,需要用户自行验证数据的有效性和正确性,在数据安全性控制方面的能力也非常薄弱。从结构上讲,数据库中的各个数据表是一个逻辑整体,各个表中的数据具有联系和约束关系,可以随时从各个数据表中抽取相应数据,组合成需要的各类报表。而 Excel 的各个工作表是彼此独立的,各个工作表之间缺乏约束和联系,数据的完整性难以保障。

数据库管理技术能够很好地对大量数据进行存储、管理及高效检索,而且数据库中的数据可以被多个用户、多个应用共享使用。数据的共享可以尽可能地避免数据的重复问题,节约存储空间,同时也能够减少由于数据重复造成的数据不一致现象。

4.2.1　数据库基础知识

1. 数据库和数据库管理系统

数据库是存储在计算机内、有组织的、可共享的数据集合。数据库中的数据按一定的数据模型组织、描述和存储,具有较小的数据冗余度,较高的数据独立性和可扩展性,并且数据库中的数据可为各种合法用户共享。

数据库管理系统(Database Management System,DBMS)是一个软件系统,主要用来定义和管理数据库,处理数据库与应用程序之间的联系。它建立在操作系统之上,对数据库进行统一的管理和控制。数据库管理系统的主要功能如下。

(1) **描述数据库**。数据库管理系统能够提供数据描述语言,描述数据库的逻辑结构、存储结构和保密要求等,使人们能够方便地建立数据库和定义数据库的结构。

(2) **操作数据库**。数据库管理系统能够提供数据操纵语言(Data Manipulation Language,DML),使用数据操纵语言,能够方便地对数据库进行查询、插入、删除和修改等操作。

(3) **管理数据库**。数据库管理系统能够提供对数据库的运行和管理功能,保证数据的安全性和完整性,控制并发用户对数据库数据的访问,管理大量数据的存储。

(4) **维护数据库**。数据库管理系统能够提供数据维护功能,管理数据初始导入、数据转换、备份、故障恢复和性能监视等。

2. 数据模型

数据模型是对数据的特点及数据之间关系的一种抽象表示。现有的数据库系统都是基于某种数据模型的。

数据模型包括数据结构、数据操作和完整性约束 3 部分：数据结构用于描述系统的静态特性，是所研究的对象类型的集合。数据操作是对系统动态特性的描述，是指对数据库中各种对象允许执行的操作的集合，包括对数据库的检索和更新两大类操作。完整性约束是对数据模型中的数据的约束规则，以保证数据的正确、有效、相容。其中，数据结构是刻画一个数据模型性质最重要的方面。实际上，数据库系统中是按照数据结构的类型命名数据模型。

目前，主要的数据库系统都是基于关系模型的关系数据库系统。直观地说，关系模型中数据的逻辑结构就如表 4.2 所示的学生表，这种表结构称为二维表。

表 4.2　学生二维表

学　号	姓名	性别	籍贯	出生日期	入学总分	爱好特长
2018050001	刘伟箭	男	广东广州	08/10/2000	692	足球,篮球
2018050002	刘简捷	男	北京通县	12/08/1998	701	书法,国画
2018050003	杨行东	男	湖南长沙	06/12/1999	695	球类,游泳
2018050004	林慧繁	女	广西桂林	01/15/2000	703	舞蹈,唱歌

关系模型的主要优点包括以下 4 项。

(1) 关系模型建立在严格的数学概念的基础上，有坚实的理论支持。

(2) 数据结构简单、清晰，易于操作和管理。

(3) 具有较高的数据独立性，有利于系统的扩充和维护。

(4) 具有能够处理复杂关系对象的能力。

3. 关系数据库

客观存在并且可以相互区别的事物被称为实体，实体是彼此可以识别的对象，实体通过其特征相互区别。表征实体特征称为属性。属性是事物性质的抽象，实体及其属性构成信息世界。

关系数据库是应用二维表格来表示和处理信息世界中的实体集合和属性关系的数据库。关系数据库不是按物理的存储方式来组织连接数据，而是通过建立表与表之间的关系来连接数据库中的数据。

关系数据库中数据的基本结构是表(Table)，即数据按行、列有规则的排列、组织。数据库中每个表都有一个唯一的表名。

1) 关系模型的基本概念

关系：一个关系在逻辑上对应一个按行、列排列的表。

属性：表中的一列称为一个属性，或称一个字段(Field)，表示所描述的对象的一个具体特征。

域：属性的取值范围。例如，性别属性取值范围是"男"或"女"。

元组：表中的一行称为元组，又称记录(Record)。

主键：在一个表中不允许有两个完全相同的元组,表中能唯一标识元组的一个属性或属性集合称为主键(Key)。例如,学生表的主键为"学号"。

关系模式：关系名及关系中的属性集合构成关系模式。例如,学生表的关系模式如下：

学生表(学号,姓名,性别,籍贯,出生日期,入学总分,爱好特长)

2) 关系模型的完整性约束

关系数据库的重要特征之一是数据的完整性约束。数据的完整性是指数据的正确性和一致性。数据库管理系统提供了定义数据完整性约束条件的机制,能够检查数据是否满足完整性约束条件,从而防止数据库中存在不合语义的数据,防止由于错误的输入和输出而造成错误的结果。

关系模型中的完整性约束条件主要包括实体完整性和参照完整性。还有一种约束是用户自定义完整性约束,它是在开发应用系统时,根据使用者的业务规则定义的完整性规则。

实体完整性是指构成关系主键的属性或属性集合不能为空。在关系模型中,系统要求不能有完全相同的两个元组。关系中各个元组的唯一性是通过主键保证的。如果主键为空,无法保证关系中不出现重复的元组。例如,学生表的主键是"学号",如果存在姓名等其他各属性完全相同的学生,且"学号"属性为空,则无法保证元组的唯一性。

参照完整性用于约束多个表之间的数据一致性。例如,在课程管理中除学生表外,还要有学生的成绩表,用于记录学生所选修的各门课程的成绩。学生成绩表的主键由课程号和学号两个属性构成。若只有课程号属性,学号属性为空,则无法确定是哪一个学生的成绩。若只有学号属性,课程号属性为空,则不能确定学生的成绩是哪门课程。

学号是学生表的主键,不是成绩表的主键,这类属性对于成绩表的关系称为外键。参照完整性要求外键的取值只允许有两种可能：一种是空值,另一种是等于与之相关表的主键值。这种约束表明,在进行课程管理时,学生成绩表中的学号必须存在于学生表中,也就是只有已经注册的学生才能选课,才能有课程的成绩。如果学生表中的学号发生变化,学生成绩表中的学号也必须做相应的修改,这就是参照完整性的实例。参照完整性主要用于维护不同表之间数据的一致性。

实体完整性和参照完整性一般由数据库管理系统提供。在设计及定义系统时,指定有关的主键和外键等,系统会自动进行有关的完整性检查。

用户定义的完整性规则是针对一个具体的应用提出的完整性约束要求。这类规则是根据具体应用要求,在需求分析和系统设计阶段制定的。用户定义的完整性规则既可以在定义数据表的同时进行,也可以在系统开发时通过程序实现。

4.2.2　Access 基础知识

Access 的主要功能如下。

(1) 定义表,利用表存储相应的信息。

(2) 定义表之间的关系,利用表中相关的字段链接不同的表。

(3) 强大的数据处理能力,使用 Access 可以创建查询检索数据;创建窗体查看、输入及更改表中的数据;创建报表分析数据或将数据以特定的方式打印出来。

(4) 导入、链接或导出 HTML 文档。通过网络发布和访问数据库的信息,建立对 Internet 的支持。

(5) 开发应用程序。用户可以利用宏或 Visual Basic 将各种数据库对象链接在一起,形成一个数据库应用系统。

Access 提供了创建数据库、表、查询、窗体和报表等数据库对象的向导,用户可以利用可视化的工具创建和编辑各种数据库对象,可以不编写任何代码就创建一个完善的应用程序。

Access 数据库中包括表、查询、窗体、报表、宏和模块等不同的对象,这些对象用于收集、存储、检查和链接各种不同的信息。在 Access 中,一个数据库包含了数据和与存储数据有关的所有对象。

1) 表

表(Table)是一种有关特定实体的数据的集合,表以行(Record,即记录)、列(Field,即字段)格式组织数据。表中的字段用来描述实体的属性,记录用来描述一个实体的完整信息。通常,一个数据库保存的主要信息,都是以表的形式表示和存储的。一个数据库可以同时有多个表。Access 允许用户在不同表之间定义关系。

2) 查询

查询(Query)是 Access 的重要组成部分。它是对数据库中数据的直接访问。利用查询可以通过不同的方式查看、更改、分析以及控制数据库中的数据,也可以为其他查询、窗体和报表提供数据,还可以为一个数据访问页提供数据源。

在 Access 中可以利用 QBE(Query By Example)工具创建查询,也可以通过 SQL 语句建立查询。

3) 窗体

窗体(Form)也是 Access 的重要组成部分。它是用户交互式访问数据库的界面,是数据库与用户之间的主要接口。使用窗体可以向表中输入数据,查看或更新表中的数据,以及根据用户的输入信息执行相应的操作。Access 还提供了打印窗体的功能。窗体使数据的输入、修改和查看变得非常容易和直观。

4) 报表

报表(Report)是输出数据库数据最有效的方法。在报表中可以控制每个数据的显示方式,对数据进行排序和分组,并给出每组记录的各种统计数据。在用 Access 打印报表前,用户可以在屏幕上查看报表格式。报表中的数据可以来源于表或查询。

Access 提供了强大的报表设计工具,使用户能够在较短时间内设计出高质量报表。

5) 宏

宏是一个或多个操作的集合,其中每个操作可实现特定的功能。例如,设置一个宏,在用户单击"打开"按钮时运行该宏,以打开一张表。

在数据库的很多地方要用到宏,尤其是在窗体设计中。使用宏可以让用户非常方便地处理一些重复性操作。通过使用宏可以实现一些操作,如打开表、更改记录、插入记录、删除记录、建立查询、生成报表和打印数据等。

6）模块

Access 支持 VBA（Visual Basic for Application）语言。模块是将 VBA 声明和过程作为一个单元进行保存的集合，专门用来存放 VBA 代码。模块有两个基本类型，即类模块和标准模块。一个模块一般包含多个过程（Procedure）或函数（Function）。

Access 数据库以一个文件存储数据库中的所有对象，其扩展名为 accdb。Access 窗口如图 4.9 所示，其中快速访问工具栏、标题栏、选项卡、功能区等的使用方法与 Excel 类似。位于窗口左下端的导航窗格是 Access 窗口的重要元素，数据库中的所有对象的名称在此罗列。打开数据库对象的方法：在导航窗格中双击对象名称；或在导航窗格中选择对象，然后按 Enter 键；或在导航窗格中右击对象名称，在弹出的快捷菜单中选择"打开"命令，快捷菜单中的命令根据不同的对象类型有所不同。

图 4.9　Access 窗口

4.2.3　数据库及表

Access 数据库以表的形式组织数据，一个数据库就是多个表的集合，表之间存在着引用和被引用的关系。此外，为了数据处理的需要，在数据库中还可以创建查询、窗体、报表、模块等多种对象，所有这些对象都存储在数据库文件（.accdb）中。因此，Access 数据库是相关联数据及相关对象的集合。其中，表对象是最核心的数据库对象。

Access 数据库表是一种结构化的二维表，结构化是指表的同一列数据有相同的字段名称、相同的数据类型、相同的数据存储宽度等。每一列称为一个字段，字段的结构化是由字段属性描述的。要创建一个 Access 表，先要创建表结构，即通过 Access 的表设计器设计表中的每个字段及相关属性；再向表中添加数据，即数据是在结构化的框架下输入表中的。

本节将创建一个名为学籍管理的数据库。在该数据库中,共有 3 张表,分别用来存储学生、课程和成绩的相关信息。表中的字段和数据类型分别如表 4.3～表 4.5 所示。

表 4.3　学生表中的字段和数据类型

字段名称	字段数据类型	字段大小
学号	短文本	10 个字符
姓名	短文本	4 个字符
性别	短文本	1 个字符
籍贯	短文本	10 个字符
出生日期	日期/时间	
入学总分	数字	整型
住校否	是/否	
爱好特长	短文本	20 个字符
简历	长文本	

表 4.4　课程表中的字段和数据类型

字段名称	字段数据类型	字段大小
课程编号	短文本	6 个字符
课程名称	短文本	20 个字符
课程类别	短文本	2 个字符
学分	数字	整型

表 4.5　成绩表中的字段和数据类型

字段名称	字段数据类型	字段大小
学号	短文本	10 个字符
课程编号	短文本	6 个字符
修读学期	数字	整型
成绩	数字	整型

1. 创建数据库

在 Access 中创建一个数据库有两种方法。

(1)先创建一个空数据库,再向数据库中添加表、查询、窗体和报表等数据库对象。这种方法比较灵活,但要求对数据库中的每个对象进行定义。

(2)使用 Access 提供的数据库向导,在向导的提示步骤下进行操作,就可以很快创建一个数据库,并在数据库中建立所需的表、窗体和报表等数据库对象。数据库向导提供

了多个数据库的模板供选择。使用数据库向导创建数据库的方
法比较简单。

V4.4 Access 创建表及关系

2. 在数据库中添加表

表是特定实体的数据集合,是数据库的基本对象,用来存储
和管理数据。它是数据库的基础。表以行、列方式组织数据,表中的一行称为记录,描述
一个实体的完整信息。表中的一列称为字段,描述实体的一个属性。例如,本节中要创建
的学生表(见表 4.3),其中一个学生的所有信息(如学号、姓名、性别、籍贯、出生日期、入学
总分、住校否、爱好特长、简历)称为一条记录;所有学生的同一属性(如学号)称为字段。

在数据库中表不是孤立存在的,相互之间有一定的关系。不同的表中可以有相同的
字段,两张表通过表中相同的字段关联,建立表之间的关系。

在创建数据库后的首要任务是定义表结构以及表与表之间的关系,然后向表中输入
数据,并创建其他数据库对象,以实现数据库系统的功能。在 Access 数据库中,系统为表
对象提供了两种工作视图,即设计视图和数据表视图。使用设计视图可以创建及修改表
的结构,如图 4.10 所示;使用数据表视图可以查看、添加、删除及编辑表中的数据。

字段名称	数据类型
学号	短文本
姓名	短文本
性别	短文本
籍贯	短文本
出生日期	日期/时间
入学总分	数字
住校否	是/否
爱好特长	短文本
简历	长文本

图 4.10　设计视图

3. 设置字段数据类型及属性

Access 数据库中提供的字段数据类型如表 4.6 所示。

表 4.6　字段数据类型

数据类型	用　　法	存储空间
短文本	文本或文本与数字的组合,如姓名等;也可以是不需要计算的数字,如邮政编码	最多可用 255 个字符
长文本	长文本及数字,如备注	最多为 65 535 个字符
数字	用于数学计算的数值型数据	1 字节、2 字节、4 字节或 8 字节
日期/时间	从 100—9999 年的日期和时间值	8 字节
货币	货币值或用于数学计算的数值型数据。使用货币数据类型可以精确到小数点左边 15 位和小数点右边 4 位	8 字节

续表

数据类型	用　　法	存储空间
自动编号	在添加记录时自动插入一个唯一的顺序号(每次递增 1)或随机数	4 字节
是/否	字段只包含两个值中的一个,如是/否、真/假及开/关	1 字节
OLE 对象	表中链接或嵌入的对象,如 Word 文档、Excel 电子表格、图像、声音或其他二进制数据	
超链接	文本或文本和数字的组合,以文本形式存储并用做超链接地址	超链接地址中每部分最多只能包含 2048 个字符
查阅向导 (Lookup Wizard)	创建字段,该字段可以使用列表框或组合框从另一个表或取值列表中选择一个值。在数据类型列表中选择此选项,将启动查阅向导进行定义	与用于执行查阅向导的主键字段大小相同,通常为 4 字节

在 Access 的数据类型中,默认值是短文本。在使用 Access 的数据类型时,需要注意下面 3 个问题。

(1) 长文本、超链接和 OLE 对象字段不能进行索引。

(2) 对数字、日期/时间、货币以及是/否等数据类型,Access 提供了预定义显示格式。用户可以设置格式属性选择所需的格式。

(3) 如果表中已经输入数据,在更改字段的数据类型时,修改后的数据类型与修改前的数据类型发生冲突,则有可能丢失一些数据。

4. 主关键字

主关键字(也称主键)是表中的一个或一组字段,这些字段的值能唯一标识表中所保存的每条记录。指定了表的主关键字后,为确保唯一性,当用户输入新记录到表中时,Access 将检查是否有重复的数据,如果有则禁止把重复的数据输入表中。同时,Access 也不允许在主关键字字段中输入 Null(空值)。

在设置主关键字时,应选择没有重复值的字段作为主关键字。如果选择的字段中有重复值或 Null,Access 将不会将其设置为主键。

如果在创建新表的过程中没有设置主键,保存时 Access 将询问是否要创建主键。如果回答是,Access 将创建一个"自动编号(ID)"字段作为主键。该字段在添加记录时自动插入一个具有唯一顺序的数字。

如果表中存在值唯一的一个或一组字段,用户可以自行创建主键。例如,"学生"表中的"学号"字段值就是唯一的,可以将该字段指定为主键。

5. 索引

索引是对数据库的虚拟排序,它并不影响数据在表中的位置和顺序。建立索引的目的是加快查询速度。当经常要对某个字段进行搜索或排序时,可以创建此字段的索引;也可以根据需要,在一个表中创建多个索引。表在更改或添加记录时,索引可以自动更新。

任何时候都可以在设计视图中为表添加或删除索引。

在表中使用多个字段索引进行排序时,首先按索引中的第一个字段进行排序,如果第一个字段有重复值,系统再按第二个字段进行排序,以此类推。

6. 表与表之间的关系

在数据库中,表的内部和表之间均存在联系。表内部的联系是指组成表的各个字段之间的关系。表之间的联系是指不同表之间的关系。两个表之间的关系有 3 种类型:一对一、一对多和多对多。

(1) 设有 A、B 两个表。在一对一关系中,A 表中的每条记录仅能与 B 表中的一条记录匹配,并且 B 表中的每条记录仅能与 A 表中的一条记录匹配。

例如,在学校中,每个系只有一名系主任,每个系主任只领导一个系,则系与系主任之间具有一对一关系。

(2) 一对多关系是关系中最常用的类型。在一对多关系中,A 表中的一条记录能与 B 表中的多条记录匹配,但是 B 表中的一条记录仅能与 A 表中的一条记录匹配。

例如,在学校中,一个班级有若干名学生,每个学生只属于一个班级,则班级与学生之间具有一对多关系。

(3) 在多对多关系中,A 表中的一条记录能与 B 表中的多条记录匹配,并且 B 表中的一条记录也能与 A 表中的多条记录匹配。

例如,一门课程可以同时有多名学生选修,一个学生也可以同时选修多门课程,则课程与学生之间具有多对多的关系。

由于现在的数据库管理系统不直接支持多对多关系,在处理多对多的关系时需要将其转换为一对多关系。一个多对多的关系实际蕴涵了两个一对多关系。两个表之间的多对多关系可以通过如下方法实现:定义第三个表,将其他两个表中定义为主键的字段添加到第三个表中,则这两个表与第三个表之间均是一对多的关系。多对多关系实际上是使用第三张表的两个一对多关系。

在学籍管理数据库中,学生表和课程表之间的关系是多对多关系,一门课程可以同时有多名学生选修,一个学生也可以同时选修多门课程。为处理这两个表之间的联系,创建第三张表,名为成绩,将学生表和课程表中的主关键字字段"学号"和"课程编号"作为成绩表的字段,成绩表的第三个字段是"成绩",记录每个学生选修每门课程的成绩。创建成绩表后,则学生表和成绩表之间是一对多关系,即一名学生可以有多门课程的成绩;课程表和成绩表之间也是一对多的关系,一门课程可以同时有多名学生选修。

若两个表之间存在一对多的关系,如学生表和成绩表,将学生表称为主表,将成绩表称为相关表。

在数据库及表创建完成后,还要建立表之间的关系,如图 4.11 所示。由于不能在已打开的表之间创建或修改关系,所以在创建关系前,需要关闭所有打开的表。

4.2.4　查询

查询是按照一定的条件或要求对数据库中的数据进行检索。它是数据库的核心操

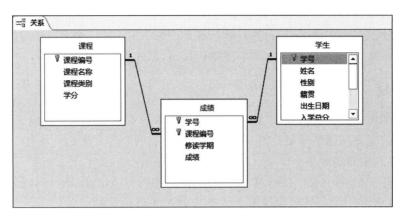

图 4.11　表之间的关系

作。在数据库中,一个查询可以从一个或多个表中检索数据,也可以对查询的结果做进一步的查询处理,还可以将查询结果用作窗体、报表的数据源。

Access 提供了强大的查询工具,可以按照不同方式查看数据库中的数据。使用查询,可以非常容易地实现下列目标。

（1）查找满足条件的字段。

（2）查找符合条件的记录。

（3）对某些字段进行计算,如求平均值、最大值和统计记录等。

（4）将查询的结果作为窗体或报表的数据源。

（5）修改、删除和更新表中的数据。

1. 查询的种类

在 Access 中可以创建下列类型的查询:选择查询、参数查询、交叉表查询、操作查询和 SQL 查询。

1）选择查询

选择查询是最常见的查询类型,它可以从当前数据库中的一个或多个表中按照一定的条件检索数据,也可以使用选择查询对记录进行分组,并对记录做合计、计数、平均值以及其他类型的统计计算。

查询的结果是一个包含一条或多条记录的记录集,该记录集是动态的,在记录集中的查询结果始终是最新的。

2）参数查询

参数查询在执行时显示对话框以提示用户输入相关信息,再按用户输入的内容执行相应的查询操作。

3）交叉表查询

交叉表查询是把一个表或查询作为数据源,将表或查询中的某个字段的统计值（合计、计数以及平均值）作为查询结果,并将它们分组,一组列在数据表的左侧,另一组列在数据表的上部。

使用交叉表查询,除了需要指明对哪一个字段进行统计操作外,还需要指定进行分类的行和列字段,这些字段必须有离散值(不连续的值),以便能对数据源中的数据进行分类,以计算统计结果。

4)操作查询

操作查询是在一个查询中更改多条记录的查询,共有 4 种类型:删除查询、更新查询、追加查询与生成表查询。

(1)删除查询:从一个或多个表中删除满足条件的一组记录。使用删除查询,将删除整条记录,而不只是记录中所选择的字段。

(2)更新查询:对一个或多个表中的一组记录做全局的更改。使用更新查询,可以更改已存在表中的数据。

(3)追加查询:从一个或多个表中将满足条件的一组记录追加到一个表的尾部。

(4)生成表查询:使用一个或多个表中的全部或部分数据新建表。

5)SQL 查询

SQL 查询是用户使用 SQL 语句创建的查询。除使用符合 SQL 语法规定的 SQL 命令外,还支持联合查询、传递查询、数据定义查询和子查询等特殊查询。

2. 查询的基本操作

Access 为查询对象提供了 3 种视图:设计视图、SQL 视图和数据表视图。查询的设计视图主要用于创建和修改查询,SQL 视图用于查看和修改 SQL 语句,数据表视图以行列方式查看查询结果中的数据。从查询“设计视图”切换到另外两种视图的方法:单击“设计”选项卡“结果”选项组中的“视图”按钮,打开“视图”列表,选择“SQL 视图”或“数据表视图”。

3. 建立查询的方式

1)使用向导创建查询

Access 提供了 4 种查询向导:简单查询向导、交叉表查询向导、查找重复项查询向导和查找不匹配项查询向导。启动查询向导的方法:单击“创建”选项卡“查询”选项组中的“查询向导”按钮,打开“新建查询”对话框,可以根据需要选择适当的查询向导创建查询。

2)使用查询的设计视图创建查询

除了使用向导建立查询外,还可以使用查询的设计视图创建查询。使用查询的设计视图可以从无到有创建一个查询。在查询的设计视图中,既可以建立简单查询(如选择查询),也可以建立较复杂的查询(如操作查询)。如果觉得向导生成的查询不能满足要求,也可以利用查询的设计视图进行修改。因此,使用查询的设计视图建立查询比使用向导灵活。

在查询的设计视图中,设置查询的条件。该窗口的上半部分是字段列表,下半部分是查询设计网格。在字段列表中显示出作为查询数据源的表或查询以及它们之间的关系,每个表或查询中的字段名称都出现在字段列表中。如果被添加到查询的设计视图中的表之间已经建立了关系,则表之间的关系也被自动添加进来;如果被添加到查询的设计视图中的表之间没有建立关系,则可以在该窗口中创建表之间的关系,也可以修改及删除关系。

在查询设计网格中有"字段""表""总计""排序""显示""条件"等项目。其中,"字段"设置查询结果中要显示的字段。"排序"指定在查询结果中记录按哪一个字段中的数据进行排序,它有两种类型:升序和降序。"显示"决定了选定的字段是否显示在查询结果中。"条件"中的每一列则指定了筛选记录的限制条件。如果要在查询设计网格中指定字段的条件,则可以在该字段的"条件"单元格中输入相应的表达式。如果在多个列上定义了筛选条件,各筛选条件可以用 And(与)或 Or(或)运算符连接:位于同一行的筛选条件表达式之间是 And 关系,处于不同行的筛选条件表达式之间是 Or 的关系。"查询的设计视图"窗口如图 4.12 所示。

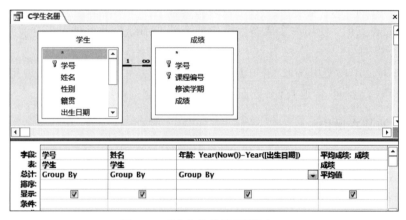

图 4.12　"查询的设计视图"窗口

例 4.7　使用设计视图创建一个名为"学生名册"的选择查询,从数据库中查询所有学生的学号、姓名、年龄和平均成绩。

(1) 单击"创建"选项卡"查询"选项组中的"查询设计"按钮,打开"显示表"对话框。

(2) 在"显示表"对话框中,先依次双击"学生"表、"课程"表和"成绩"表,再单击"关闭"按钮。

(3) 在"查询的设计视图"窗口上部,双击"学生"表中的"学号"和"姓名"字段,将这两个字段添加到查询设计网格中。

(4) 定义用于计算年龄的字段并为其指定别名:在查询设计网格中,单击第三列中的"字段"单元格,然后输入计算年龄的表达式"年龄:Year(Now())-Year([出生日期])"。

(5) 单击"设计"选项卡"显示/隐藏"选项组中"汇总"命令,使查询设计网格中显示"总计"行。

(6) 在查询设计网格"字段"行的第四列中输入"平均成绩:成绩",并在该列的"总计"单元格中选择"平均值"。

(7) 单击"设计"选项卡"结果"选项组中"运行"命令,以查看选择查询的运行结果。

(8) 选择"视图"列表中的"SQL 视图",切换到"SQL 视图",查看创建查询时所生成的 SQL 语句。

（9）单击"保存"按钮，打开"另存为"对话框，在"另存为"对话框中将查询的名称指定为"学生名册"，再单击"确定"按钮。

例 4.8　使用设计视图创建一个交叉表查询，要求用"学号"和"姓名"字段作为行标题，用"课程名称"字段作为列标题，在行列交叉处显示各门课程的成绩。

（1）单击"创建"选项卡"查询"选项组中的"查询设计"按钮，打开"显示表"对话框。

（2）向查询中添加表。在"显示表"对话框中，先依次双击"学生"表、"课程"表和"成绩"表，再单击"关闭"按钮。

（3）更改查询类型。单击"设计"选项卡"查询类型"选项组中"交叉表"命令，此时查询设计网格中将出现"总计"和"交叉表"行。

（4）设置交叉表查询的第一个行标题。在"学号"字段的"总计"单元格中选择 Group By 选项，在其"交叉表"单元格中选择"行标题"选项。

（5）设置交叉表查询的第二个行标题。在"姓名"字段的"总计"单元格中选择 Group By 选项，在其"交叉表"单元格中选择"行标题"选项。

（6）设置交叉表查询的列标题。在"课程名称"字段的"总计"单元格中选择 Group By 选项，在其"交叉表"单元格中选择"列标题"选项。

（7）设置要在行列交叉处显示的值。在"成绩"字段的"总计"单元格中选择 First 选项，在其"交叉表"单元格中选择"值"选项。

（8）单击"设计"选项卡"结果"选项组中"运行"命令，以查看交叉表查询的运行结果。

（9）单击"保存"按钮（或直接单击"关闭"按钮，打开"另存为"对话框，在"另存为"对话框中将查询的名称指定为"学生成绩交叉表查询"，再单击"确定"按钮。

4.2.5　关系数据语言 SQL

除了使用数据库管理系统的图形化界面对数据库进行各种操作外，还可以使用 SQL 语句直接对数据库进行操作。SQL 结构简单，操作方便，在实际应用中的功能十分强大。不仅可以应用在其他关系数据库管理系统中，也可以嵌入高级程序设计语言中进行调用，通过程序对数据库进行各种操作。

1. SQL 概述

关系数据库是以关系模型为数据组织方式的数据库系统。数据库的各项功能是通过数据库所支持的语言实现的，主要有数据定义语言、数据操作语言和数据控制语言。在关系数据库中，标准的数据库语言是 SQL。

SQL（Structured Query Language）的含义是结构化查询语言。其实，SQL 的功能除了数据查询外，还具有数据定义、数据操作和数据控制功能。SQL 可以用来定义数据库、基本表、关系和索引等。SQL 还支持对数据的更新、删除和查询操作。

SQL 是与关系数据库一同发展起来的。1970 年 IBM 公司的研究人员 E.F.Codd 提出了关系数据库的有关概念和理论，奠定了关系数据库的理论基础。随后，IBM 公司在其研制的 System R 项目上实现了 SQL。由于这种语言功能强大、结构简单、使用灵活，很快得到了广泛的使用。1986 年美国国家标准研究所（ANSI）批准了 SQL 作为关系数据库语言的美国国家标准。1987 年国际标准化组织（ISO）也通过了这一标准。自此以后，各个数据库厂商推出的数据库产品都支持 SQL 或提供了与 SQL 兼容的软件接口。由于 SQL 的推广和使用，使各个数据库之间的数据互访及互操作具有了共同的基础。可以说，在数据库的学习中，SQL 是非常重要的一项内容。

SQL 既是自主式语言，能够独立执行，也是嵌入式语言，可以嵌入程序中使用。SQL 以同一种语法格式提供两种使用方式，使得 SQL 具有极大的灵活性，也很方便用户学习。

（1）**独立使用方式**。在数据库环境下用户直接输入 SQL 命令，并立即执行。这种使用方式可立即看到操作结果，对测试、维护数据库极为方便，也适合初学者学习 SQL。

（2）**嵌入使用方式**。将 SQL 命令嵌入高级语言程序中，作为程序的一部分来使用。SQL 仅是数据库处理语言，缺少数据输入输出格式控制、生成窗体和报表的功能以及复杂的数据运算功能。在许多信息系统中必须将 SQL 和其他高级语言相结合，将 SQL 查询结果用应用程序进一步处理，从而实现用户所需的各种要求。

SQL 的特点如下。

（1）高度非过程化，是面向问题的描述性语言。用户只需将需要完成的问题描述清楚，具体处理细节由 DBMS 自动完成。即用户只需表达"做什么"，不用管"怎么做"。

（2）面向表，运算的对象和结果都是表。

（3）表达简洁，使用的词汇少，便于学习。SQL 定义和操作功能使用的命令动词只有 CREATE、ALTER、DROP、INSERT、UPDATE、DELETE、SELECT 7 个。

（4）自主式和嵌入式的使用方式，方便灵活。

（5）功能完善、强大，集数据定义、数据操作和数据控制功能于一身。

（6）所有关系数据库系统都支持，具有较好的可移植性。

2. Access 中 SQL 的应用示例

在 Access 中可以使用向导创建查询，也可以在设计视图中创建查询，还可以直接在 SQL 视图中输入 SQL 中的语句进行查询。实际上，不论采用哪种方式，Access 都会构造等效的 SQL 语句，运行查询实际上就是运行了相应的 SQL 语句。

以下将通过示例简要介绍 SQL 中常用语句的应用。

1）数据定义语句 CREATE、ALTER、DROP

例 4.9　创建学生用户表 Users。

```
Create Table Users(学号 Text(10) Primary Key,姓名 Text(4) Not Null,性别 Text(1),
出生日期 Datetime,住校否 Bit,入学总分 Int)
```

说明：Text(10)表示字段类型为短文本，字段大小为 10；Primary Key 表示主键；Not Null 表示非空；Datetime 表示字段类型为日期/时间；Int 表示字段类型为整型；Bit 表示字段类型为是/否。

例 4.10　为学生用户表 Users 增加一个学院字段，字段类型短文本，字段大小为 20。

```
ALTER Table Users Add Column 学院 Text(20)
```

例 4.11　删除学生用户表 Users 中的学院字段。

```
ALTER Table Users Drop 学院
```

例 4.12 删除学生用户表 Users。

```
DROP Table Users
```

2）数据更新语句 INSERT、UPDATE、DELETE

例 4.13 向表 Users 中插入一条记录。

```
INSERT INTO Users (学号,姓名,性别,住校否,出生日期,入学总分) VALUES
("2018010001","郑含因","女",TRUE, #2000-2-6#,712)
```

说明：字符型常量用单引号或双引号括起来，逻辑型字段的值是 TRUE/FALSE、YES/NO 或 ON/OFF，日期/时间型常量前后要加♯。

例 4.14 将表 Users 中学生郑含因的入学总分修改为 700。

```
UPDATE Users SET 入学总分=700 WHERE 姓名="郑含因"
```

说明：UPDATE 语句一次只能对一个表进行修改。

例 4.15 删除表 Users 中学号为 2018010001 的记录。

```
DELETE FROM Users WHERE 学号="2018010001"
```

说明：WHERE 子句缺省，则删除表中所有的记录。

3）数据查询语句 SELECT

SELECT 语句用于数据查询，其语法形式：

```
SELECT [ALL|DISTINCT] 目标列 FROM 表(或查询)
[WHERE 条件表达式]
[GROUP BY 列名 1 HAVING 过滤表达式]
[ORDER BY 列名 2 [ASC|DESC]]
```

说明：根据 WHERE 子句中的表达式，从指定的表或视图中找出满足条件的记录，按目标列显示数据；GROUP BY 子句按列名 1 的值进行分组，每组产生一条记录，HAVING 短语对组进行输出过滤；ORDER BY 子句按列名 2 对查询结果的值进行排序。

例 4.16 查询学生表中所有学生的基本情况。

```
SELECT * FROM 学生
```

说明：* 表示选择所有字段作为目标列。

例 4.17 查询学生表中所有学生的人数、最低入学总分、最高入学总分和平均入学总分。

```
SELECT Count(*) AS 人数,Min(入学总分) AS 最低入学总分,
Max(入学总分) AS 最高入学总分,Avg(入学总分) AS 平均入学总分 FROM 学生
```

说明：Count()是 SQL 语句中的合计函数，用于统计记录的个数；Min()、Max()和 Avg()则分别用于计算某一计算列或字段的最小值、最大值和平均值。

例 4.18 查询学生表中 2000 年（包括 2000 年）以后出生的女生姓名和出生日期。

```
SELECT 姓名,出生日期 FROM 学生 WHERE 出生日期>=#2000-1-1#AND 性别="女"
```

例 4.19　查询学生表中所有住校的学生的学号和姓名,并按入学总分升序排列。

```
SELECT 学号,姓名 FROM 学生 WHERE 住校否 ORDER BY 入学总分
```

例 4.20　查询选修了 2 门(包括 2 门)以上课程的学生的学号和课程数。

```
SELECT 学号,Count(*) AS 课程数 FROM 成绩
GROUP BY 学号 HAVING Count(*)>=2
```

例 4.21　查询所有学生的学号、姓名、课程名称和成绩。

```
SELECT 学生.学号,学生.姓名,课程.课程名称,成绩.成绩
FROM 学生,成绩,课程 WHERE 学生.学号=成绩.学号
And 课程.课程编号=成绩.课程编号
```

说明:多表连接查询,需要加上连接条件。

例 4.22　查询学生表中入学总分高于平均入学总分的学生的学号和姓名。

```
SELECT 学号,姓名 FROM 学生
WHERE 入学总分>(SELECT Avg(入学总分) FROM 学生)
```

说明:嵌套查询,查询条件本身也是一个 SELECT 语句。

4.3　非结构化数据处理示例

　　根据结构化程度的不同,数据可以分为结构化数据、非结构化数据和半结构化数据。将数据根据结构化程度进行划分,可以方便对不同结构化程度的数据进行管理与应用。例如,结构化数据可使用传统的关系数据库进行管理与应用,允许使用结构化查询语言查询;非结构化数据和半结构化数据则不使用关系数据库进行管理,可以利用专门管理非结构化数据和半结构化数据的数据库系统,如 NoSQL 数据库等,也可以使用专门的软件或编写程序将其转换为结构化的数据并导入关系数据库中,在 6.6 节中将给出利用 Python 编写程序进行非结构化数据处理的实例。本节以 XML 文档为例,介绍在 Excel 中如何实现 XML 与 Excel 的数据交换,还给出与 XML 有关的 FILTERXML 函数的应用示例。

　　可扩展标记语言(eXtensible Markup Language,XML)与 HTML 定义数据的显示格式不同,XML 的目的是描述和表达数据。XML 文档是以文本形式来描述的一种文件格式,使用标记描述数据,可以具体指出开始元素(开始标记)和结束元素(结束标记),在开始元素和结束元素之间是要表现的元素数据。标记可以嵌套,因而可以表现层状或树状的数据集合,能够更好地反映现实中的数据结构。XML 以文本形式描述,适合于各种平台环境的数据交换。

　　用 XML 标记的数据与具体软件无关,因此,XML 可以作为数据交换的平台。例如,Access、Excel 中保存的数据可以转换为 XML 格式,也可以将 XML 格式的数据导入Access、Excel 中。

例 4.23　Excel 工作表中 XML 数据的导入和导出。

（1）如果要导入 Excel 工作表中的数据存在于单个 XML 文件中，单击"数据"选项卡"获取外部数据"选项组中的"自其他来源"按钮，选择"来自 XML 数据导入"命令，在打开的"选择数据源"对话框中选择要导入的 XML 文件，单击"打开"按钮，打开"导入数据"对话框。

（2）在打开的"导入数据"对话框中设置数据的放置位置参数后，单击"确定"按钮即可。在导入 XML 数据时，数据的放置位置选择"现有工作表中的 XML 表"，Excel 会自动判断 XML 文件的框架结构，将数据以正确的标题和表格结构导入 Excel 工作表中，导入的数据被自动转化为表格。

V4.5 Excel 与 XML

（3）若单元格区域中的数据是以"导入 XML 数据"的方式导入工作表中的，在数据区域中右击，在弹出的快捷菜单中选择"XML"→"导出"命令，打开"导出 XML"对话框，选择文件保存的位置并设置好文件名，单击"导出"按钮即可完成 XML 数据的导出。

例 4.24　Excel 工作表中 FILTERXML 函数的应用示例。

FILTERXML 是 Excel 中网络类的 3 个函数之一，功能是在 XML 结构化内容中获取指定格式路径下的信息。函数的第一个参数 XML 需要指定目标 XML 格式文本，第二个参数 XPath 则是需要查询的目标数据在 XML 中的标准路径。

如图 4.13 所示，A1 单元格存放的是学生信息的 XML 格式文本，需要提取其中学号的值，则在 B4 单元格中输入公式"=FILTERXML(A1,"//"&A4)"即可。

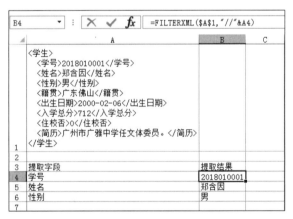

图 4.13　FILTERXML 函数应用示例 1

FILTERXML 函数还可以和 WEBSERVICE 函数结合使用，如图 4.14 所示。

在图 4.14 中，公式利用 WEBSERVICE 函数从有道翻译获取包含对应译文的 XML 格式文本，然后利用 FILTERXML 函数从中提取目标译文。

本章以 Excel 2013 为例，介绍了电子表格的基础知识和利用公式、函数、图表、排序、分类汇总、数据透视表、筛选等进行数据管理和分析的相关操作；以 Access 2013 为例，介绍了数据库的基础知识和利用表、查询等数据对象进行数据管理和分析的相关操作，还介绍了关系数据库语言 SQL 的特点、基本功能以及在 Access 中常用语句的使用。最后，对

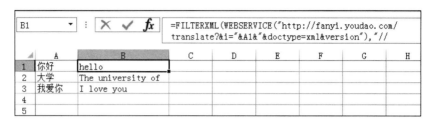

图 4.14 FILTERXML 函数应用示例 2

非结构化数据处理进行了介绍,并以 XML 文档为例,介绍了在 Excel 中实现 XML 与 Excel 的数据交换,还给出了与 XML 有关的 FILTERXML 函数的应用示例。

4.4 思考题

一、单选题

1. 在当前工作表(如 Sheetl)的 B2 单元格中输入公式( ),引用工作表 Sheet3 中 B2~B10 单元格的和。

A. ＝sum(sheet3! B2:sheet3! B10)　　B. ＝sum(sheet3! B2:B10)

C. ＝ sum((Sheet3)B2:B10)　　　　D. ＝sum((Sheet3)B2:(Sheet3)B10)

2. SQL 是( )的英文缩写。

A. 结构化查询语言　　　　　　B. 结构化控制语言

C. 结构化定义语言　　　　　　D. 结构化操纵语言

3. 在 Excel 中,把 B2 中含有单元格引用的公式复制到 E4 单元格中后,E4 中公式引用的单元格其行、列坐标都和 B2 中公式引用的单元格不同,这种单元格引用方式称为( )。

A. 绝对引用　　　B. 相对引用　　　C. 混合引用　　　D. 无法判定

4. 在 Excel 中,将比较运算 x＞＝60 和 x＜＝100 进行( )运算,可以得到数学表达式 $60 \leqslant x \leqslant 100$ 表示的数据。

A. 与　　　　　　B. 或　　　　　　C. 非　　　　　　D. 异或

5. 只有满足连接条件的记录才包含在查询结果中,这种连接为( )。

A. 左连接　　　　B. 右连接　　　　C. 内部连接　　　D. 完全连接

6. Excel 数据列表包含学号、姓名、专业、数学成绩、语文成绩、英语成绩等字段,可以使用( )一次统计出各专业各门课的平均成绩。

A. 筛选　　　　B. 数据透视表　　　C. 排序　　　　D. 公式

7. ( )是关于主键的正确描述。

A. 不同记录可以具有重复的主键值或空值

B. 一个表的主键可以是一个或多个字段

C. 一个表的主键只能是一个字段

D. 表中的主键的数据类型必须定义为自动编号或文本

8. 在关系数据库中,表和数据库的关系是(　　)。

    A. 一个数据库可以包含多个表　　　　B. 一个表只能包含一个数据库

    C. 一个表可以包含多个数据库　　　　D. 一个数据库只能包含一个表

9. 在 Excel 工作表中,若 A1 单元格中的内容为 100.56,则公式 ＝INT(A1) 的结果为(　　)。

    A. 100.5　　　　　B. 100.6　　　　　C. 100　　　　　D. 101

10. XML 和 Excel 应用场合不包括(　　)。

    A. 将 XML 数据放入 Excel 模板,但必须重新设计模板

    B. 通过将 XML 元素映射到现有工作表上将 XML 数据用作现有计算模型的输入

    C. 将 XML 数据文件导入新的工作簿中

    D. 将数据从 Web 服务中导入 Excel 工作表中

11. 下列不是 XML 的特点的是(　　)。

    A. XML 可以从 HTML 中分离数据　　　B. XML 可用于交换数据

    C. XML 主要用于显示数据　　　　　　D. 利用 XML 可以共享数据

12. Access 是一个(　　)数据库管理系统。

    A. 层状　　　　　B. 网状　　　　　C. 关系　　　　　D. 树状

13. SQL 中,SELECT 语句的执行结果是(　　)。

    A. 属性　　　　　B. 表　　　　　　C. 属性值　　　　D. 数据库

14. (　　)是数据库管理系统的简称。

    A. DBAS　　　　　B. DBMS　　　　　C. ODBC　　　　　D. DB

15. Access 选择查询的设计视图中,不同行中各条件之间是(　　)关系;而同行中条件之间是(　　)关系。

    A. 与,或　　　　　B. 与,与　　　　　C. 或,与　　　　　D. 或,或

16. 在 Excel 工作表中,若 A1 单元格中的内容为 1234.5678,则公式=ROUND(A1,2) 的结果为(　　)。

    A. 1234　　　　　B. 1234.00　　　　C. 1234.57　　　　D. 1234.56

17. 在关系数据库中,数据表中的一行被称为(　　)。

    A. 字段　　　　　B. 记录　　　　　C. 主键　　　　　D. 属性值

18. 在 Excel 中,将运算符按优先级由高到低排列,顺序正确的是(　　)。

    A. 数学运算符、比较运算符、字符串运算符

    B. 数学运算符、字符串运算符、比较运算符

    C. 比较运算符、字符串运算符、数学运算符

    D. 比较运算符、数学运算符、字符串运算符

19. 关系数据库表中,(　　)是能够唯一标识一条记录的属性或属性组合。

    A. 主属性　　　　B. 关键属性　　　　C. 主键　　　　　D. 唯一值

二、判断题

1. 由于一个 Excel 列表中行和列有位置关系,因此无法转换为关系数据库中的一张表。
                                                                       ( )

2. 在 Excel 单元格中直接输入文本时,不需要任何标识,而输入公式中的文本数据时,需要用双引号标识。( )

3. 在 Excel 中,数据、操作都是可见的,受数据模型限制少。因此,其功能比 Access 更强大、更先进。( )

4. XML 描述数据的结构和关系数据库模型虽然不同,但可以直接将 XML 格式的数据导入数据库。( )

5. XML 以文本和标记描述和表达数据,是程序间交换数据的平台。( )

三、填空题

1. Access 数据库的核心和基础的对象是_____。

2. 创建 Access 查询的数据来源可以是表或_____。

3. 在 Excel 中,把含有单元格引用的公式复制到另一个单元格中时,其中的单元格引用会随之改变,这种单元格引用方式称为_____。

4. 二维表由行和列组成,每行表示关系的一个_____,每列表示关系的一个_____。

5. 用一组二维表表示实体及实体间的关系的数据模型是_____。

四、简答题

1. Excel 电子表格对单元格的引用默认采用的是相对引用还是绝对引用?两者有何差别?

2. Excel 电子表格的数据类型有哪几种?

3. 什么是数据库?数据库有什么特点?

4. 什么是数据库管理系统?其功能有哪些?

5. 什么是关系模型?关系模型有什么特点?

6. 什么是实体完整性?什么是参照完整性?

7. Access 的查询类型有哪几种?

8. 什么是 SQL? SQL 有什么特点?

算 法 基 础

　　算法这个词对于非计算机专业人士来说,或许有些晦涩或者神秘。其实,广义的算法在人们日常生活中随处可见。例如,一道菜品的烹饪菜谱里,精确地描述了所需配料及步骤(不是诸如"盐少许"这样一些模糊的字眼);要完成一道四则运算的算术题,应该按照先乘除后加减,有括号从里到外要优先。所以通俗地说,算法就是解决问题的方法和步骤。显然,方法不同,求解问题的步骤也就不同。

　　本章首先介绍计算机算法的概念,讨论算法的表示方法;其次介绍一些常用的基本算法,对算法效率进行基础分析;最后介绍一种快速算法可视化工具Raptor 的使用。

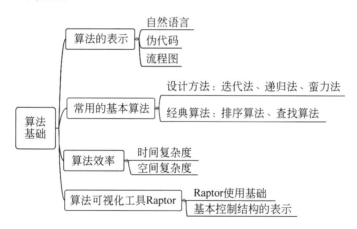

5.1　算法的概念

5.1.1　算法概述

　　计算机科学家 David Harel 在他著的《算法学:计算精髓》一书中说道:"算法不仅是计算机科学的一个分支,它更是计算机科学的核心"。在信息技术高速发展的今天,无论是云计算、大数据还是人工智能等现代计算机新技术,要想完成任何实质性的工作,归根到底都是算法与数据结构的比拼。

现实生活中,如 GPS,可以在几秒钟的时间内,从无数条可能线路中找到抵达目的地的最快捷路径;用户在网上购物,同时要解决防止他人窃取信用卡账号问题。这些涉及计算机上所运行的最短路径算法及加密算法等,可以说算法无处不在。

在计算领域,问题求解是一个系统过程,这个过程包括分析问题、设计算法、编程调试和使用维护 4 个阶段。算法是程序的灵魂,是编程思想的核心。程序是算法用某种程序设计语言的具体实现,同一个算法可以用任意一种计算机语言来表达。程序依赖于程序设计语言,甚至依赖于计算机结构。算法质量的优劣很大程度上决定了一个程序的效率。

计算思维的核心之一就是算法思维,算法是一种求解问题的思维方式。深入学习和分析计算机解决各种问题的算法,可以拓展解决一般问题的思路,锻炼和培养计算思维的能力。学习算法的思想,可以使思维更加有条理、更加具有逻辑性,对日后无论是提升工作效率,还是未来的智能生活都会产生深远影响。

5.1.2 算法的定义及特性

3.1 节中介绍了十进制数和二进制数之间的转换方法,了解到多媒体数据涉及压缩和解压缩算法。现实世界中的问题千奇百怪,在计算机科学领域中算法当然也就千变万化。算法究竟是什么? 这里给出如下定义。

算法(Algorithm)是指解题方案准确而完整的描述,是一系列解决问题的清晰指令。算法代表着用系统的方法描述解决问题的策略机制。也就是说,能够对一定规范的输入,在有限时间内获得所要求的输出。

一个算法应该具有以下 5 个重要的特性。

(1) **有穷性**(Finiteness):一个算法必须能在执行有限个步骤后终止。也就是说,任何算法必须在执行有限指令后结束,不能出现"死循环"。

(2) **明确性**(Definiteness):算法的每个步骤必须有确切的含义。也就是说,算法的描述必须无二义性,执行时不会模棱两可,含糊不清。

(3) **可行性**(Effectiveness,也称有效性):算法中执行的任何计算步骤都可以分解成可执行的基本操作步骤,即算法中描述的操作都可以通过已经实现的基本运算执行有限次来实现。

(4) **零个或多个输入**(Input):大多数算法开始执行时都必须输入初始数据或初始条件。零个输入是指算法本身已给出了初始条件,或者较为简单的算法,如计算 1+2 的值,不需要任何输入参数。

(5) **一个或多个输出**(Output):输出项反映对输入数据加工后的结果,没有输出的算法是毫无意义的。

凡是算法都必须满足以上 5 个特性,否则不能称为算法,只能称为计算过程。由此可以说,算法是一个详细、精确、不模糊的"菜谱"。算法是在有限的时间内用有限的数据解决问题的明确指令集合。

5.1.3　算法要素

一个算法由一系列基本操作组成,这些操作又是按照一定的控制结构所规定的次序执行的,所以算法由基本操作和控制结构两个要素组成。

1. 基本操作

算法中的每步都必须能分解成计算机的基本操作,否则算法是不可行的。计算机可以执行的基本操作有如下 4 类。

（1）**算术运算**:加、减、乘、除等。

（2）**关系运算**:大于、小于、等于、不等于等。

（3）**逻辑运算**:与、或、非等。

（4）**数据传输**:输入、输出、赋值等。

2. 控制结构

一个算法的功能不仅取决于所选用的操作,还与各操作之间的执行顺序相关。算法的控制结构就是指各操作之间的某种执行顺序。理论和实践证明,无论多复杂的算法都可以通过顺序结构、选择结构和循环结构这 3 种基本控制结构组合构造出来。

（1）**顺序结构**。顺序结构是指算法按照自上而下的先后顺序一步一步地执行,这是最简单的结构。

（2）**选择结构**。选择结构也称分支结构,是算法根据不同情况选择性地执行。满足条件,执行一组操作;否则不执行或执行另外一组的操作。

（3）**循环结构**。循环结构是根据条件对某一部分的操作重复执行多次,直到条件不满足为止。利用循环结构可以实现有规律的重复计算。

5.2　算法的表示

任何算法都需要将其明确地描述出来。有了算法的描述,才能更好交流和研究,知道如何去解决问题,这个描述过程就是算法的表示。算法的表示方法可以用自然语言、伪代码、流程图来描述。当然,算法最终要用计算机语言编写程序,上机实现。

5.2.1　自然语言

自然语言是指人们日常生活使用的语言,可以是汉语、英语或者其他语言。用自然语言表示算法简单、通俗易懂。但不足之处:一是文字比较冗长,不易清楚地表达算法的逻辑流程;二是不够严谨,易产生歧义性。因此,自然语言用于描述一些简单的问题步骤,或是对算法大致步骤做粗略描述时使用。

下面给出两个采用自然语言描述算法的例子。

例 5.1　写出这个问题的自然语言算法描述:计算机输入 3 个数,求这 3 个数中的最大数。

算法描述如下。

V5.1 算法表示示例

(1) 输入 x、y、z 的值。

(2) 比较前两个数 x 和 y。如果 $x > y$,则将 x 存入 max;否则,将 y 存入 max。

(3) 再将 z 和 max 比较,如果 $z > $ max,则将 z 存入 max。

(4) 输出 max,即为 3 个数中的最大数。

例 5.2 写出欧几里得算法的自然语言描述。

说明:欧几里得算法又称辗转相除法,是人类历史上最早记载的算法。由古希腊数学家欧几里得在其著作 *The Elements* 中描述的,用于求两个正整数的最大公约数的算法。

最大公约数是指两个或多个整数共有约数中最大的一个。如 24 和 60 的最大公约数是 12。

24 的约数有 1、2、3、4、6、8、12、24。

60 的约数有 1、2、3、4、5、6、10、12、15、20、30、60。

共有的约数有 1、2、3、4、6、12,所以 12 是 24 和 60 的最大公约数。

欧几里得算法求解步骤如下。

(1) 输入两个数 a 和 b。

(2) 如果 $a < b$,则交换 a 和 b。

(3) 求出 a、b 两数相除的余数 r。

(4) 如果余数 r 为 0,则较小数 b 为最大公约数,算法结束;否则执行步骤(5)。

(5) 将 b 替换 a,r 替换 b。

(6) 重复执行步骤(3)。

5.2.2 伪代码

伪代码是用介于自然语言和计算机语言之间的文字和符号(包括数字符号)来描述算法。它借助于计算机语言的控制结构,但不拘泥固定的语法和格式,结合部分自然语言混合设计。伪代码具有书写简洁、结构清晰、可读性好等优点,便于向程序过渡,所以一般专业人员习惯用伪代码进行算法描述。当然不足之处是不够直观,错误不易排查。

使用伪代码描述算法,不用拘泥于具体的实现。伪代码描述形式上并不是非常严格,通常主要操作、相关符号和关键字如下。

算术运算符:+、−、*、/、mod(取余)、^(乘方)

关系运算符:=、≠、<、>、<=、>=

逻辑运算符:and(与)、or(或)、not(非)

输入输出:input、output

赋值:用←或者=表示。如:n=1;x←x+1。表示将赋值号右边的值赋值给左边的变量。

伪代码表示的 3 种控制结构如图 5.1 所示。

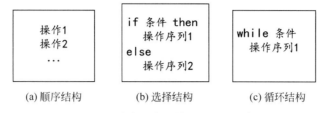

(a) 顺序结构   (b) 选择结构   (c) 循环结构

图 5.1　伪代码表示的 3 种控制结构

下面给出两个采用伪代码描述算法的例子。

例 5.3　根据给定的成绩,写出判定成绩等级的算法伪代码,条件:成绩 60 分及以上为及格,否则为不及格。

问题分析:①输入:成绩。输入的成绩用变量 score 表示。②处理:判定等级。利用选择结构实现,判定等级用变量 grade 表示。③输出:等级 grade。

算法的伪代码如下:

```
begin
    input score
    If score >=60 then
        grade←"及格"
    else
        grade←"不及格"
    output grade
end
```

例 5.4　用伪代码描述,求解 $1+2+3+\cdots+n$ 累加和的算法。

问题分析:面对这样的式子 $1+2+3+\cdots+n$,最简单的计算思想就是从 1 开始,逐项依次累加,最终得到累加后的结果。系列数相加可以利用循环来实现。

①输入:累加的起始和终止值。系列要加的数据用变量 i 表示,i 为 $1\sim n$,n 输入给定。②处理:利用循环依次累加。累加和用变量 sum 表示,其初始值设为零(通常这个变量也称为累加器)。③输出:累加后的最终结果 sum。

算法的伪代码如下:

```
begin
    input n
    i =1
    sum =0
    while i <=n
        sum =sum +i
        i =i +1
```

```
        output sum
    end
```

5.2.3 流程图

流程图是使用一些图形框和带箭头的流程线描述各种不同性质的操作和执行走向，形象直观，易于理解。这种方法在程序语言发展的早期广泛应用，美国国家标准研究所（ANSI）还规定了一些常用的流程图符号。但是流程箭头可以随意表达操作步骤的次序和转移，对于大型、复杂问题用流程图绘制非常不方便，所以适合描述简单算法。

流程图在表明结构，或者用于理顺和优化业务过程的其他领域还是很有帮助的。如企业使用流程图说明生产线上的工艺流程，或者描述业务走向、数据信息流向等。

常用的流程图符号如表 5.1 所示，3 种控制结构的流程图表示如图 5.2 所示。

表 5.1 常用的流程图符号

符　号	符号名称	功　能　说　明
（圆角矩形）	起止框	表示算法的开始和结束
（矩形）	处理框	表示执行一个步骤
（菱形）	判断框	表示要根据条件选择执行路线
（平行四边形）	输入输出框	表示需要用户输入或由计算机自动输出的信息
↓　→	流程线	指示流程的方向

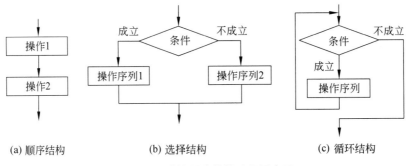

(a) 顺序结构　　　　(b) 选择结构　　　　(c) 循环结构

图 5.2 3 种控制结构的流程图表示

下面给出两个采用流程图描述算法的例子。

例 5.5　根据给定的成绩，使用流程图表示判定成绩等级的算法，条件：成绩 85 分及以上为优秀，60 分及以上为及格，否则为不及格。

算法流程图表示如图 5.3 所示。

例 5.6　使用流程图表示例 5.2 欧几里得算法求最大公约数，如图 5.4 所示。

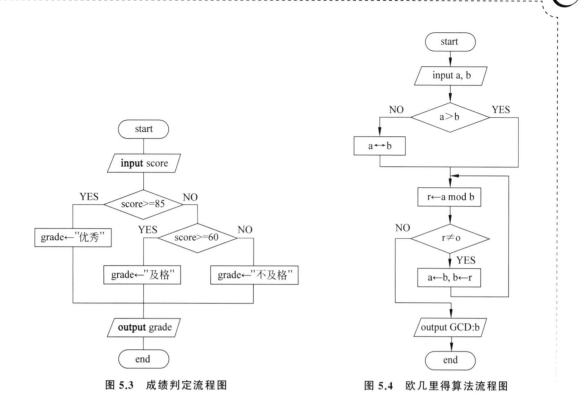

图 5.3　成绩判定流程图　　　　　图 5.4　欧几里得算法流程图

5.3　常用的基本算法

人类希望利用计算机解决的问题千差万别,而且同一个问题可以用不同的算法解决。在计算机科学中,针对不同问题,算法设计的基本思想和方法有很多,大致可以分为基本算法(诸如迭代法、递归法、蛮力法、排序和查找算法等)、数据结构算法、分治算法、贪心算法、回溯算法、动态规划算法、加密算法、图论算法等一些经典算法。有些算法充满智慧但难度较大,作为基础教材,这里只介绍几个最基本的常用算法,以此让读者理解算法设计的基本方法,明白计算机世界如何解决问题。

5.3.1　迭代法

迭代(Iteration)算法也称辗转法,是一种不断用变量的旧值递推出新值的过程。

迭代算法是用计算机解决问题的一种常用算法,它利用计算机运算速度快、适合做重复性操作的特点,从已知的变量值出发,根据递推公式,让计算机对一组操作进行重复执行,每次执行这组操作,都从变量的原值推出它的一个新值,把一个复杂的、庞大的计算过程转换为简单过程的多次重复。

5.2 节例题中求最大公约数、累加和,都是迭代算法的基础应用。

利用迭代算法解决问题,主要有 3 方面的设计工作。

（1）**确定迭代变量**。在用迭代法解决的问题中,至少存在一个直接或间接地不断由旧值递推出新值的变量,这个变量就是迭代变量。

(2) **建立迭代关系式**。迭代关系式是指如何从变量的前一个值推出其下一个值的公式(或关系)。迭代关系式的建立是解决迭代问题的关键,可以用顺推或者倒推的方式来完成。

(3) **对迭代过程进行控制**。在什么情况结束迭代过程,不能让迭代过程无休止地重复执行下去。这是迭代算法必须考虑的问题。

例如,在求最大公约数的算法设计时:循环不变式第一次是求 a 和 b 相除的余数 r,经 $a=b,b=r$ 操作,就实现了第二次还是求 a 和 b 相除的余数,这就是迭代关系式。不断由旧值递推新值的迭代变量是 a 和 b,在余数 r 为 0 时,结束循环迭代过程。

为进一步理解迭代算法,下面再给出两个实例。

例 5.7　写出求解 $P = n!$ 的算法($n! = 1×2×3×\cdots×n$)。

问题分析:迭代变量为 p,设置 p 初始值为 1,累乘变量 i 初始值为 2。$p = p×i$ 为迭代关系式,每循环一次,累乘迭代变量 p 完成一次与变量 i 的乘积。i 也为循环控制变量,迭代过程在 i 超过 n 时结束循环,完成累乘的计算。

算法的伪代码如下:

```
begin
    input  n
    p = 1
    i = 2
    while  i <= n
       p = p * i
       i = i + 1
    output  p
end
```

例 5.8　计算斐波那契序列(Fibonacci Sequence)的第 n 项值。

说明:斐波那契序列指的是数列的第 1 项和第 2 项为 1,从第 3 项开始,每项均等于它前两项之和。

问题分析:前两项 $F_1=1,F_2=1$,在 $n>2$,F_n 总可以由 $F_{n-1}+F_{n-2}$ 得到。由旧值递推出新值,这是一个典型的迭代关系。假设前一项用变量 a 表示,后一项用变量 b 表示,要求的项用变量 c 表示。

算法的伪代码如下:

```
begin
    input  n
    a = 1
    b = 1
    i = 3
    while  i <= n
       c = a + b
       a = b
```

```
        b = c
        i = i + 1
    output  c
end
```

5.3.2 递归法

递归(Recursion)在数学与计算机科学中是指在函数的定义中使用函数自身的方法。递归算法是一种直接或间接地调用自身算法的过程。

递归算法解决很多的计算机科学问题是十分有效的。从直观上说,递归是将一个大问题分解为同类的小问题,从待求解的问题出发,一直分解到已知答案的最小问题为止,再逐级返回,从而得到大问题的解。递归算法只需少量的代码就可描述出解题过程所需要的多次重复计算,大大地减少程序的代码量。

实现递归定义的两个要素。

(1) **递归出口**。递归过程必须有一个明确的递归结束条件、结束值。

(2) **递归公式**。过程或函数自身调用的等价关系式,且能向结束条件发展。

例 5.9   使用递归算法,计算斐波那契序列的第 n 项函数值 $\mathrm{Fib}(n)$。

问题分析:依据例 5.8 对斐波那契序列的分析,斐波纳契序列 $\mathrm{Fib}(1) = 1$,$\mathrm{Fib}(2) = 1$,$\mathrm{Fib}(n) = \mathrm{Fib}(n-1) + \mathrm{Fib}(n-2)$。

V5.2 斐波那契递归实现

求解 $\mathrm{Fib}(n)$,把它推到求解 $\mathrm{Fib}(n-1)$ 和 $\mathrm{Fib}(n-2)$,即计算 $\mathrm{Fib}(n)$,必须先计算 $\mathrm{Fib}(n-1)$ 和 $\mathrm{Fib}(n-2)$。而计算 $\mathrm{Fib}(n-1)$ 和 $\mathrm{Fib}(n-2)$,又必须先计算 $\mathrm{Fib}(n-3)$ 和 $\mathrm{Fib}(n-4)$。以此类推,直至计算 $\mathrm{Fib}(2)$ 和 $\mathrm{Fib}(1)$,而 $\mathrm{Fib}(2)$ 和 $\mathrm{Fib}(1)$ 的值就是已知条件(结束条件)1。也就是说,当 n 为 1 或 2 的情况下可以结束递归。这个递归过程如图 5.5 所示,假设 $n=6$。

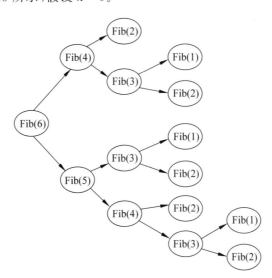

图 5.5 计算斐波那契递归过程

以递归的方法定义关系式如下：

$$\begin{cases} \text{Fib}(n) = 1 & (n=1, n=2) \quad （递归出口） \\ \text{Fib}(n) = \text{Fib}(n-1) + \text{Fib}(n-2) & (n>2) \quad\quad （递归公式） \end{cases}$$

伪代码表示这个递归算法如下：

```
def fib(n)
if n = 1 or n = 2
    return 1
else
    return fib(n-1) + fib(n-2)
```

同样，在计算阶乘（$n!$）问题上也可以通过递归方式定义函数实现。因为当 $n = 0$ 时，$0! = 1$；当 $n > 0$ 时，$n! = n \times (n-1) \times (n-2) \times (n-3) \times \cdots \times 3 \times 2 \times 1 = n \times (n-1)!$。例如：$5! = 5 \times 4 \times 3 \times 2 \times 1 = 5 \times 4!$。所以计算阶乘，以递归的方法定义关系式如下：

$$\begin{cases} \text{Fac}(n) = 1 & (n=0) \quad （递归出口） \\ \text{Fac}(n) = n \times \text{Fac}(n-1) & (n>0) \quad （递归公式） \end{cases}$$

5.3.3 蛮力法

蛮力（Brute-force）法是一种简单而直接地解决问题的方法。它直接基于问题的描述，从有限集合中逐一列举集合中的所有元素，对每个元素逐一判断和处理，从中找出问题的解。

枚举法是蛮力法的一种表现形式，它依据给定的条件，遍历所有可能的情况，从中找出满足条件的正确答案。有时一一列举出的情况数目很大，如果超过了所能忍受的范围，则需要进一步考虑排除一些明显不合理的情况，尽可能减少问题可能解的列举数目。

用枚举法解决问题，通常从两方面进行算法设计。

（1）**找出枚举范围**：分析问题所涉及的各种情况。

（2）**找出约束条件**：分析问题的解需要满足的条件，并用逻辑表达式表示。

例 5.10 百鸡问题。百鸡问题是一个著名的数学问题，出自中国古代 5—6 世纪成书的《张邱建算经》。该问题描述：今有鸡翁一，值钱五，鸡母一，值钱三，鸡雏三，值钱一，百钱买百鸡，问翁、母、雏各几何？

题意：公鸡 5 元 1 只，母鸡 3 元 1 只，小鸡 3 只 1 元，花 100 元买 100 只鸡，可买公鸡、母鸡和小鸡各多少只？

问题分析：先假设每种鸡至少买一只，公鸡、母鸡、小鸡可买只数分别为 x、y、z，则买公鸡的钱数为 $5x$，买母鸡的钱数为 $3y$，买小鸡的钱数为 $z/3$。根据题意可列出代数方程：

$$x + y + z = 100 （只）$$
$$5x + 3y + (1/3)z = 100 （元）$$

有两个方程式，三个未知量，是典型的不定方程组，应该有多种解。这类问题用蛮力法的枚举法实现就十分方便。下面介绍两种算法。

（1）设定公鸡、母鸡、小鸡的枚举范围都是 1～100，上述的方程为判定条件。算法的伪代码如下：

```
x, y, z = 1
while x<=100
    while y<=100
        while z<=100
            if (5 * x + 3 * y + z/3=100 and x+y+z=100) then
                output x, y, z
            z=z+1
        y=y+1
    x=x+1
```

这个算法通过三重循环，从里到外分别对小鸡、母鸡和公鸡的可能个数 1～100 一一列举，由计算机循环执行 if 语句进行验证，找出符合条件的购买情况。这个算法很容易想到，但这个计算过程中 if 语句共执行了 $100 \times 100 \times 100 = 10^6$ 次。简单分析后，发现可以进一步优化计算过程得出下面的算法。

（2）同样假设每种鸡至少买一只。经粗略计算不难得出：买百元的鸡，公鸡最多只能买 19 只（100 元减去购买一只母鸡和一只小鸡的钱），母鸡最多只能买 31 只（100 元减去购买一只公鸡和一只小鸡的钱），而小鸡的购买范围应是 $100-x-y$。这样就减少了一个枚举变量，只需要二重循环即可实现求解。算法的伪代码如下：

```
x, y = 1
while x<=19
    while y<=31
        z = 100-x-y
        if 5 * x + 3 * y + z/3=100 then
            output x, y, z
        y=y+1
    x=x+1
```

例 5.11 猜比赛结果。某大学 ACM-ICPC 队的 A、B、C、D 4 支候选队参加预选赛。比赛完，4 名队长问带队教练最后的比赛结果谁赢了？教练让他们猜。

A 队长说："不是我们队，也不会是 C 队"。

B 队长说："是我们队或者是 D 队"。

C 队长说："应该是 A 队，不会是 B 队"。

D 队长说："B 队长肯定猜错了"。

教练听完后说只有一个人猜对了。最后是哪一个队赢得了比赛？

问题分析：本例看似逻辑分析问题，实际上在算法设计中，关系表达式和逻辑表达式的正确描述也是必须掌握的、最基本的组成部分。首先分析各队队长的话，然后借助逻辑运算，将各队队长的话表述成以下逻辑表达式：

A 队长：Winner≠"A" and Winner≠"C"

B 队长：Winner＝"B" or Winner＝"D"

C 队长：Winner "A" and Winner ≠ "B"

D 队长：not(Winner＝"B" or Winner＝"D")

教练："只有一个人猜对了"。等价于只有一句话的逻辑表达式结果为真。

算法设计：问题尝试用蛮力法进行求解。将 A、B、C、D 4 支候选队分别编号为 1、2、3、4，用变量 x 存放 Winner 的编号。然后 Winner 的取值范围 1～4 分别测试所说的 4 句话，看是否满足"只有一个人猜对了"的条件，即只有一句话的逻辑表达式结果为真。可以将这 4 句话的逻辑结果进行累加，如果结果为 1，则表明只有一句话的逻辑结果为真。

sum＝(x≠1 and x≠3)＋(x=2 or x=4)＋(x=1 and x≠2)＋(not(x=2 or x=4))

算法的伪代码如下：

```
start
    x=1
    while x <=4
        sum=(x≠1 and x≠3)+(x=2 or x=4)+(x=1 and x≠2)+(not(x=2 or x=4))
        if sum=1 then
            output x," is winner!"
            break
        else
            x=x+1
end
```

运行结果：

```
3 is winner!
```

蛮力法在解决较小规模问题时，虽然算法效率不高，但因为思路简单，常常是最容易实现的方法。对于一些毫无规律的问题而言，蛮力法用时间上的代价换来问题的求解。比如黑客在几乎没有任何已知信息的情况下，最简单破译密码方式就是蛮力法。对于一个 3 位数的数字密码，只需要尝试 999 次就可以破译出来，当然位数越大或者字母符号的组合越多，破译所需要的次数会大大增加。另外，蛮力法可以作为其他更为复杂算法的基础和算法效率的衡量基准。

蛮力法具体表现形式各异，选择法排序、冒泡法排序、顺序查找、字符串匹配等都是蛮力法的具体应用。

5.3.4　排序算法

排序(Sorting)是对一组数据按照一定的顺序递增或递减地排列起来的操作。排序是计算机程序设计中的一项重要操作，在很多领域得到重视，尤其是在大量数据的处理方面，经排序后的数据便于筛选和计算，由此提高计算效率。

排序算法有多种，常见的有选择排序、冒泡排序、插入排序、快速排序、堆排序、归并排序等。本节介绍最经典的两种排序算法,即选择排序、冒泡排序。

1. 选择排序

选择排序(Selection Sort)是以一种最简单的思路解决排序问题的排序算法。以升序为例,选择排序的**基本思想**:首先从第 1 个位置开始对全部元素进行比较,选出全部元素中最小元素与第 1 个元素交换位置;再从剩余 $n-1$ 个未排序元素中选出最小元素与第 2 个元素交换位置。以此类推,重复进行"最小元素"的选择,直至完成第 $n-1$ 个位置的元素选择(第 n 个位置就只剩唯一的最大元素),排序完成。

V5.3 选择排序示例

下面以一组具体的数据为例,展示选择排序算法(升序)的过程,如图 5.6 所示。

初始数据	82	45	68	99	26	33	19	浅色底纹表示待排数
第1趟	19	45	68	99	26	33	82	19 与 82 交换位置
第2趟	19	26	68	99	45	33	82	26 与 45 交换位置
第3趟	19	26	33	99	45	68	82	33 与 68 交换位置
第4趟	19	26	33	45	99	68	82	45 与 99 交换位置
第5趟	19	26	33	45	68	99	82	68 与 99 交换位置
第6趟	19	26	33	45	68	82	99	99 与 82 交换位置

图 5.6　选择排序算法(升序)的过程

2. 冒泡排序

冒泡排序(Bubble Sort)也是一种较简单的排序算法。以升序为例,这种方法主要是通过对相邻两个元素进行大小的比较,将小数往前调或者将大数往后调。

冒泡排序的**基本思想**:首先将相邻的第 1 个元素和第 2 个元素比较,如果它们是逆序就交换位置,再将第 2 个元素和第 3 个元素比较,以此类推,直至完成第 $n-1$ 个元素和第 n 个元素的比较,这样在最后的元素就是最大元素。此后,再对前面 $n-1$ 个元素重复以上的步骤,直至整个序列有序为止。

V5.4 冒泡排序示例

这个算法名字的由来,就是因为较小的元素会经由交换慢慢从底端"冒"上来,而大的元素沉底。

下面以一组具体的数据序列,展示冒泡排序算法(升序)的过程,如图 5.7 所示。

实际上,排序的过程也可以从后面开始。首先将相邻的第 n 个元素和第 $n-1$ 个元素比较,如果它们是逆序就交换位置,再将第 $n-1$ 个元素和第 $n-2$ 个元素进行比较,以此类推,直至完成第 2 个元素和第 1 个元素的比较,这样在最前面的元素就是最大(小)数。此后,再对后面 $n-1$ 个元素重复以上的步骤,直至整个序列有序为止。

初始数据	82	45	68	99	26	33	19	浅色底纹表示待排数
第 1 趟	45	68	82	26	33	19	99	经过两两比较 99 沉底
第 2 趟	45	68	26	33	19	82	99	经过两两比较 82 沉底
第 3 趟	45	26	33	19	68	82	99	经过两两比较 68 沉底
第 4 趟	26	33	19	45	68	82	99	经过两两比较 45 沉底
第 5 趟	26	19	33	45	68	82	99	经过两两比较 33 沉底
第 6 趟	19	26	33	45	68	82	99	经过两两比较 26 沉底

图 5.7　冒泡排序算法(升序)的过程

5.3.5　查找算法

查找(Searching)是在大量的数据中寻找一个特定的数据元素。在计算机应用中,查找是常用的基本运算。查找算法对综合效率要求比较高,一种快速查找算法能有效地提高系统性能。查找算法有很多,基础的查找有顺序查找、二分查找、分块查找、哈希表查找等。这里主要介绍顺序查找和二分查找。

1. 顺序查找

顺序查找(Sequential Search)又称线性查找,属于无序查找算法,所以是一种最简单直接的查找方法。顺序查找的**基本思路**:从数列第 1 个元素开始逐个与需要查找的元素进行比较,直到找到目标元素,或者直到最后都没有出现目标元素。

在算法中,需要保存大量同一类型数据的时候常常会利用数组,数组和变量一样用数组名标记,数组中的元素都有一个顺序标号(即下标)。假设有一数组 a,各元素存放在数组 a[1],a[2],a[3],…,a[n]中,现在要求从中查找关键字为 key 的元素。

顺序查找算法的伪代码如下:

```
input a[1],a[2],a[3],…,a[n]
input key
i=1
while A[i]<>key and i<=n
    i=i+1
if i >n then
    output "not found"
else
    output "found it"
```

顺序查找也是蛮力法的一种体现,它对数据元素的排列没有要求,就是逐个地进行比较,直到找到目标元素为止。当数据量很大时,顺序查找需要时长会比较大,效率低。为了提高查找效率,往往先将数据列表进行排序,再用二分查找等方法进行查找。

2. 二分查找

二分查找(Binary Search)又称折半查找,是一种效率较高的查找方法,二分查找是要求在有序的(从大到小或从小到大)线性数列中实现查找的算法。

基本思路:在有序列表中(假设是升序排列),从中间元素开始比较,若中间元素正好是要查找元素,则查找成功;若待查找元素小于中间元素,则在中间元素的左半区继续查找,反之在中间元素的右半区继续查找。不断重复上述过程,直到查找成功,或查找区域不存在,查找失败为止。

V5.5 二分查找示例

以一组具体的数据序列,展示二分查找实现的过程。

有序数列为{6,15,18,22,39,58,63,85,89,93},查找的关键字是 89,二分查找的实现过程如图 5.8 所示。

序号	1	2	3	4	5	6	7	8	9	10	
数据列表	**6**	**15**	**18**	**22**	**39**	**58**	**63**	**85**	**89**	**93**	查找元素 89
第1次	L				mid					R	mid=(1+10)/2=5
	6	15	18	22	39	58	63	85	89	93	
第2次						L		mid		R	mid=(6+10)/2=8
	6	15	18	22	39	58	63	85	89	93	
第3次									L mid	R	mid=(9+10)/2=9

图 5.8　二分查找的实现过程

假设有一组有序数列存放在数组 A[n]中,现在要从数组中查找关键字为 k 的元素。算法的伪代码如下:

(1) 赋值 L←1,R←n;　　　　　　//设置初始查找区间

(2) 测试查找区间[L,R]是否存在(L<=R)。

① 若不存在,则查找失败,结束。

② 若存在,则进入步骤(3)。

(3) 取中间点 mid←(L+R)/2,比较 k 与 A[mid],有以下 3 种情况。

① 如果 k>A[mid],则 L←mid+1,查找在右半区进行,重复步骤(2)。

② 如果 k<A[mid],则 R←mid-1,查找在左半区进行,重复步骤(2)。

③ 如果 k=A[mid],则查找成功,返回位置 mid,结束。

关键点是在有序的数组中定位中间位置,若查找数与中间值匹配即找到;否则就在符合条件的子问题中继续二分查找,直到满足边界条件为止。二分查找实际上是分治算法

的思想策略求解问题的一个经典应用。

5.4   算法效率

5.3 节学习了常用的基本算法,不难看出,同一问题可以用不同算法解决,如数据排序、数据查找算法就有很多种。人们自然会问,这些算法中哪个算法更好? 大概好多少? 算法运行需要的计算机资源越少越好,一个算法质量的优劣将影响到算法乃至程序的效率。如何评价一个算法的优劣,这是算法效率考虑的问题。因此,对算法的要求不仅是设计应用算法,还需要对算法进行分析,以便选择合适的算法和改进算法。

5.4.1   分析框架

一般而言,对于一个算法的分析主要是对算法效率的分析。算法的效率是对执行算法所需要的时间和空间的度量,即时间效率和空间效率。时间效率也称为**时间复杂度**(Time Complexity),是指执行算法所需要的计算工作量;而空间效率也称为**空间复杂度**(Space Complexity),是指执行这个算法所需要的内存空间。

对于任意给定的问题,设计出复杂性尽可能低的算法是在设计算法时考虑的一个重要目标。当给定的问题有多种算法,选择其中复杂度最低者,是在算法选择时应该遵循的一个重要准则。当然,算法效率的高低与所需解决的问题的规模有关。求 100 个学生的平均成绩和求 10 000 个学生的平均成绩所花费的运行时间或空间显然有一定的差别。实际上,在计算速度越来越快的今天,分析小规模问题处理算法的效率或许意义不大,但是面对大规模数据时,算法的效率问题就变得非常重要。

算法求解问题的输入量称为问题的规模,一般用一个整数 n 表示输入规模。例如,求正整数 a 和 b 的最大公约数时,a 和 b 中较小的数就是该问题的算法规模;排序问题中排序元素的个数 n 为算法规模。

算法的时间复杂度和空间复杂度都用输入规模的函数进行度量,把时间复杂度和空间复杂度分别用 T 和 S 表示。

算法的时间复杂度一般表示为 $T(n)$。

算法的空间复杂度一般表示为 $S(n)$。

5.4.2   时间复杂度

在算法分析中,时间效率并不使用标准的时间单位(如秒、毫秒等)来衡量算法的快慢,因为精确的时间与使用的计算机、操作系统、数据存储介质等有关系。撇开这些与计算机硬件和软件有关的因素,时间效率使用最消耗时间的指令的执行次数来度量。

一般情况下,算法基本操作的执行次数是问题规模 n 的某个函数 $f(n)$,因此算法的时间复杂度可记作 $\boldsymbol{T(n)=O(f(n))}$。即大 O 表示法,表示随问题的规模 n 增大,算法执行的时间增长率与 $f(n)$ 的增长率正相关。$f(n)$ 越小,算法的时间复杂度越低,算法的时间效率越高。

在各种不同算法中,若语句执行次数为一个常数,则时间复杂度为 $O(1)$,另外在时间频度不同时,时间复杂度有可能相同,如 $T(n)=n^2+3n+4$ 与 $T(n)=4n^2+2n+1$ 的频度不同,但时间复杂度相同,都为 $O(n^2)$。因为当 n 充分大时,系数和低阶项可以忽略不计。使用大 O 表示法时只保留最高次幂的项,因此,算法的渐进分析就是要估计当 n 逐步增大时,资源开销 $O(f(n))$ 的增长趋势。

例 5.12　temp＝x;x＝y;y＝temp 3 条语句都被顺序执行了一次,与问题规模 n 无关。也就是说,执行时间不随问题规模 n 的增加而增长,不论程序中有多少条语句,它的算法时间复杂度为常数阶,记作 $T(n)=O(1)$。

例 5.13　求 $1+2+3+\cdots+100$ 的累加和。这里最消耗时间的指令是加法,利用循环累加的执行次数是 100 次,算法的规模 $n=100$,所以该算法的时间效率记作 $T(n)=O(n)$。

一般在考虑算法效率时包括最佳时间复杂度、最差时间复杂度和平均时间复杂度。最佳时间复杂度是指算法在最理想情况下的效率,最差时间复杂度是指算法在最坏情况下的效率,平均时间复杂度是指所有可能的输入数据算法的平均效率。除特别指明外,一般都是按最坏情况来分析。

例 5.14　顺序查找算法效率分析。

对于在 n 个数据中查找某个数,顺序查找算法是从起点开始查找,依次逐个元素去比对。

该算法对数列没有有序性要求,这里最消耗时间的指令是比较的执行。最好情况是要查找的数正好是数列第一个,查找次数为 1,时间复杂度为 $O(1)$;最坏情况是需要查找的数在数列最后一个,查找次数为 n,时间复杂度为 $O(n)$。这样在等概率情况下,平均查找次数为 $(n+1)/2$,因而时间复杂度为 $O(n)$。可以说,顺序查找的效率比较低,适合数据量比较小的情况。

V5.6 查找效率对比

例 5.15　二分查找算法效率分析。

对于在 n 个数据(假设已升序排列)中查找某个数,二分查找算法首先从中间元素开始进行比较,如果目标元素比中间元素小,则在前半部分继续查找,反之在后半部分继续查找,重复上述方法,直到获得最终结果。

二分查找法每次都使查找范围缩小一半,当然,最好情况是需要查找的元素恰好在中间位置,查找一次便找到。最坏情况是第一次查找,还剩下 $n/2$ 个元素需要比较;第二次查找,还剩下 $n/4=n/2^2$ 个元素需要比较;第三次查找,还剩下 $n/8=n/2^3$ 个元素需要比较;……第 k 次查找剩下 $n/(2^k)$。在最坏情况下,经过 k 次缩小后最后剩下一个元素后得到结果,即 $n/(2^k)=1,2^k=n$。两边同取 2 为底的对数,则 $k=\log_2(n)$,k 即为查找次数。所以,最坏情况下查找次数最多为不小于 $\log_2 n$ 的最小整数,时间复杂度为 $O(\log_2 n)$。

当 n 较大时,二分查找的时间效率比顺序查找高很多。

在排序算法中,学习了选择排序和冒泡排序,下面对这两种算法的效率进行分析。

例 5.16　选择排序算法效率分析。

选择排序,每次从待排序的数据元素中选出最小(或最大)的一个元素,存放在序列的起始位置。

如果是升序,每次从数列中选出一个最小元素并交换到最左边。第一轮从 n 个数里选出一个最小元素,需做 $n-1$ 次比较;第二轮从 $n-1$ 个数里选出一个最小元素,需做 $n-2$ 次比较;第三轮需做 $n-3$ 次比较;……最后一轮剩 2 个元素比较一次。n 个数总的比较次数为

$$(n-1)+(n-2)+\cdots+2+1=n(n-1)/2=n^2/2-n/2$$

忽略系数和低阶项,无论最好还是最坏情况,选择排序的时间复杂度 $T(n)=O(n^2)$。

例 5.17　冒泡排序算法效率分析。

冒泡排序,对于数列中的每个数,比较它和右邻元素的大小,逆序则交换。

最好情况下,数列已经是正序,则只需一轮排序,其记录的比较次数为 $n-1$ 次,不移动记录,则最好的时间复杂度为 $O(n)$。

最坏情况下,数列是逆序,这样就需要每次排序时都要交换两个元素的位置,从而使得时间开销比较高。从数列的最右端开始,最后一个数没有右邻,所以从倒数第二个数 $n-1$ 开始,它最多与最后一个右邻比较并交换 1 次;接下来是 $n-2$,它有 2 个右邻,所以它最多比较并交换 2 次……以此类推,直到最左边的第一个数,它有 $n-1$ 个右邻,所以它最多比较并交换 $n-1$ 次。综上所述,最坏的情况下,总比较次数为

$$1+2+3+\cdots+(n-1)=n(n-1)/2$$

忽略系数和低阶项,时间复杂度 $T(n)=O(n^2)$。

或许可能发现,数列的顺序即便提前排好,冒泡排序算法仍然会继续进行下一轮的比较,因为系统本身无法判断是否完成排序,直到 $n-1$ 轮结束。后续的比较其实已经没有必要。优化方案可以设置标志位 flag,如果发生了元素交换,flag 设置为 True,没有交换就设置为 False。这样当一轮比较结束后,如果 flag 仍为 False,表示这一轮没有发生交换,说明数列的顺序已经排好,可以提前结束排序。

例 5.18　百鸡问题算法效率分析。

算法(1)三重循环,if 语句在循环中需要执行 $100\times100\times100=10^6$ 次,算法的时间复杂度 $T(n)=O(n^3)$。进一步考虑 a、b、c 更小的取值范围,且减少一重循环后的算法(2)的循环次数只有 $19\times31=589$ 次,时间复杂度 $T(n)=O(n^2)$。相对算法(1)大幅度提高了算法的运行效率。是否还可以继续优化这个算法?请读者思考。

由此可见,在进行算法设计时不只是得出正确算法就可以了,还要尽量去寻找最优算法。对于枚举,加强约束条件,缩小枚举范围,减少循环变量,是算法优化的主要考虑方向。

总结:一重循环执行 n 次,$f(n)=n$,则时间复杂度就是 $O(n)$;嵌套的两重循环都执行 n 次,$f(n)=n\times n$,那么它的时间复杂度就是 $O(n^2)$。

常见的时间复杂度,按照增长率从低到高排列依次排序:常数 $O(1)$、对数阶 $O(\log_2 n)$、线性阶 $O(n)$、平方阶 $O(n^2)$、立方阶 $O(n^3)$、k 次方阶 $O(n^k)$、指数阶 $O(2^n)$。显然,时间

复杂度为指数阶 $O(2^n)$ 的算法效率极低,当 n 值稍大时就无法应用。

5.4.3 空间复杂度

一个算法的空间复杂度定义为该算法需要消耗的内存空间。空间复杂度也是问题规模 n 的函数。算法的存储空间 $f(n)$ 与问题规模 n 之间的增长关系,记为 $S(n) = O(f(n))$。计算和表示方法与时间复杂度类似,一般都用算法的渐进性分析。但与时间复杂度相比,空间复杂度的分析要简单得多。

一般情况下,一个算法运行时除了需要存储本身使用的指令、常量、变量和输入数据外,还需要存储中间结果或对数据操作的存储单元。数据输入所占空间只取决于问题本身,和算法无关,这样只分析该算法在实现时所需的额外存储空间即可。

因此,空间复杂度不是用来计算算法实际占用的空间,它是对算法在运行过程中临时占用的存储空间大小的度量。若算法执行时所需的辅助空间相对于输入数据量而言是个常数,则称此算法为原地工作,空间复杂度为 O(1)。

例如,选择排序和冒泡排序算法中的交换操作,只需要一个辅助交换的临时空间,因此空间复杂度为 S(n)=O(1)。

时间复杂度主要衡量一个算法的运行速度,而空间复杂度主要衡量一个算法所需要的额外空间。众所周知,随着计算机技术的迅速发展,计算机的存储容量已经达到很高的程度,空间资源变得不是那么重要了。因此,在一般的算法效率分析中,主要精力集中在时间效率的考量上。当然,并不意味着不考虑空间复杂度,在时间复杂度相同情况下,占用较少的存储空间是比较好的。

5.5 算法可视化工具 Raptor

5.5.1 Raptor 简介

Raptor 是用于有序推理的快速算法原型工具,是一种基于流程图仿真的可视化编程环境,为程序和算法设计的基础教学提供可视化环境。

Raptor 为易用性而设计,在最大限度地减少语法要求情况下,帮助用户在可视化环境设计算法。Raptor 程序是一种有向图,允许用连接基本流程图符号来创建算法,符号之间的连接决定了指令的执行顺序,可以一次执行一个图形符号,方便用户跟踪算法指令流的执行过程。从而使初学者容易理解,快速进入计算思维中关于问题求解的算法设计阶段。

Raptor 的目的是进行算法设计和运行验证,对于刚刚迈进大学校门的新生,尤其是没有接触过程序设计的人来说,可以避免过早引入重量级编程语言而给初学者带来学习的负担。一旦开始使用 Raptor 解决问题,这些原本抽象的算法理念将会变得更加清晰,为程序和算法的初学者铺就一条平缓、自然的学习阶梯。

Raptor 具有下列特点。

(1) 简洁灵活,语法限制较宽松,使初学者使用流程图快速实现算法设计。

（2）具有基本的数据结构、数据类型和运算功能，算法可以直接运行得出结果。

（3）具有结构化控制语句，支持面向过程及面向对象的程序设计。

（4）对常量、变量及函数名中涉及的英文大小写视为同一字母，但只支持英文字符。

（5）可移植性较好，算法可直接转换为其他程序语言，如 C++ 、C♯、Ada 和 Java 等。

5.5.2 Raptor 使用基础

1. Raptor 主界面

Raptor 启动后，操作界面同时出现两个窗口，主界面窗口和主控台窗口，如图 5.9 所示。主界面窗口包括已有 Start 和 End 符号的流程图编辑主界面区、基本符号区和变量显示区；主控台（Master Console）窗口用于显示运行状态和运行结果。

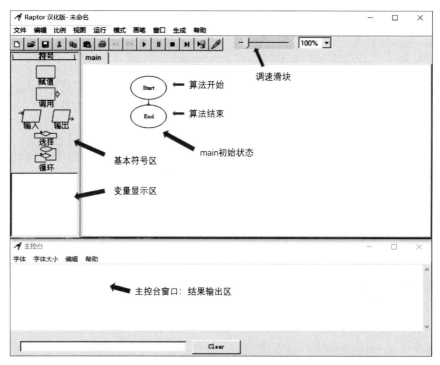

图 5.9 Raptor 操作界面

Raptor 用一组连接符号表示要执行的一系列动作，符号间的连接箭头确定所有操作的执行顺序。算法执行时，从开始（Start）符号起步，按照箭头所指方向执行流程，直到结束（End）符号时停止。在开始和结束符号之间插入一系列 Raptor 基本符号，就可以创建有意义的 Raptor 程序了。

2. 常量

Raptor 没有为用户定义常量的功能，只是在系统内部定义了若干表示常量的符号。

常用的常量符号有以下 4 种。

(1) pi：圆周率,定义为 3.1416。

(2) e：自然对数的底数,定义为 2.7183。

(3) True/Yes：布尔值真,定义为 1。

(4) False/No：布尔值假,定义为 0。

3. 变量

变量(Variable)表示计算机内存中的位置,用于保存数据值,在任何时候,一个变量只能容纳一个数据值,但在执行过程中,变量的值可以改变或者重新赋值。变量的类型有 3 种：数值型(Number)、字符型(Character)、字符串型(String)。其中字符型变量存储一个字符且用单引号括起来,字符串型变量值用双引号括起来。

Raptor 变量设置的基本原则。

(1) 变量名必须以字母开头,可以包含字母、数字、下画线。

(2) 任何变量在被引用前必须存在并被赋值。

(3) 变量的类型由最初的赋值语句所给的数据决定。

(4) 可以通过调用过程的返回值赋值。

4. 基本运算

Raptor 基本运算包括以下四大类。

(1) **数学运算**：+(加)、-(减)、*(乘)、/(除)、^或**(乘方)、mod(求余)。

(2) **字符运算**：+(字符串连接)。

(3) **关系运算符**：>(大于)、>=(大于或等于)、<(小于)、<=(小于或等于)、=(等于)、!=或/=(不等于)。

(4) **逻辑运算**：and(与)、or(或)、not(非)。

5. 常用函数

表 5.2 给出了 Raptor 常用的内置函数。

表 5.2　**Raptor 常用的内置函数**

函 数 名	含　　义	范　　　例
abs	绝对值	abs(-8)=8
ceiling	向上取整	ceiling(5.9)=6,ceiling(-5.9)=-5
floor	向下取整	floor(5.9)=5,floor(-5.9)=-6
sqrt	平方根	sqrt(9)=3
log	自然对数(以 e 为底)	log(e)=1
max	两个数的最大数	max(5,8)=8
min	两个数的最小数	min(5,8)=5

函 数 名	含 义	范 例
random	生成一个[0,1)之间随机数	random * 100，生成 0~99.9999 的随机数
length_of	字符串的长度 或数组元素个数	str = "hello world" length_of(str) = 11 arra[8] = 99 length_of(arra) = 8

此外，Raptor 还有类型检测函数：is_character()、is_number()、is_string()、is_array()等。关于 Raptor 函数的全部细节，可以查阅 Raptor 帮助文档。

6. 数组变量

数组是有序数据的集合。命名约定：一个数组变量名加上方括号中的数字（大于零的整数）表示，如 scores[1]，scores[2]，scores[3]…。一般数组中的每个元素都属于同一数据类型（数值、字符、字符串），但 Raptor 并不强求数组中每个元素必须具有相同的数据类型。使用数组的最大好处是，用统一的数组名和下标（index）来唯一确定某个数组中的元素，而且通过下标值可以对数组元素进行遍历访问。

数组变量必须在使用前创建，而且创建的数组大小由赋值语句中给定的最大下标决定。例如：scores[5] = 85，结果为

scores[1] = 0，scores[2] = 0，scores[3] = 0，scores[4] = 0，scores[5] = 85

5.5.3 基本控制结构的表示

Raptor 环境下绘制流程图非常方便，它本身提供了算法所需要的各种控制结构，如输入、输出、顺序、选择、循环等。这些可以组织出复杂的算法流程图。

从 Raptor 的界面看到，流程图控制符号除了 Start 和 End 外，包括了赋值、调用、输入、输出、选择及循环 6 种基本符号。流程图基本符号及功能如表 5.3 所示。

表 5.3　流程图基本符号及功能

符　号	名　称	功　能
赋值 调用 输入　输出 选择 循环	赋值 （Assignment）	赋值操作：使用某些运算更改变量的值
	调用 （Call）	调用操作：调用系统自带的子程序或用户定义的子图等程序块
	输入 （Input）	输入操作：输入数据给一个变量
	输出 （Output）	输出操作：用于显示变量的值
	选择 （Selection）	选择控制：根据条件判断决策在两种路径中选择走向
	循环 （Loop）	循环控制：重复执行一个或多个语句，直到给定的条件为真

1. 赋值操作

赋值操作使用某些运算更改变量的值。在其符号中的语法为：变量←表达式（Variable←Expression）。如 x←x+1 用 Set x to x+1,赋值符号是用于执行计算,然后将其结果存储在变量中。赋值语句的定义是使用对话框。需要赋值的变量名须输入 Set 字段,需要执行的计算输入 to 字段。

2. 输入操作

输入操作完成输入任务所需的数据值。输入符号允许用户在程序执行过程中将数据值输入给一个变量。通常在定义一个输入语句时,要在提示（Prompt）文本中说明需要输入的数据性质。

3. 输出操作

输出操作完成显示输出变量的结果。Raptor 环境中,执行输出操作,结果将在主控台窗口显示输出。定义一个输出语句的对话框,提示文字部分只能用英文,文本型输出两端加双引号,+表示文本连接后面的内容,变量本身不加引号。

例 5.19　假设活期存款的年利率为 2.8%,根据输入的存款额,计算一年后存款所得本息和。

分析：这个例子需要使用输入操作、赋值操作和输出操作,利用顺序结构控制语句便可实现。因为顺序结构本质上就是按照控制符号的先后顺序依次执行。算法流程图及运行过程数据的输入如图 5.10 所示,运行结果输出如图 5.11 所示。

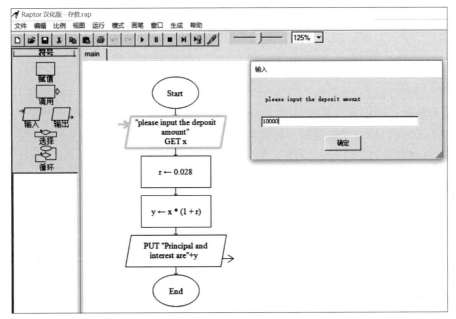

图 5.10　算法流程图及运行过程数据的输入

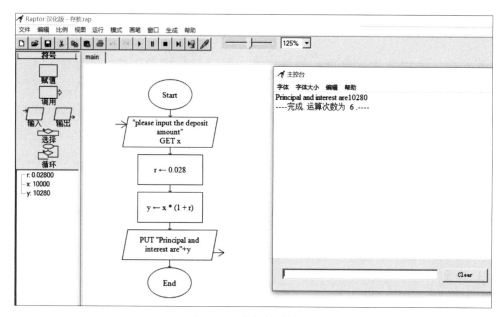

图 5.11   运行结果输出

4. 选择控制

使用一个菱形符号表示选择结构,根据条件判断决策后在两种路径中选择走向。执行时如果决策的结果是 Yes(True),则执行左侧分支;如果结果是 No(False),则执行右侧分支。

例 5.20   根据给定的成绩,判定成绩的等级。判定条件:成绩 85 分及以上等级为 good,60 分及以上等级为 pass,否则等级为 fail。

利用选择控制,Raptor 判定成绩等级流程图如图 5.12 所示。

5. 循环控制

使用一个椭圆和一个菱形符号表示循环结构。循环控制语句允许重复执行一个或多个语句,循环执行的次数由菱形符号中的条件表达式控制。菱形符号中的表达式结果为 No,则执行 No 的分支,这将使循环语句重复执行,直到条件变为 Yes(True)。要重复执行的语句可以放在菱形符号上方或下方。

例 5.21   实现 $sum=1+2+3+\cdots+n$ 的累加和。利用循环控制,累加和 Raptor 流程图如图 5.13 所示。

6. 调用操作

调用操作可以实现在主程序中调用一个子图或子程序(中级模式下),基本符号为 Call。在 Raptor 中,实现程序模块化的主要手段是子图和子程序,子图和子程序方便将 Raptor 程序分解成逻辑块,并且予以命名,由主程序实现对其调用。这样可以简化算法设计,使结构更加清晰。

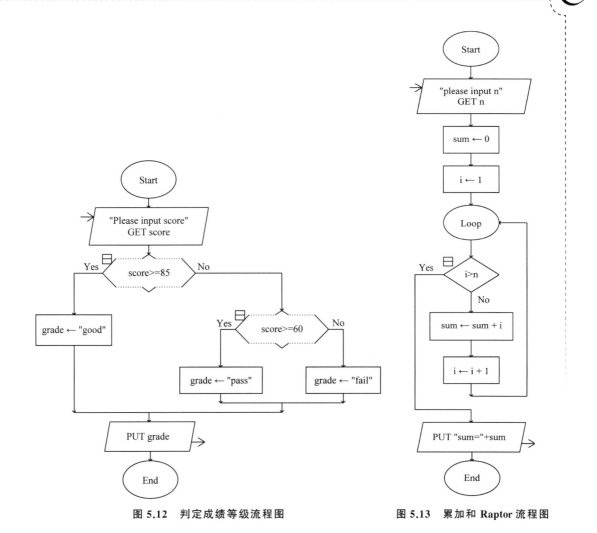

图 5.12 判定成绩等级流程图　　　　图 5.13 累加和 Raptor 流程图

　　子图无须设置参数，而子程序可以设置参数实现参数的调用。创建子图或子程序，只需右击主控台窗口工作区上的 main 标签，在弹出的快捷菜单中选择"增加一个子图"或"增加一个子程序"命令，即可在新的工作区完成某项任务的子图或子程序的绘制。

　　算法流程执行到调用语句时，先暂停当前主程序的执行，转去执行子过程中的程序指令；当执行完子过程中的指令后，再返回到主程序先前调用语句的下一条语句继续执行原来的程序。

　　例 5.22　以顺序查找算法的 Raptor 实现为例，了解调用操作与子图的使用。

　　分析：顺序查找是按照序列原有顺序对数列进行遍历比较查询的基本查找算法。利用子图（命名为 array_1）完成数列各元素的生成（随机生成 n 个 100 以内的整数），并存放于数组 a 中。由 main 程序调用，实现关键字 key 的顺序查找。main 程序和 array_1 子图如图 5.14 所示。

V5.7 例 5.22 顺序查找的 Raptor 实现

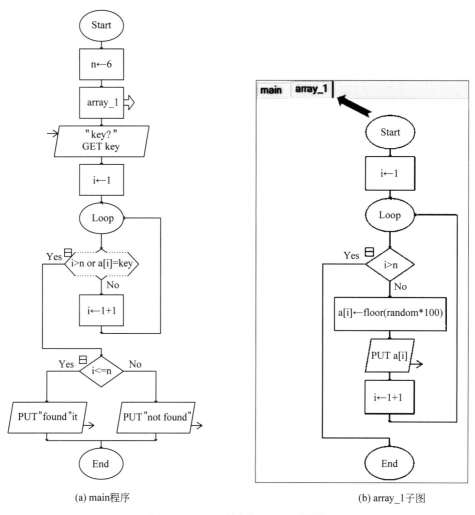

(a) main程序   (b) array_1子图

图 5.14　main 程序和 array_1 子图

5.6　思考题

一、单选题

1. 描述算法的 3 种基本控制结构是(　　)。

    A. 面向过程、对象和模块　　　　　　B. 顺序、分支、循环

    C. 命令、函数、类　　　　　　　　　D. 链表、队列、堆栈

2. 将表达式 x>=10 和 x<20 进行(　　)运算,可以得到数学表达式 $10 \leqslant x < 20$ 表示的数据。

    A. 异或　　　　　B. 异非　　　　　C. 或　　　　　　　D. 与

3. 二分查找算法每次取查找范围内排列在最中间的数据项进行比较,二分查找要求

线性表必须(　　)。

　　A. 以顺序方式存储　　　　　　　　B. 以链式方式存储

　　C. 以链式方式存储并排序　　　　　D. 以顺序方式存储并且是有序的

4. 在线性表(3,6,7,9,12,23,27,34,40,66,72)中,用顺序查找算法查找数据 20,在不借助其他判断(如在不大于 20 的数据范围查找)的前提下所需的比较次数为(　　)。

　　A. 11　　　　　　B. 1　　　　　　C. 5　　　　　　D. 6

5. 已知线性表(表长度大于2)是有序的,分别用顺序查找算法和二分查找算法查找一个与给定值相等的元素,比较的次数分别为 a 和 b,当查找不成功时,a 和 b 的关系是(　　)。

　　A. 无法确定　　　B. a＞b　　　　　C. a＜b　　　　　D. a＝b

6. 关于算法的描述,正确的是(　　)。

　　A. 程序与算法没有直接关系

　　B. 算法是解决问题的有序步骤

　　C. 算法必须在计算机上用某种语言实现

　　D. 一个问题对应的算法都只有一种

7. 有序表(3,6,8,18,26,36,39,46,52,55,82,98),当用二分查找算法查找值 82 时,需要比较(　　)次。

　　A. 4　　　　　　B. 1　　　　　　C. 2　　　　　　D. 3

8. 当子程序或函数调用自身时,这种调用称为(　　)。

　　A. 循环　　　　　B. 迭代　　　　　C. 递归　　　　　D. 动态规划

9. 在一组无序的数据中确定某个数据的位置,只能使用(　　)。

　　A. 索引查找　　　B. 二分查找　　　C. 顺序查找　　　D. 动态查找

10. 对数据元素序列(49,72,68,13,38,50,97,27)进行排序,前三趟排序结束时的结果:第一趟为 13,72,68,49,50,97,27;第二趟为 13,27,68,49,38,50,97,72;第三趟为 13,27,38,49,68,50,97,72;该排序采用的方法是(　　)。

　　A. 堆积排序　　　B. 选择排序　　　C. 直接插入排序　　D. 冒泡排序

11. 重复执行一系列运算步骤,从前面的值依次求出后面值的过程,这种算法称为(　　)。

　　A. 递归　　　　　B. 回溯　　　　　C. 迭代　　　　　D. 分治

12. 广义地说,算法是为解决问题而采用的(　　)和步骤。

　　A. 结构　　　　　B. 方法　　　　　C. 过程　　　　　D. 代码

13. 算法的(　　)是指算法的每个步骤必须有确切的定义。

　　A. 可行性　　　　B. 完整性　　　　C. 收敛性　　　　D. 确定性

14. 求 N 的阶乘(N!)可以用(　　)算法求解。

　　A. 回溯、递归　　B. 迭代、递归　　C. 递归、贪心　　D. 贪心、回溯

15. 对数列{2,27,5,38,34,61}用冒泡排序算法进行从大到小排序,经过第二轮排序的结果是(　　)。

　　A. 61,34,38,27,5,2　　　　　　　B. 61,27,34,38,5,2

C. 61,38,5,27,34,2   D. 61,38,2,27,5,34

16. 算法的特征：有穷性、确定性、(   )、有 0 个或多个输入和有一个或多个输出。

    A. 高效性   B. 稳定性   C. 可行性   D. 易读性

17. 关于算法的有穷性特征，以下描述正确的是(   )。

    A. 一个算法运行的时间不超过 24 小时，就符合有穷性特征

    B. 一个算法的步骤能在合理的时间内终止，就符合有穷性特征

    C. 一个算法能在用户设定的时间内终止，就符合有穷性特征

    D. 一个算法的步骤，只要能够终止，就符合有穷性特征

18. 关于算法的确定性特征，以下不符合算法确定性的是(   )。

    A. 输出：L / 正整数   B. $D \leftarrow (B * B - 4 * A * C)$

    C. $S \leftarrow (L * H) / 10$ D. 输入：X

19. 算法中输入的目的是为算法的某些阶段建立初始状态，一个算法的输入可以有 0 个，是因为(   )。

    A. 算法都有默认的初始状态

    B. 建立初始状态所需要的数据信息可能已经包含在算法中

    C. 该算法不需要初始状态的数据信息

    D. 该算法的实现不需要进行具体计算

20. 算法中的输出是指算法在执行过程中或终止前，需要将解决问题的结果以一定方式反馈给用户，这种信息的反馈称为输出。关于算法中输出的描述以下正确的是(   )。

    A. 算法的输出必须在所有输入完毕后进行

    B. 算法至少有 1 个输出，该输出可以出现在算法的结束部分

    C. 算法可以有多个输出，所有输出必须出现在算法的结束部分

    D. 算法可以没有输出，因为该算法运行结果为无解

21. 可以用多种不同的方法来描述一个算法，算法的描述可以用(   )。

    A. 顺序、分支和循环   B. 任何方式进行，只要程序员能看懂即可

    C. 统一建模语言(UML)   D. 流程图、自然语言和伪代码

22. 流程图中的处理框，有(   )。

    A. 两个入口和两个出口   B. 一个入口和两个出口

    C. 两个入口和一个出口   D. 一个入口和一个出口

23. 通常可以借助三种不同的控制结构描述算法，下面说法正确的是(   )。

    A. 一个算法必须包含三种控制结构

    B. 一个算法只能包含一种控制结构

    C. 一个算法最多可以包含两种控制结构

    D. 一个算法可以包含三种控制结构的任意组合

24. 流程图中的判断框，有(   )。

    A. 两个入口和两个出口   B. 一个入口和两个出口

    C. 两个入口和一个出口   D. 一个入口和一个出口

25. 算法的描述可以用自然语言,下面说法中错误的是(　　　)。

　　A. 自然语言是最自然和最常用的算法描述方式,该方式精确、无歧义

　　B. 自然语言描述算法就是用人类语言加上数学符号描述算法

　　C. 用自然语言描述算法有时存在二义性

　　D. 自然语言用来描述分支、循环不是很方便

26. 采用盲目的搜索方法,在搜索结果的过程中,把各种可能的情况都考虑到,并对所得的结果逐一进行判断,过滤掉那些不合要求的,保留那些合乎要求的结果,这种方法称为(　　　)。

　　A. 解析法　　　　B. 递推法　　　　C. 枚举法(穷举法)　D. 选择法

27. 使用蛮力法解决问题时,通常使用循环模式描述算法,算法中需要确定循环的起始值和终止值,下面说法中,(　　　)是正确的。

　　A. 若减小了起始值,一定会影响运算结果,但会增加程序运行时间

　　B. 若增大了终止值,一定不会影响运算结果,但会增加程序运行时间

　　C. 若减小了终止值,一定不会影响运算结果,但会减少程序运行时间

　　D. 若增大了起始值,一定会影响运算结果,但会减少程序运行时间

28. 下列关于算法的描述,错误的是(　　　)。

　　A. 算法至少有一个输出　　　　　　B. 算法必须在有限步骤内结束

　　C. 算法至少有一个输入　　　　　　D. 算法的每步必须有确切的含义

29. 流程图是描述(　　　)的常用方法。

　　A. 数据流　　　　B. 程序　　　　C. 算法　　　　　D. 数据结构

30. 使用流程图描述算法时,表示计算及对变量赋值应使用的符号框为(　　　)。

　　A. 椭圆形框　　　B. 矩形框　　　C. 菱形框　　　　D. 平行四边形框

31. 结构化程序设计由顺序结构、选择结构和循环结构 3 种基本结构组成,某程序中的 3 行连续语句如下:

a =1

b =2

c =b +a

上述程序段属于(　　　)。

　　A. 逻辑结构　　　B. 顺序结构　　　C. 循环结构　　　D. 选择结构

32. 算法的时间复杂度是指(　　　)。

　　A. 算法程序中的指令条数　　　　　B. 执行算法程序所需要的时间

　　C. 算法程序的长度　　　　　　　　D. 算法执行过程中所需要的基本运算次数

二、多选题

1. 描述算法的工具有(　　　)。

　　A. 流程图　　　　B. 顺序法　　　　C. 二分法

　　D. 伪代码　　　　E. 交换法

2. 可以用(   )来评价算法的执行效率。

    A. 算法在计算机上执行的时间

    B. 语句的执行次数

    C. 算法代码行数

    D. 算法代码本身所占据存储空间

    E. 算法执行时临时开辟的存储空间

3. 对数列{50,26,38,80,70,90,8,30}进行冒泡排序,第 2、3、4 遍扫描后结果依次为(   )。

    A. 26,38,50,70,80,8,30,90   B. 26,8,30,38,50,70,80,90

    C. 26,38,8,30,50,70,80,90   D. 26,38,50,70,8,30,80,90

    E. 26,38,50,8,30,70,80,90

4. 对数列{50,26,43,79,67,95,19,30}进行简单选择排序,第 2、3、4 遍扫描后结果依次为(   )。

    A. 19,26,30,43,50,95,67,79   B. 19,26,30,43,67,95,50,79

    C. 19,26,43,79,67,95,50,30   D. 19,26,30,79,67,95,50,43

    E. 19,26,30,43,50,67,95,79

5. 算法描述包含 3 种控制结构,分别是(   )、选择和(   )。

    A. 分支   B. 顺序   C. 循环

    D. 过程   E. 事件

6. 著名计算机科学家 Donald E.Knuth 归纳了算法应具有(   )、(   )、确定性、一个或多个输出等特性。

    A. 有穷性   B. 完备性   C. 可行性

    D. 复杂性   E. 无穷性

7. 使用累加法编程求 1+2+3+…+99 的和,需要使用的控制结构包括(   )。

    A. 复杂结构   B. 顺序结构   C. 循环结构

    D. 选择结构   E. 物理结构

8. "今有物不知其数,三三数之余二,五五数之余三,七七数之余二,问物几何?"这个问题和(   )等性质相同。

    A. 韩信点兵问题   B. 鬼谷算法问题   C. 水仙花数问题

    D. 闰年问题   E. 乘法问题

9. 在一组有序排列的数据中要确定某一个数据的位置,可以使用(   )算法。

    A. 顺序查找   B. 二分查找   C. 堆查找

    D. 随机查找   E. 哈希映射

三、判断题

1. 根据条件决定程序下一步该执行哪条路径上的语句或语句块,这种语句结构称为顺序结构。   (   )

2. 算法可以有 0～n(n 为整数)个输出,1～n(n 为整数)个输入。 （ ）

3. 和循环一样,递归也至少需要一个终止递归的条件,即递归出口。 （ ）

4. 与、或、非是 3 个基本逻辑运算。 （ ）

5. 通过修改循环条件可以将一个含多个出口的循环结构改变成为一个单出口的循环结构。 （ ）

6. 无论何时使用相同的输入,利用相同的算法计算,输出的结果一定是相同的。 （ ）

7. 通常,如果一个算法的时间复杂性高,该算法的空间复杂性也会高。 （ ）

8. 可以使用循环实现的算法都可以使用递归实现,但算法效率较低。 （ ）

9. 关系运算符的优先级比逻辑运算要高。 （ ）

10. 迭代算法是一种直接或间接地调用自身算法的过程。 （ ）

四、填空题

1. 逻辑运算中,若变量 x 和 y 的逻辑值分别为 0 和 1,则 NOT y or x 运算结果为_____。

2. _____算法是不断用本次或之前的计算结果作为下一次计算的初值,做循环计算的过程。

3. _____是指解题方案的准确而完整的描述,是一系列解决问题的清晰指令,代表着用系统的方法描述解决问题的策略机制。

4. 递归是指函数_____或者间接调用自身的过程。

5. 线性表 a 中含有 N 个元素,使用顺序查找算法,利用比较运算 a[i]＝x,查找 x 在 a 中的位置,则最少需要比较_____次,最多需要比较_____次。

6. 根据算法特性,一个算法要有一个或多个_____,但可以没有输入。

7. 如果一个表达式中含有数字型、字符型、逻辑型的数据,那么在不考虑数据类型转换前提下,该表达式运算结果所属的数据类型是_____。

8. 表达式 2/0 不符合算法特性中的_____。

9. 可以使用迭代法求 1＋3＋5＋7＋9 的解。在迭代过程中,设初值为 0。第一步是初值＋1 得 1;第二步是将第一步中运算结果作为初值,初值＋3 得 4;第三步是_____。

10. 算法的效率是对执行算法所需要的时间和_____复杂度的度量。

五、问答题

1. 利用自然语言,写出按从大到小的顺序重新排列 x、y、z 3 个数值的算法描述。

2. 2000 年我国人口总数约为 13 亿,如果人口每年的自然增长率为 7‰,设计算法计算多少年后我国人口将达到 15 亿?

3. 简述什么是算法? 它具有哪些基本特征?

4. 如何理解算法在计算机科学中的重要性?

5. 简述常用的自然语言、伪代码、流程图算法表示方法及它们各自的优缺点。

6. 用流程图和伪代码实现算法的设计,任意输入年份,输出该年份是否是闰年(年份是 4 的倍数,且不是 100 的倍数)?

7. 用伪代码实现算法的设计,求 1!+2!+3!+…+20!。

8. 用流程图实现算法的设计,找出 100 以内的素数。

9. 用伪代码描述实现 $1+2+3+\cdots+n$ 的递归算法。

10. 简述选择排序和冒泡排序的算法思想。

Python 程序设计

第 5 章介绍了算法,而程序是算法在计算机上的具体实现,是用计算机语言描述的某个问题的解决步骤。用计算机程序解决问题时,需要将算法用某种计算机程序设计语言精确描述(也称编写程序),并在计算机上调试运行直至正确,才能最终解决问题。

在计算机科学中,常见的程序设计语言有 Python、C++、Java、Visual Basic等。同一个算法可以用不同的程序设计语言实现。尽管不同的程序设计语言特点不同,语法规则也可能不同,但是程序设计方法基本相同。

本章介绍了 Python 语言程序设计的基础知识,并给出了大量应用实例。通过本章的学习,读者可以使用 Python 语言编写程序,实现第 5 章的部分算法,从而更加深入地了解计算思维。

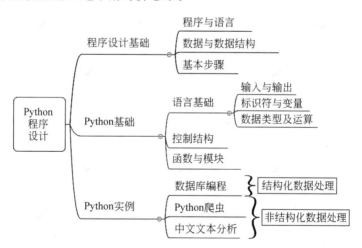

6.1 程序设计概述

6.1.1 程序

程序是计算机为完成某个任务遵循一定规则和算法思想组织起来并执行的一系列代码(也称指令序列)。通常,计算机程序需要描述两部分内容:一是描述问题涉及的每个对象及它们之间的关系;二是描述处理这些对象的规则。其中,前者涉及数据结构的内容,而后者则是求解问题的算法。因此,对于程序的描述,可以用经典的公式来表示:

$$程序＝算法＋数据结构$$

一个设计合理的数据结构往往可以简化算法,而好的算法又使程序具有更高的执行效率,并使程序更加容易阅读和维护。

6.1.2　程序设计与程序设计语言

程序设计就是根据计算机要完成的任务,先设计解决问题的数据结构和算法,再编写相应的程序代码,并测试该代码运行的正确性,直到能够得到正确的运行结果为止。程序设计应遵循一定的方法和原则,良好的程序设计风格是程序具备可靠性、可读性、可维护性的基本保证。

在编写程序代码时,程序员必须遵循一定的规范描述问题的求解方法和解决步骤,这种规范就是程序设计语言。计算机程序设计语言具有一些基本原则,即固定的语法格式、特定的语义和使用环境,这些基本原则比日常语言更加严格,必须避免语言的二义性。

程序设计语言是编写程序所使用的计算机语言。随着计算机技术的发展,程序设计语言经历了从机器语言、汇编语言到高级语言的发展历程。

机器语言由二进制的0、1代码指令构成,能被计算机直接识别。但理解和记忆机器语言非常困难,并且容易出错,编程效率极低。

汇编语言是符号化的机器语言,采用英文助记符代替机器指令,比机器语言容易识别和记忆,从而提高了程序的可读性。但是汇编语言仍然是面向机器的语言,是为特定的计算机系统设计的,它要求软件工程师对相应的机器硬件非常熟悉,因而汇编语言属于低级语言。

高级语言更接近自然语言,并不特指某种语言,也不依赖于特定的计算机系统,因而更容易掌握和使用,通用性也更好。比较流行的高级语言有Java、C/C++以及本书使用的Python等。用高级语言编写的程序可读性更强,也便于修改、维护。

高级语言的出现为计算机的应用开辟了广阔的前景。目前,很多人都在使用高级语言编写程序。高级语言有很多种,虽然它们的特点各不相同,但编程解决问题的过程,以及一些基本的程序设计规则和方法却是相似的。因此在学习某种语言后,应该具有将其中共性的思想和方法迁移到其他语言环境中进行问题求解的能力。

6.1.3　数据与数据结构

程序中的数据结构描述了程序中被处理的数据间的组织形式和结构关系。一般而言,数据结构与算法密不可分,一个良好的数据结构,将使算法简单化;而明确了问题的算法,才能更好地设计数据结构,两者相辅相成。

对于计算机程序设计,程序在实现算法的同时,还必须完整地体现作为算法操作对象的数据结构。对于复杂问题的求解,常常会发现由于数据的表示方式和数据结构的差异,对该问题的抽象求解算法也会完全不同。当然,对于同一个问题的求解,允许有不同的算法,也允许定义不同的数据结构。而依据不同算法编写的程序,其执行效率也会不一样。

6.1.4　程序设计的基本步骤

对于初学者,往往把程序设计简单地理解为只是编写一个程序,这是不全面的。程序设计反映了利用计算机解决问题的全过程,包含多方面的内容,而编写程序只是其中的一个方面。使用计算机解决实际问题,通常首先要对问题进行需求分析并建立数学模型,其次考虑数据的组织方式和算法,并用某种程序设计语言编写程序,最后上机调试程序,使其运行后产生预期的结果。具体要经过以下 4 个基本步骤。

(1) **需求分析**。要求计算机解决实际问题,先要认真分析问题的要求,明确问题的核心任务,需要解决的问题,达到的目标,输入输出等;再从已知条件出发,分析经过哪些处理才能解决问题。正确分析需求,可以为算法设计和编写程序打下良好的基础。

(2) **算法设计**。对于给定的问题,利用抽象和分解等计算思维,得出其求解方法,并且用详细的工具或步骤(流程图或伪代码等)描述求解过程。可以说,算法设计是程序设计过程中,也是解题过程中最关键的一步。它不仅是指计算的方法,而且还包含从何处着手、解题步骤以及结果处理的全过程。

(3) **编写程序**。用程序设计语言实现算法的代码化,通俗地说就是编写程序。在计算机上,使用某种程序设计语言,把算法转换成相应的程序,然后提交给计算机执行。

(4) **上机调试**。编写程序后,还要对程序进行上机的测试和调试,发现并纠正程序中的各种错误,以保证它能正确运行。即使经过调试的程序,在使用一段时间后,仍然可能会被发现存在错误或不足之处,这就需要对程序做进一步的修改,使之更加完善。

6.2　Python 语言基础

Python 语言是一种解释型、面向对象、动态数据类型的高级程序设计语言。从 20 世纪 90 年代初诞生至今,已逐渐成为最受欢迎的程序设计语言之一。Python 简单易学,具有强大的数据处理能力,并且是一种通用的程序设计语言,既适合作为程序设计的入门语言,也适合作为解决数据分析等各类问题的通用工具。

以下从一个程序入手,开始动手编写程序,从而使读者对 Python 程序有一个基本认识。

6.2.1　引例

例 6.1　设计一个成绩计算程序,对输入的考试成绩与平时成绩按 7∶3 的比例计算,并输出总评成绩。

1) 问题分析

总评成绩和平时成绩与考试成绩的计算公式为

总评成绩＝平时成绩×30％＋考试成绩×70％

用程序解决这个问题的过程:首先接收输入的平时成绩和考试成绩,其次使用公式计算出相应的总评成绩,最后输出总评

V6.1 例 6.1 成绩计算程序

成绩。

本问题涉及 3 个数据：已知数据——平时成绩、考试成绩、所计算的结果数据——总评成绩。

代码如下：

```
a=float(input("平时成绩: "))          #输入平时成绩
b=float(input("考试成绩: "))          #输入考试成绩
c=a * 0.3+b * 0.7                    #计算总评成绩
print("总评成绩: ",round(c,2))        #输出总评成绩
```

2）说明

（1）该程序首先要求输入数据，其次对输入的数据进行处理，最后将计算结果输出。实际上，任何一个程序都要包括 3 要素：输入原始数据、对得到的数据进行处理加工和输出计算结果。

（2）计算依赖于输入的数据，但 input 函数的返回值是字符型的，所以要用 float、int 或 eval 函数将其转换成数值型。为使显示的结果为小数点后保留两位小数，使用了四舍五入函数 round。

（3）用缩进表示语句块。Python 中代码缩进是一种语法规则，强制用缩进格式表示代码间的层次关系，相同缩进的语句构成一个语句块。通常，语句末尾的冒号表示语句块的开始。在包含代码嵌套时，应注意同级语句块的缩进量要保持相同。

（4）代码注释。Python 中的代码注释有单行注释和多行注释，在运行程序时会忽略被注释的内容。单行注释用 ♯ 表示注释开始，♯ 之后的内容不会被执行。单行注释可以单独占一行，也可以放在语句末尾。多行注释是用 3 个英文的单引号或双引号作为注释的开始和结束符号。

（5）语句续行。通常，Python 中的一条语句占一行。在遇到较长的语句时，可使用续行符\，将一条语句写在多行中。注意在\符号后不能有任何其他符号，包括空格和注释。另一种续行方式是在使用括号时，括号中的内容可以分多行书写，括号中的空白和换行符都会忽略。

（6）语句分隔。Python 使用分号分隔语句，从而将多条语句写在一行。如果冒号之后的语句块只有一条语句，Python 允许将语句写在冒号之后。同时，冒号之后也可以是分号分隔的多条语句。

3）运行

使用 Python 语言编写程序时，需要严格遵守 Python 语言的语法规则，并选择合适的程序运行环境运行程序。编写 Python 程序比较方便的方式是使用集成开发环境（Integrated Development Environment，IDE）。运行 Python 程序有两种方式：交互式和文件式。交互式是指 Python 解释器即时响应用户输入的每条代码，给出输出结果。文件式是指用户将 Python 程序写在一个文件中，然后启动 Python 解释器批量执行文件中的代码。交互式一般用于调试少量代码，文件式是主要的编程模式。

打开 IDLE，会出现交互式解释器 Python Shell，如图 6.1 所示，可以通过它在 IDLE 内部执行 Python 命令，也可以在 Python Shell 的提示符＞＞＞后输入任意的语句、表达

式或者小段代码进行测试。

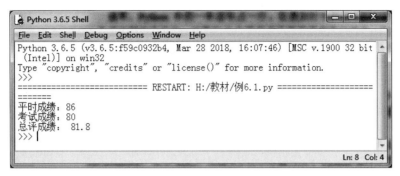

图 6.1　交互式解释器 Python Shell

除此之外,IDLE 还带有一个 Python 编辑器,如图 6.2 所示,可以用来编辑 Python 程序。通过选择 Python Shell 菜单 File→New File 命令,打开编辑器,输入**例 6.1** 相应的 Python 程序,程序文件以 py 为扩展名保存。通过命令编辑器菜单 Run→Run Module 命令,运行程序。程序运行时,在解释器 Python Shell 的交互界面中输入相应数据,可得到如下结果:

```
>>>
平时成绩: 86
考试成绩: 80
总评成绩: 81.8
```

图 6.2　Python 编辑器

6.2.2　输入与输出

1. 输入函数 input( )

input( )函数用于获得用户输入数据,其基本格式如下:

```
变量=input("提示字符串")
```

其中,变量和提示字符串均可省略。input( )函数将用户输入以字符串返回。如果需要输入整数或小数,则需要使用 eval、int 或 float 函数进行转换。

例 6.2　input 函数输出示例。

```
a=input("a:")
b=input("b:")
c=a+b
d=eval(a)+eval(b)
print(c,d)
```

2. 输出函数 print()

Python 中使用 print()函数完成基本输出操作。print()函数基本格式如下：

```
print([obj1,…][,sep=""][,end=""][,file=sys.stdout])
```

（1）省略所有参数，输出一个空行。

（2）输出一个或多个表达式，表达式之间用逗号分隔。

（3）指定输出分隔符。print()函数默认分隔符是空格，可用 sep 参数指定特定符号作为输出对象的分隔符。

（4）指定输出结尾符号。print()函数默认以回车符或换行符作为输出结尾符号，可以用 end 参数指定输出结尾符号。

（5）输出到文件。print()函数默认输出到标准输出流，可用 file 参数指定输出到特定的文件。

例 6.3　print 函数输出示例。

```
print()                                 #输出空行
print(1,2,3)                            #输出多个表达式
print(1,2,3,sep=" * ")                  #指定输出分隔符
print(1,2,3,end=" * \n")                #指定输出结尾符号
print(1,2,3, sep=" * ",end=" * \n")     #同时指定输出分隔符和结尾符号
```

6.2.3　标识符与变量

1. 标识符

在 Python 语言中，用来对变量、函数、类等数据对象命名的有效字符串序列统称为标识符。Python 语言规定标识符只能由字母、数字和下画线组成，且第一个字符必须为字母或下画线，不能以数字开头。标识符是区分大小写的，标识符中不能出现标点符号或运算符。在 Python 中，可以用中文作为变量名，非 ASCII 标识符也是允许的。

在 Python 中，有一部分标识符是关键字，也称保留字，是 Python 语言本身的一部分，变量、函数、类等数据对象的命名不能与 Python 的关键字相同。Python 的标准库提供了一个 keyword 模块，可以输出当前版本 Python 的所有关键字，命令语句如下：

```
import keyword
print(keyword.kwlist)
```

输出：

```
['False', 'None', 'True', 'and', 'as', 'assert', 'break', 'class', 'continue',
'def','del', 'elif', 'else', 'except', 'finally', 'for', 'from', 'global',
'if','import','in', 'is', 'lambda', 'nonlocal', 'not', 'or', 'pass', 'raise',
'return', 'try','while', 'with', 'yield']
```

2. 变量

变量是指其值可以改变的量，每个变量都有一个变量名，对应计算机内存中具有特定属性的一个存储单元。该单元用来存储变量的值，在程序运行期间，这个单元中的值是可以改变的。变量通过变量名访问，变量的命名必须遵循标识符的命名规则。

Python 是动态类型语言，变量不需要显式声明数据类型，对其直接进行赋值即可使用，Python 语言的解释器会根据变量的赋值自动确定其数据类型。通过内置的 type()函数，可以测试一个变量的数据类型。

Python 允许同时为多个变量赋值，例如：

```
a=b=c=1
a,b,c=1,2,3
```

例 6.4　变量赋值示例。

```
a,b,c=1,2.0,"3"
print(type(a),type(b),type(c))        #输出 a、b、c 的数据类型
d=a+b
e=str(a)+c                            #转换 a 为字符型
f=str(b)+c                            #转换 b 为字符型
g=a+int(c)                            #转换 c 为整型
h=b+float(c)                          #转换 c 为浮点型
print(d,e,f,g,h)
a,b=b,c                               #交换 a、b 的值
print(a,b)
```

6.2.4　数据类型及运算

1. 数字

Python 支持多种数字类型，包括布尔型、整型、浮点型、复数。

（1）布尔型（boolean）只有两个值：True 或 False。对于值为零的任何数字或空集（空列表、空元组、空字典），在 Python 中的布尔值都是 False。在数学运算中，True 和 False 分别对应于 1 和 0。bool()是布尔型的转换函数，可以将其他数据类型转换为布尔型。

（2）整型（int）一般以十进制表示。Python 也支持八进制、十六进制或二进制来表示整型。八进制整型以数字 0o 或 0O 开始，十六进制整型以 0x 或 0X 开始，二进制整型以 0b 或 0B 开始。int()是整型的转换函数，可以将其他数据类型转换为整型，其最为常见

的用法是将包含整数的字符串转换为整数。

（3）浮点型（float）也称小数，可以直接用十进制或科学记数法表示。浮点数通常都有一个小数点和一个可选的后缀 e（大写或小写，表示科学记数法）。在 e 和指数之间可以用＋或－表示正负，正数＋号可以省略。float()是浮点型的转换函数，可以将其他数据类型转换为浮点型。

（4）Python 还支持复数，复数由实数部分和虚数部分构成，可以用 a ＋ bj 或者 complex(a,b)表示，复数的实部 a 和虚部 b 都是浮点型。

在数字运算中，如果两个操作数类型不一致，Python 会进行数字类型的强制转换，即会强制将一个操作数转换为与另一个操作数相同的数据类型。类型转换的基本原则：整型转换为浮点型，非复数转换为复数。

具体规则如下。

（1）如果两个操作数是同一种数据类型，无须进行类型转换。

（2）如果有一个操作数是复数，另一个操作数被转换为复数，将非复数转换为复数，只需加个 0j 的虚数部分。

（3）如果有一个操作数是浮点型，另一个操作数被转换为浮点型，将整型转换为浮点型，只要在后面加个.0 即可。

数字类型的数据可以进行多种运算。表 6.1～表 6.4 分别为算术运算符、比较运算符、逻辑运算符和数字运算函数。

表 6.1　算术运算符

运　算　符	功　　能	运　算　符	功　　能
expr1＋expr2	加	expr1//expr2	整除
expr1－expr2	减	expr1％expr2	取余
expr1 * expr2	乘	expr1 * * expr2	求幂
expr1/expr2	除		

表 6.2　比较运算符

运　算　符	功　　能	运　算　符	功　　能
expr1＜expr2	expr1 小于 expr2	expr1＞＝expr2	expr1 大于或等于 expr2
expr1＞expr2	expr1 大于 expr2	expr1＝＝expr2	expr1 等于 expr2
expr1＜＝expr2	expr1 小于或等于 expr2	expr1!＝expr2	expr1 不等于 expr2

表 6.3　逻辑运算符

运　算　符	功　　能
not expr	expr 的逻辑非，优先级高于 and 和 or
expr1 and expr2	expr1 和 expr2 的逻辑与
expr1 or expr2	expr1 和 expr2 的逻辑或

表 6.4 数字运算函数

函 数	功 能
abs(num)	返回 num 的绝对值
max(num1,num2,…)	返回若干个数字中的最大值
min(num1,num2,…)	返回若干个数字中的最小值
divmod(num1,num2)	返回一个元组(num1//num2,num1%num2)
pow(num1,num2,mod=1)	取 num1 的 num2 次方,再对 mod 取余
round(flt,ndig=0)	对浮点型 flt 进行四舍五入,保留 ndig 位小数

例 6.5 数字运算示例。

```
a=5+4              #加法,结果是整数 9
b=4.3-2            #减法,结果是浮点数 2.3
c=3*7              #乘法,结果是整数 21
d=2/4              #除法,结果是浮点数 0.5
e=2//4             #整除,结果是整数 0
f=17%3             #取余,结果是整数 2
g=2**5             #乘方,结果是整数 32
print(a,b,c,d,e,f,g)
```

2. 字符串

字符串是字符的有序序列,字符串中的字符按顺序排列。在 Python 中,字符串可以用单引号、双引号或三引号括起,但必须配对,其中三引号既可以是三个单引号,也可以是三个双引号。

反斜线本身具有特殊含义,它是转义字符的开头,而如果在字符串里本身就包含反斜线的字符,则需要用\\表示。换行符是一种特殊的字符,无法用普通字符形式表示,而用\n(newline)表示,这种字符称为转义字符(见表 6.5),用反斜线开头。制表符\t (tab)也是一种常用的转义字符,其功能是在不使用表格的情况下在垂直方向按列对齐文本。

表 6.5 转义字符

转 义 字 符	含 义	转 义 字 符	含 义
\n	换行符	\"	双引号
\r	回车符	\'	单引号
\t	制表符	\\	反斜线

字符串类型支持比较运算,比较是按照字符编码值的大小进行的。除此之外,常用的字符串运算符还包括连接运算符、切片运算符、成员运算符,如表 6.6 所示。

表 6.6　字符串运算符

运算符	功　　能
+	连接运算符,字符串连接
*	连接运算符,重复输出字符串
[]	切片运算符,通过索引获取字符串中字符
[:]	切片运算符,截取字符串中的一部分,遵循左闭右开原则
in	成员运算符,如果字符串中包含给定的字符返回 True
not in	成员运算符,如果字符串中不包含给定的字符返回 True

（1）连接运算符的作用是把一个序列和另一个相同类型的序列连接。对于字符串类型,就是把两个或更多个字符串连接成为一个更长的字符串。连接运算符用加法运算符表示。对一个字符串做几次重复的连接,这种操作用乘法运算符表示,另一个操作数是整数,表示重复的次数。

字符串中的字符按顺序编号,最左边字符的序号为 0,最右边字符的序号比字符串的长度小 1。Python 还支持在字符串中使用负数从右向左进行编号,最右边字符(即倒数第 1 个字符)的序号为 −1。字符在字符串中的序号也称为下标或索引,可以通过索引获取字符串中的字符。

（2）切片运算符的作用是通过指定下标或索引范围获得一个序列的一组元素。对于字符串类型,就是取出已有字符串中的一部分(子串)成为一个新的字符串。切片运算符的描述形式为 s[m:n:d],得到在 s[m] 到 s[n−1] 的范围内按 d 的步长选出字符而形成的字符串。其中,s 是字符串,m、n、d 都是整数,切片描述中必须包含冒号,但 m、n、d 都可以省略。m 省略时默认为 0(从头开始);n 省略时默认为字符串长度(直到末尾),d 省略时默认为 1(按顺序选出字符);如果都省略,表示整个字符串。

（3）成员运算符是用来判断一个元素是否属于一个序列的。对于字符串类型,就是判断一个字符(也可以是一个子串)是否出现在一个字符串中。成员运算符用 in 或 not in 表示,返回值是布尔值 True 或 False。

例 6.6　字符串运算示例。

```
str="Python"
print(str+str)                          #连接
print(str * 3)                          #重复
print(str[1],str[-1])                   #截取单个字符
print(str[1:],str[:-1])                 #切片
print(str[1:-1],str[1:-1:2])            #切片
print(str[-1:1:-1],str[-1:1:-2])        #切片
print('P' in str,'P' not in str)        #成员判断
print('p' in str,'p' not in str)        #成员判断
```

Python 提供了一系列关于字符串的函数和方法,如表 6.7、表 6.8 所示。它们的区别

在于,字符串函数的参数是字符串,而字符串方法是隶属于字符串这个类的功能,调用方法是点成员(例如,字符串.方法)的方式。

表 6.7　字符串相关函数

函　　数	功　　能
len(str)	返回字符串中字符的个数
max(str)	返回字符串中编码值最大的字符
min(str)	返回字符串中编码值最小的字符
str(num)	字符串的转换函数,可以将数字类型转换为字符串

表 6.8　字符串相关方法

方　　法	功　　能
string.capitalize()	返回将 string 首字母大写的字符串,string 不变
string.count(str,beg＝0,end＝len(string))	返回 str 在 string 中 beg~end 出现的次数
string.endswith(obj,beg＝0,end＝len(string))	判断在 string 中 beg~end 是否以 obj 结束,如果是则返回 True,否则返回 False
string.find(str,beg＝0,end＝len(string))	在 string 中 beg~end 查找 str,如果没找到返回－1,如果找到返回开始的下标
string.isalnum()	string 至少有一个字符且所有字符都是字母或数字时返回 True,否则返回 False
string.isalpha()	string 至少有一个字符且所有字符都是字母时返回 True,否则返回 False
string.isdigit()	string 只包含数字时返回 True,否则返回 False
string.islower()	如果 string 中至少包含一个区分大小写的字符且这些字符都是小写,则返回 True,否则返回 False
string.isspace()	string 只包含空格时返回 True,否则返回 False
string.isupper()	如果 string 中至少包含一个区分大小写的字符且这些字符都是大写,则返回 True,否则返回 False
string.join(seq)	以 string 作为分隔符,将 seq 中的所有元素合并为一个字符串
string.lower()	将 string 中所有大写字符转换为小写的字符串
string.split(str＝"",num＝string.count(str))	以 str 为分隔符分隔 string,分隔出 num 个子串
string.startswith(obj,beg＝0,end＝len(string))	判断在 string 中 beg~end 是否以 obj 开头,如果是则返回 True,否则返回 False
string.strip()	去掉 string 开头和末尾的空格
string.title()	将 string 中所有单词的首字母大写
string.upper()	返回将 string 中所有小写字符转换为大写的字符串

例 6.7 字符串函数和方法示例。

```
str="Python programming"
print(len(str),max(str),min(str))
print(str.count("m"),str.find("p"))
print(str.startswith("P"),str.endswith("g"))
print(str.isupper(),str.islower())
print(str.upper(),str.lower())
print(str.isalnum(),str.isalpha())
print(str.isdigit(),str.isspace())
print(str.split())
```

3. 列表

列表是 Python 中重要的内置数据类型,是一个数据的有序序列,列表中数据的类型可以各不相同。列表中的每个数据称为元素,数据在列表中的序号称为下标或索引。列表中的元素用一对方括号[和]括起来,元素之间用逗号分隔。与字符串一样,列表也有两种索引方式:如果元素序号从左向右则从 0 开始,依次递增;如果元素序号从右往左则以 −1 开始,依次递减。

创建一个列表,只要把逗号分隔的不同数据项用方括号括起来即可。列表可以进行截取、组合等,使用索引来访问列表中的元素,同样也可以使用切片的形式截取列表中的一系列元素。使用加法运算符可以进行列表的连接操作,使用乘法运算符可以使列表重复多次,使用 in 运算符可以判断一个元素是否在列表中。

例 6.8 列表运算示例。

```
ls=["P","y","t","h","o","n"]
print(ls+ls)
print(ls * 3)
print(ls[1],ls[-1])
print(ls[1:],ls[:-1])
print(ls[1:-1],ls[1:-1:2])
print(ls[-1:1:-1],ls[-1:1:-2])
print('P' in ls,'P' not in ls)
print('p' in ls,'p' not in ls)
```

Python 也提供了一系列关于列表的函数和方法,如表 6.9、表 6.10 所示。

表 6.9 列表相关函数

函　　数	功　　能
len(list)	返回列表中元素的个数
max(list)	返回列表中的最大元素
min(list)	返回列表中的最小元素

续表

函　数	功　能
sum(list)	返回列表中元素的和
list(seq)	将其他序列转换为列表
sorted(list)	返回排序后的新列表,原列表不变

表 6.10　列表相关方法

方　法	功　能
list.append(obj)	在列表末尾添加新的对象
list.count(obj)	统计某个元素在列表中出现的次数
list.extend(seq)	在列表末尾一次性追加另一个序列中的多个值(用新列表扩展原来的列表)
list.index(obj)	从列表中找出某个值第一个匹配项的索引位置
list.insert(index,obj)	将对象插入列表
list.pop([index=−1])	移除列表中的一个元素(默认最后一个元素),并且返回该元素的值
list.remove(obj)	移除列表中某个值的第一个匹配项
list.reverse()	反向排列列表中元素
list.sort(key=None,reverse=False)	对原列表进行排序
list.clear()	清空列表
list.copy()	复制列表

例 6.9　列表函数和方法示例。

```
ls=[0,1,2,3,4,5,6]
print(len(ls),max(ls),min(ls),sum(ls))
print(ls.count(2),ls.index(2))
print(sorted(ls,reverse=True))
ls.append(7)
ls.insert(0,8)
ls.remove(0)
ls.sort()
print(ls)
```

4. 元组

Python 的元组与列表类似,元组中的元素用一对圆括号()括起来。不同之处在于元组的元素不能被修改、删除,也不能往元组中新增元素。元组创建很简单,只需要在圆括号中添加元素,并使用逗号隔开即可。当元组中只包含一个元素时,需要在元素后面添加逗号,否则括号会被当作运算符使用。元组是一个序列,所以可以访问元组中指定位置的元素,也可以用切片截取其中的一系列元素,方法与列表相同。

与列表一样,元组也可以使用连接运算符(+)、复制运算符(∗)、in/not in 运算符。元组的相关函数有 len()、max()、min()、sum()、sorted(),相关方法有 count()、index(),函数 tuple()可以将其他序列转换为元组。

6.3 Python 程序控制结构

6.3.1 分支结构

分支结构就是要完成在不同条件下执行不同语句或语句序列的功能,或者说其中的一些语句将被执行,另一些语句将不被执行。它也称选择结构,由分支语句实现。Python 提供了 3 种分支结构:单分支结构、双分支结构和多分支结构。

1. 单分支结构

语法格式:

```
if <条件表达式>:
    <语句序列>
```

运行机制:先计算条件表达式的值,再进行选择,当条件表达式的值为 True 时,执行冒号之后的语句序列;否则,跳过冒号之后的语句,转去执行本结构之后的语句。这意味着结构内的分支部分可能不被执行。

注意:①条件表达式后面的:是必不可少的,它表示一个语句块的开始,后面的几种形式的选择结构和循环结构中的:也都是必须要求有的。②在 Python 语言中代码的缩进非常重要,缩进是体现代码逻辑关系的重要方式,同一代码块必须保证相同的缩进量。

例 6.10 输入三角形三边的长度,分别为 a、b、c,输出它的面积。

```
a=float(input("a:"))
b=float(input("b:"))
c=float(input("c:"))
if (a+b>c)and(a+c>b)and(b+c>a):
    p=(a+b+c)/2
    s=(p*(p-a)*(p-b)*(p-c))**0.5
    print("所求三角形的面积等于",s)
```

2. 双分支结构

语法格式:

```
if <条件表达式>:
    <语句序列 1>
else:
```

　　<语句序列 2>

　　运行机制：先计算条件表达式的值，再进行选择，当条件表达式的值为 True 时，执行语句序列 1，跳过 else 之后的语句；否则，跳过语句序列 1，执行 else 之后的语句序列 2。然后继续执行本结构之后的语句。

　　与单分支结构不同，它的结构内的分支部分一定被执行，并且仅执行其中的一个分支。

　　例 6.11　使用双分支结构完成**例 6.10**。

```python
a=float(input("a:"))
b=float(input("b:"))
c=float(input("c:"))
if (a+b>c)and(a+c>b)and(b+c>a):
    p=(a+b+c)/2
    s=(p*(p-a)*(p-b)*(p-c))**0.5
    print("所求三角形的面积等于 ",s)
else:
    print("这三个边长构不成三角形。")
```

3. 多分支结构

语法格式：

```python
if <条件表达式 1>:
    <语句序列 1>
elif <条件表达式 2>:
    <语句序列 2>
...
elif <条件表达式 n>:
    <语句序列 n>
else:
    <语句序列 n+1>
```

　　运行机制：先计算条件表达式 1 的值，再进行选择，当条件表达式 1 的值为 True 时，执行语句序列 1，跳过 elif 之后的语句转去执行本结构之后的语句；否则，继续测试条件表达式 2，…条件表达式 n。如果没有 else 分支，则结构内的每个分支部分都可能不被执行；如果有 else 分支，则结构内的分支部分一定被执行，并且仅执行其中的一个分支。

　　例 6.12　使用多分支结构完成**例 6.10**。

```python
a=float(input("a:"))
b=float(input("b:"))
c=float(input("c:"))
if a+b<=c:
    print("这三个边长构不成三角形。")
elif a+c<=b:
```

```
    print("这三个边长构不成三角形。")
elif b+c<=a:
    print("这三个边长构不成三角形。")
else:
    p=(a+b+c)/2
    s=(p*(p-a)*(p-b)*(p-c))**0.5
    print("所求三角形的面积等于 ",s)
```

6.3.2 循环结构

循环结构就是要完成在一定条件下反复执行同一个语句序列的功能,这个条件称为循环条件,语句序列称为循环体。既然循环是在循环条件成立时反复执行循环体,那它自身就必须能在反复执行的过程中改变循环条件,一旦循环条件不再成立时,就结束循环体的执行。如果不是这样,那么这个循环就成为死循环,这在程序设计中是不允许的。

Python 提供了两类循环结构,它们分别是 while 循环结构和 for 循环结构。

1. while 循环结构

语法格式:

```
while <条件表达式>:
        <循环体>
```

运行机制:计算条件表达式的值,当条件表达式的值为 True 时,重复执行循环体,直到条件表达式的值为 False 为止。

例 6.13 输入 10 个数,输出它们的平均值。

```
sum=0
i=1
while i<=10:
    a=float(input("第"+str(i)+"个数: "))
    sum=sum+a
    i=i+1
print("平均值等于: ",sum/10)
```

在 Python 中可以用 continue 和 break 语句控制循环结构程序的执行:continue 语句用于跳过当前循环体中的剩余语句,并继续进行下一轮循环的执行;break 语句用于终止整个循环,即使循环体中还有语句没有被执行。

例 6.14 continue 和 break 语句示例:输入多个整数,直到它们的和大于或等于 100 为止,输出它们的和,并输出其中的偶数个数。

```
sum,count,even=0,1,0
while True:
    a=int(input("第"+str(count)+"个数: "))
    sum=sum+a
```

```
        count=count+1
        if a%2==0:
            even=even+1
        if sum>=100:
            break
print("和等于: ",sum)
print("偶数个数: ",even)
```

在 Python 中,while 语句也可以和 else 子句一起使用。else 中的语句会在循环正常执行完的情况下被执行,即 while 循环不是通过 break 语句跳出循环的。

2. for 循环结构

语法格式:

```
for 变量 in 序列:
    <循环体>
```

运行机制:序列是一系列元素的集合,如一个列表或一个字符串。循环开始时,变量初值取序列中第一个元素的值,并执行循环体。以后每执行完一次循环后,通过迭代自动获取序列中下一个元素的值。当遍历完序列中的所有元素后,循环条件不再成立,循环终止。

例 6.15　for 循环结构示例。

```
for ch in "Python":                       #遍历的序列为字符串
    print(ch)
for digit in (0,1,2,3,4,5,6,7,8,9):       #遍历的序列为元组
    print(digit)
for fruit in ["banana","apple","mango"]:  #遍历的序列为列表
    print(fruit)
```

如果需要遍历一个数字序列,可以使用 Python 中的内置函数 range(),该函数用于生成一个迭代的等差数字序列。其语法格式:

```
range([start=0,]end[,step=1])
```

其中,start 表示等差数列的起始值,默认值为 0;step 表示步长,默认值为 1,等差数列的终止值等于 end-1。

例 6.16　range()函数示例。

```
str="Python"
for i in range(len(str)):                 #遍历字符串
    print(str[i])
for i in range(10):                       #遍历步长为 1 的等差数列
    print(i)
for i in range(10,0,-2):                  #遍历步长为-2 的等差数列
```

```
        print(i)
fruits=["banana","apple","mango"]
for i in range(len(fruits)):                          #遍历列表
        print(fruit s[i])
```

在 Python 中,for 循环结构和 while 循环结构一样,可以用 continue 和 break 语句控制循环结构程序的执行,也可以和 else 子句一起使用。

6.3.3 程序控制结构应用实例

例 6.17 统计输入的字符串中英文字母、数字和其他字符的个数。

```
str=input("input:")
letters=digits=others=0
for ch in str:
    if ch>='A' and ch<='Z' or ch>='a' and ch<='z':
        letters=letters+1
    elif ch>='0' and ch<='9':
        digits=digits+1
    else:
        others=others+1
print("letters:",letters)
print("digits:",digits)
print("others:",others)
```

例 6.18 已知水仙花数是一个 3 位数,其各位数字的立方和等于该数本身,输出所有的水仙花数。

```
for a in range(1,10):
    for b in range(10):
        for c in range(10):
            n=100 * a+10 * b+c
            if n==a * * 3+b * * 3+c * * 3:
                print(n)
```

例 6.19 素数是一个大于 1 的正整数,它除了 1 和本身以外没有第三个约数,输出100 以内的所有素数。

```
for i in range(2,100):
    for j in range(2,i):
        if i%j==0:
            break
    else:
        print(i)
```

V6.2 例 6.19 100 以内的所有素数

例 6.20 使用选择排序法对已知列表进行升序排序并输出。

```
a=[2,34,7,-1,-100,15,89]
```

```
for i in range(0,len(a)):
    k=i
    for j in range(i+1,len(a)):
        if a[k]>a[j]:
            k=j
    a[k],a[i]=a[i],a[k]
print(a)
```

V6.3 例 6.20 选择排序实现

例 6.21　在列表中用二分查找算法查找输入的关键字,找到则输出关键字在列表中的索引,找不到则输出 not found。

```
a=[2,28,46,58,87,88,91,103,135,520]
key=int(input("请输入要查找的数字: "))
found=False
lb,ub=0,len(a)-1
while ub>=lb:
    mid=(lb+ub)//2
    if key==a[mid]:
        found=True
        break
    elif key<a[mid]:
        ub=mid-1
    else:
        lb=mid+1
if not found:
    print("not found")
else:
    print("keyi=",mid)
```

V6.4 例 6.21 二分查找实现

6.4　Python 函数与模块

模块化程序设计是结构化程序设计里一项非常重要的思想,它将程序划分成一个个功能模块,定义成函数。函数是完成某种特定功能的一组相对独立的程序代码,使用函数是实现结构化程序设计思想的重要方法。函数的使用有以下好处:①可复用性。一个函数可以被程序反复调用,从而可减小代码量。一个函数往往不必修改或只需稍做改动,便可以为另一个程序使用。②独立性。这使得当一个函数内的代码被修改时不影响程序中的其他函数。③单一性。这使得一个函数的代码量相对较小,从而有利于代码的编写和调试。

Python 将一些最常用的操作已预先定义为函数,这些函数称为内置函数,在程序设计时可以直接调用。但内置函数毕竟是有限的,Python 语言为用户提供了众多模块,一个模块其实就是一个 Python 文件,一个模块内往往包含了许多功能函数。用户只要将模块导入自己的程序中,就可以使用这些模块中的函数,这是一种代码的重用方式,它减少了程序员编写程序的代码量。Python 还允许用户自己定义一些程序自身所需的函数，这为编写程序提供了一种方便的手段。

6.4.1 常用模块中的函数

在调用模块中的函数前，先要使用 import 语句导入相应的模块，然后就可以访问模块中的任何函数，其方法是在函数名前加上模块名。

1. math 模块函数

（1）数学常量。

e：自然对数的底。

pi：圆周率。

（2）绝对值和平方根函数。

fabs(x)：返回 x 的绝对值，返回值为浮点数。

sqrt(x)：返回 x 的平方根。

（3）幂函数和对数函数。

pow(x,y)：返回 x 的 y 次幂。

exp(x)：返回 e 的 x 次幂。

log(x[,base])：返回 x 基数为 e 的对数，可以使用 base 参数改变对数的底。

log10(x)：返回 x 基数为 10 的对数。

（4）取整和求余函数。

ceiling(x)：返回 x 的向上取整值。

floor(x)：返回 x 的向下取整值。

fmod(x,y)：返回 x 除以 y 的余数，返回值为浮点数。

（5）弧度角度转换函数。

degrees(x)：返回弧度 x 的角度值。

radians(x)：返回角度 x 的弧度值。

（6）三角函数和反三角函数。

sin(x)：返回弧度 x 的正弦值。

cos(x)：返回弧度 x 的余弦值。

tan(x)：返回弧度 x 的正切值。

asin(x)：返回弧度 x 的反正弦值。

acos(x)：返回弧度 x 的反余弦值。

atan(x)：返回弧度 x 的反正切值。

2. random 模块函数

choice(seq)：从序列 seq 中随机选择一个元素。

sample(seq,k)：从序列 seq 中随机选择 k 个元素。

shuffle(seq)：将序列 seq 中的元素随机排序。

random()：随机生成一个[0,1)的浮点数。

uniform(a,b)：随机生成一个[a,b]的浮点数。

randint(a,b)：随机生成一个[a,b]的整数。

randrange(a,b,c)：随机生成一个[a,b)且以 c 递增的整数,省略 c 时以 1 递增,省略 a 时初值为 0。

6.4.2　用户自定义函数

Python 自定义函数的基本格式：

```
def <函数名>([<形参列表>]):
    <语句序列>
    [return <表达式>]
```

说明：

(1) def 为自定义函数的关键字。函数的首行与末行之间是描述函数操作的语句序列,称为函数体。

(2) 函数名要符合标识符命名规则。

(3) 形参列表指明了从调用语句传递给被调用函数的变量,各变量名之间用逗号分隔。若无参数,形参两旁的圆括号也不能省略。

(4) 函数体中 return 语句的作用是把该语句后的表达式作为函数的返回值。若缺少该语句,函数以 None 作为返回值。

函数调用时就像使用 Python 内置函数一样来调用自定义函数,即在表达式或语句中只写出函数名和相应的参数即可,形式如下：

```
<函数名>([<实参列表>])
```

对于函数的参数,在函数定义中的参数称为形参,在函数调用时使用的参数称为实参。形参是变量,作为函数要处理的数据的输入口,用于被调用时接收实参的数据。实参是要传送给函数的数据,可以是常量、变量或表达式。定义函数时可以为形参提供默认值,在调用函数时如果没有提供相应的实参,则使用默认值。

例 6.22　自定义函数示例：用自定义函数完成例 6.19,输出 100 以内的所有素数。代码中自定义了一个函数 prime(n),其功能是判断参数 n 是否为素数,是则返回 True,否则返回 False。

```
def prime(n):                        #自定义函数
    for j in range(2,n):
        if n%j==0:
            return False
    return True
for i in range(2,100):
    if prime(i):                     #函数调用
        print(i)
```

例 6.23　自定义函数示例：用自定义函数完成例 6.21，在列表中用二分查找算法查找输入的关键字。代码中自定义了一个函数 binsearch(ls,key)，其功能是在参数列表 ls 中用二分查找算法查找关键字 key，找到则返回 key 在列表中的索引，否则返回−1。

```
def binsearch(ls,key):                          #自定义函数
    lb,ub =0,len(a)-1
    while ub>=lb:
      mid =(lb+ub)//2
      if key ==a[mid]:
          return mid
      elif key <a[mid]:
          ub =mid -1
      else:
          lb =mid +1
    return -1
a=[2,28,46,58,87,88,91,103,135,520]
key=int(input("请输入要查找的数字："))
k=binsearch(a,key)                              #函数调用
if k==-1:
      print("not found")
else:
      print("keyi=",k)
```

6.4.3　匿名函数

匿名函数是指没有函数名的简单函数，只可以包含一个表达式，不允许包含其他复杂的语句，表达式的结果就是函数的返回值。Python 定义匿名函数的关键字是 lambda，基本格式：

```
lambda <参数列表>:<表达式>
```

匿名函数是一个函数对象，可以先把匿名函数赋值给一个变量，再利用变量调用该函数。可以将匿名函数作为普通函数的返回值返回，也可以将匿名函数作为序列的元素。

例 6.24　匿名函数示例。

```
f=lambda a,b=1,c=2:a+b+c                         #匿名函数定义,默认值参数
print(f(1,2,3))
print(f(1,2))
print(f(1))
f=[lambda x,y:x+y,lambda x,y:x-y]                #匿名函数作为列表元素
print(f[0](1,2),f[1](3,4))
```

6.4.4　递归函数

在一个程序中，如果存在程序自己调用自己的现象就构成了递归。递归是一种常用

的程序设计技术,许多问题的求解都具有递归特征。利用递归描述这类问题的求解算法,显得简洁、清晰。

Python 允许定义递归函数,递归函数是指函数体中直接或间接调用该函数本身的函数。编写递归函数时要注意两点:一要找出正确的递归算法,这是编写递归函数的基础;二要确定算法的递归结束条件,这是递归是否正常结束的关键。

例 6.25　递归函数示例:已知某数列的前两项都等于1,从第三项开始每项都等于前两项的和,输出该数列前 20 项的值。

```
def f(n):                            #递归函数定义
    if n==1 or n==2:
        return 1
    else:
        return f(n-1)+f(n-2)
for i in range(1,20+1):
    print(f(i))                      #函数调用
```

例 6.26　递归函数示例:用递归函数完成例 6.23,在列表中用二分查找算法查找输入的关键字。

```
def binsearch(ls,key,lb,ub):          #递归函数定义
    if ub>=lb:
        mid=(lb+ub)//2
        if key==a[mid]:
            return mid
        elif key<a[mid]:
            return binsearch(ls,key,lb,mid-1)
        else:
            return binsearch(ls,key,mid+1,ub)
    return -1
a=[2,28,46,58,87,88,91,103,135,520]
key=int(input("请输入要查找的数字: "))
k=binsearch(a,key,0,len(a)-1)         #函数调用
if k==-1:
    print("not found")
else:
    print("keyi=",k)
```

6.5　Python 数据库编程

在实际应用中,往往使用数据库来存储大量的数据,数据库为数据提供了安全、可靠、完整的存储方式。Python 提供了对大多数数据库的支持,使用 Python 中相应的模块,可以连接数据库,进行查询、插入、更新和删除等操作,方便地设计满足各种应用需求的数据库应用程序。Python 内置的 sqlite3 模块提供了 SQLite 数据库的访问功能,借助于其他

的扩展模块,Python 也可以访问 SQL Server、Oracle、MySQL、Access 等其他类型的数据库。

6.5.1　数据库编程的基本步骤

以 Access 数据库为例,使用 Python 进行数据库编程的基本步骤如下。

（1）导入 pyodbc 模块库。pyodbc 是一个 Python 的第三方模块库,提供了使用程序访问数据库的功能。因为 pyodbc 不是 Python 的标准模块库,所以使用前要先安装。在 Windows 操作系统的命令行中执行 pip install pyodbc 命令即可完成 pyodbc 模块库的安装。

V6.5 Python 操作 Access 表

（2）使用连接字符串建立与数据库的连接,指定要对其进行操作的数据库文件,返回 connection 连接对象。对于不同的数据库连接对象,其连接字符串的格式各不相同。对于 Access 数据库,连接字符串为包含其所在的路径的数据库文件名以及所使用的 Access 驱动程序名。

（3）调用 cursor()函数创建游标对象 cursor。

（4）使用游标对象 cursor 的 execute()函数执行相应的数据库 SQL 命令,包括对数据的插入、删除、修改和查询等。

（5）获取游标对象执行的结果集。

（6）提交数据库事务。

（7）关闭与数据库的连接。

6.5.2　数据库编程实例

例 6.27　创建表并且插入数据。

```
import pyodbc
accdb="E:\\school.accdb"
conn=pyodbc.connect("Driver={Microsoft Access Driver(*.mdb, *.accdb)};DBQ
="+accdb)
print("数据库连接成功!")
cur=conn.cursor()
#建表
cur.execute("CREATE TABLE Students(Id Int, Name Char(25))")
#以下插入了 5 条记录的数据
cur.execute("INSERT INTO Students(Id,Name) VALUES(1,'Jack London')")
count=cur.execute("INSERT INTO Students(Id,Name) VALUES(?,?)",(2,'Honore de
Balzac'))
students=[(3,'Lion Feuchtwanger'),(4,'Emile Zola'),(5,'Truman Capote')]
count=cur.executemany("INSERT INTO Students(Id,Name) VALUES(?,?)",students)
#查询
cur.execute("SELECT * FROM Students")
#使用 fetchall()函数,将结果集(多维元组)存入 rows 里
```

```
rows=cur.fetchall()
#依次遍历结果集,发现每个元素,就是表中的一条记录,用一个元组来显示
for row in rows:
    print(row[0],row[1])
#提交事务,否则不能真正插入数据
conn.commit()
cur.close
conn.close
```

例 6.28　获取单个表的字段名称和记录信息。

```
import pyodbc
accdb="E:\\school.accdb"
conn=pyodbc.connect("Driver={Microsoft Access Driver (＊.mdb,＊.accdb)};DBQ
="+accdb)
print("数据库连接成功!")
cur=conn.cursor()
cur.execute("SELECT ＊ FROM Students")
rows=cur.fetchall()
#获取连接对象的描述信息
desc=cur.description
print('cur.description:',desc)
#打印表头,就是字段名称
print("%s%3s"%(desc[0][0],desc[1][0]))
for row in rows:
    print("%2s%3s"%(row[0],row[1]))            #打印表记录信息
cur.close
conn.close
```

例 6.29　修改表。

```
import pyodbc
accdb="E:\\school.accdb"
conn=pyodbc.connect("Driver={Microsoft Access Driver (＊.mdb,＊.accdb)};DBQ
="+accdb)
print("数据库连接成功!")
cur=conn.cursor()
cur.execute("UPDATE Students SET Name=? WHERE Id =?",("Guy de Maupasant", "4"))
#使用 cur.rowcount 获取影响了多少行
print("Number of rows updated: %d" %cur.rowcount)
#执行查询
cur.execute("SELECT ＊ FROM Students")
for row in cur:
    print(row[0], row[1])
cur.close
conn.close
```

6.6 Python 非结构化数据处理

非结构化数据是与结构化数据相对应的概念。结构化数据通常指具有固定格式的数据,例如,存在于关系数据库的二维表格就是一种典型的结构化数据。这类数据由若干行和列组成,每行表示一个对象或实体,每列表示对象或实体的一个属性。可以看出,结构化数据具有固定的格式,看上去非常规整。

与结构化数据相反,非结构化数据指无固定格式的数据,如文本、网页、图像、视频等。这类数据也许存在某种程度的内部结构,但是由于不具有固定的格式,所以通常称为非结构化数据。

Python 非结构化数据处理可分成两类:①需要或可以转换为结构化数据的,如通过爬虫技术把网页的半结构化数据转换成结构化的形式存储或输出;②不需要或不能转换为结构化数据的,如文本分析。本节将分别举例,介绍两类非结构化数据处理的实现。

6.6.1 网络爬虫应用实例

互联网上的网页大部分是以超文本标记语言(HTML)描述的,主要目的是方便显示,让人们能够通过浏览器浏览,但缺乏对数据本身的描述,不含清晰的语义信息,这使得应用程序无法直接解析并利用互联网上海量的信息。网页信息爬取正是研究如何将分散在互联网上的半结构化的 HTML 页面中的隐含的信息或数据提取出来,并以更为结构化、更为清晰的形式表示,为用户在网上查询数据、应用程序直接利用网页中的数据提供便利。

以下以一个网络爬虫程序为例,介绍 Python 编程如何爬取网页上的半结构化数据,并以结构化的形式显示出来。

1. 网页数据的组织形式

网页是用 HTML 编写的文本文件,超文本的意义在于,HTML 允许在文本中嵌入一些标签(Tag),以指示浏览器如何对文本进行操作。在 HTML 中定义了若干元素,用于表示文档结构、规定信息格式、指定操作功能等。HTML 元素一般由起始标签和结束标签组成,它们都必须用一对角括号<>括起来。

起始标签的形式:

<元素名>或<元素名属性=属性值>

结束标签的形式:

</元素名>

其中,元素名由规定的英文字母组成,使用时不可拼错,元素名不区分大小写;某些 HTML 元素不需要结束标签,还有一些 HTML 元素可以没有属性内容。

为了能够从网页源代码中爬取数据,需要分析数据所在标签的特征,以便 Python 调用相关的模块库进行处理。

    暨南大学 2019 年在全国普通高考的录取分数统计网页 HTML 主要代码如下,现要实现 Python 编程从网页源代码中获取各省、各批次录取人数及录取分数的数据。为了方便说明,只选取了网页中与爬取数据有关的部分网页代码,并且做了一些简化。

```
<table>
<tbody>
<tr>
<td><p><span>省份</span></p></td>
<td><p><span>批次类别</span></p></td>
<td><p><span>批次</span></p></td>
<td><p><span>科类</span></p></td>
<td><p><span>录取人数</span></p></td>
<td><p><span>一本线</span></p></td>
<td><p><span>最高分</span></p></td>
<td><p><span>最低分</span></p></td>
<td><p><span>平均分</span></p></td>
<td><p><span>平均分超出分数线</span></p></td>
</tr>
<tr>
<td><p><span>安徽省</span></p></td>
<td><p><span>国家贫困专项</span></p></td>
<td><p><span>国家专项计划</span></p></td>
<td><p><span>理工</span></p></td>
<td><p><span>32</span></p></td>
<td><p><span>496</span></p></td>
<td><p><span>610</span></p></td>
<td><p><span>586</span></p></td>
<td><p><span>592</span></p></td>
<td><p><span>96</span></p></td>
</tr>
...
</tbody>
</table>
```

其中,＜table＞、＜/table＞为表格结构的标签,＜tbody＞、＜/tbody＞为表格主体的标签,＜tr＞、＜/tr＞是表格中一行的标签,＜td＞、＜/td＞为数据单元格标签、＜p＞、＜/p＞为段落标签,＜span＞、＜/span＞标签被用来组合文档中的行内元素。

2. 利用 requests 库爬取网页

    浏览器端访问网页实际上是向服务器端发起一个请求(Request),请求访问服务器上的某个 HTML 网页文件;服务器接收到请求后将会返回一个响应(Response),将这个网

V6.6 Python 爬虫

页文件的内容返回给浏览器端。

requests 是 Python 的一个第三方库,提供了使用程序请求访问网页的功能,简单易用。因为 requests 不是 Python 的标准库,所以使用前要先安装。在 Windows 操作系统的命令行中执行 pip install requests 命令即可完成 requests 库的安装。

在 Python 中使用 requests 库爬取网页的通用代码如下:

```python
import requests
def getHTMLText(url):
    try:
        r = requests.get(url, timeout=30)
        r.raise_for_status()
        r.encoding = r.apparent_encoding
        return r.text
    except:
        return ""
```

以上代码中的 get() 函数表示从指定的网页请求数据,参数 url 表示网页所在的网址。调用一次 get 函数就相当于向服务器发起了一次请求,服务器会返回一个响应,requests 库会把该响应的信息封装到一个 Response 响应对象中。在代码中,这个 Response 对象被赋值给了变量 r。

Response 对象的 text 属性和 content 属性都表示响应的内容,具体就是网页的全部内容。两者的主要区别:text 属性是以字符串的形式展现,content 属性则以二进制形式展现。当请求的是普通的 HTML 格式的网页时,通常使用 text 属性;如果请求的是图片、视频或其他非文本格式的网页文件,则使用 content 属性。

3. 利用 Beautifulsoup4 库解析网页文档

当通过 requests 库爬取了网页的内容,如何从网页的 HTML 源代码中抽取所需的数据,则要使用另一个第三方库 Beautifulsoup4。它能够根据 HTML 语法建立解析树,进而高效解析其中的内容。Beautifulsoup4 简称 bs4,也不是 Python 的标准库,所以使用前要先安装,安装方法与 requests 库类似,此处运行的命令是 pip install bs4。

HTML 建立的网页一般比较复杂,除了有用的内容信息外,还包括大量用于页面格式的元素。直接解析一个网页需要深入了解网页的结构和 HTML 语法,而且比较复杂。Beautifulsoup4 库将专业的网页格式解析部分封装成函数,提供了若干有用而且便捷的处理函数。

Beautifulsoup4 库能够将 HTML 文档中复杂的源代码映射为一个树状结构,简称文档树,并把整个文档中的所有内容映射转换为以下 4 类对象。

(1) Beautifulsoup 对象。Beautifulsoup 对象表示的是 HTML 文档的整体,可以把它看作是 HTML 文档树的根或者一个顶层节点,文档中的所有标签及内容都是它的后代节点。通常情况下,可从它开始向下搜索或遍历整个文档树。

（2）Tag 对象。Tag 对象对应的是 HTML 文档中的各类标签,文档中的每个标签会自动转换为一个 Tag 对象存放在树状结构的相应位置,在程序中通过标签类型名可直接访问 Tag 对象。

（3）NavigableString 对象。NavigableString 对象即可遍历的字符串对象,用来操作那些包含在标签内的字符串。在解析 HTML 文档时,真正需要的实际上是那些标签中包含的数据,而不是标签本身。这些数据可以通过 NavigableString 对象从标签中取出来。方法很简单,用.string 即可。

（4）Comment 对象。Comment 对象指的是文档的注释部分,可以用 Comment 对象来处理。

解析 HTML 文档树有两种方法:一是遍历文档树,依次访问文档树上的节点;二是搜索文档树,基于目标数据所在标签的特征直接进行查找,能够快速定位到目标数据所在标签附近,然后再利用局部的上下级节点关系,对局部结构进行标签遍历而获取目标数据,效率显然更高。

搜索目标数据所在标签的两个函数分别是 find 和 find_all,前者返回满足搜索条件的第一个对象;后者则返回一个列表,列表元素为满足条件的所有对象。当没有找到满足条件的对象时,前者返回 None,后者返回空列表。

在前述录取分数统计的网页中,需要爬取的网页数据放在一个网页表格里,HTML代码中的每对<td>、</td>标签的单元格中的<span>、</span>标签包含录取分数的信息。因此,如果需要获取其中的数据,需要用 find()函数搜索表格主体<tbody>标签,然后用 find_all 函数遍历其下级节点中表示行的<tr>标签,对每行的标签再用 find_all()函数遍历其下级节点中表示数据单元格的<td>标签,获取其中<span>标签的字符值并存入一个二维列表中。

利用 Beautifulsoup4 库解析网页文档代码如下:

```
from bs4 import BeautifulSoup
def fillUnivList(ulist,html):
    soup=BeautifulSoup(html,"html.parser")
    tbody =soup.find('tbody')
    for tr in tbody.find_all('tr'):          #在<tbody>标签中查找所有<tr>标签
            ur=[]
            for td in tr.find_all('td'):      #在每个<tr>标签中查找所有<td>标签
                span=td.find('span')
                if span!=None:
                    ur.append(span.string)
    ulist.append(ur)
```

以上代码中,新建 BeautifulSoup 对象是有两个参数:第一个参数 html 是解析网页的 HTML 源代码;第二个参数是解析器类型,表示选择了使用 Python 自带的解析器解析 HTML 文档。

最后,给出爬虫程序中的输出函数和主函数,代码如下:

```
def printUnivList(ulist):                          #输出函数
    for row in ulist:
        for col in row:
            print(col,end=',')
        print()
def main():                                        #主函数
    uinfo=[]
    url='https://zsb.jnu.edu.cn/88/df/c4292a428255/page.htm'
    #暨南大学 2019 年在全国普通高考的录取分数统计网页网址
    html=getHTMLText(url)
    fillUnivList(uinfo,html)
    printUnivList(uinfo)
```

6.6.2　中文文本分析实例

文本分析是指对文本的表示及其特征项的提取,它把从文本中抽取出的特征词进行量化来表示文本信息,目的是从文本数据中提取出符合需要的、感兴趣的和隐藏的信息。

文本内容是非结构化的数据,要从大量的文本中提取出有用的信息,需要将文本从无结构的原始状态转换为便于计算机处理的数据。典型的文本分析过程主要包括分词、特征提取、数据分析、结果呈现等。

中文分词是将连续的字序列按照一定的规范重新组合成词序列的过程,即将一个汉字序列切分成一个一个单独的词。因为英文词语与词语之间有明显的空格,分词不涉及复杂的关键词提取方法;而中文词与词之间是紧密相连的,分词方法相当复杂,目前的分词算法还不能实现完全准确的分词。Python 中文分词模块 jieba 采用的是基于词典的分词方法,也称基于字符匹配的分词方法,即在分析句子时与词典中的词语进行对比,词典中出现的就划分为词。

日常生活中需要处理大量的文本数据,人们需要高效的文本阅读和分析方法。文本可视化通过丰富的图形或图像,以易于理解和接受的方式揭示文本中的信息,因而得到广泛应用。词云是目前常用的关键词可视化形式,它能直接抽取文本中的关键词,并将其按照一定顺序和规律整齐美观地呈现在屏幕上。关键词是从文本的文字描述中提取的语义单元,可反映出文本内容的重点。用词云可视化文本数据可以帮助人们快速地了解文本的内容和特征等信息。词云通常使用字体的大小和颜色表示关键词的重要程度或出现频次。wordcloud 是 Python 中非常优秀的词云展示第三方库,以词为基本单位,对文本中出现频率较高的关键词予以视觉化展示。

图 6.3 是根据暨南大学招生网站的暨南大学简介制作的词云,字越大表示该关键词使用频率越高。

以下给出利用爬虫程序爬取暨南大学招生网站上的暨南大学简介,对爬取的文本进行分词,并生成词云图的完整代码:

图 6.3　暨南大学简介词云图

V6.7 Python 文本分析

```python
import requests
from bs4 import BeautifulSoup
import jieba
from wordcloud import WordCloud
def getHTMLText(url):
    r=requests.get(url)
    r.encoding=r.apparent_encoding
    return r.text
def extractText(html):
    soup=BeautifulSoup(html,"html.parser")
    div = soup.find(id="wp_content_w66_0")
    text=""
    for p in div.find_all("p"):                 #在<div>标签中找到所有<p>标签
        for sp in p.find_all('span'):           #在<p>标签中找到所有<span>标签
            text=text+sp.string
        text=text+"\n"
    return text
def Wordscut(text):                             #分词
    Words =jieba.lcut(text)
    return ' '.join(Words)
def generate_Wordcloud(cuted_text):
    wc =WordCloud(font_path="C:\\Windows\\Fonts\simhei.ttf",      #设置字体
            background_color="white",           #背景颜色
            width =1000,height =700,
            collocations=False)                 #避免重复单词
    wc.generate(cuted_text)                     #根据分词后的文本生成词云
    wc.to_file('grWordcloud.png')
def main():
```

```
        url='https://zsb.jnu.edu.cn/3510/list.htm'
        #暨南大学简介
        html=getHTMLText(url)
        text=extractText(html)
        generate_Wordcloud(Wordscut(text))
    main()
```

代码中的 jieba 和 wordcloud 是 Python 的第三方库,使用前要先安装。jieba 是中文分词模块库,使用 cut 方法进行分词;wordcloud 是词云生成模块库,使用 generate 方法读取文本并生成词云。

本章介绍了 Python 程序设计的基础知识,包括输入与输出、标识符与变量、数据类型及运算、程序控制结构、函数与模块等内容,并有针对性给出大量编程实例。最后还介绍了 Python 数据库编程以及非结构化数据的处理,并给出了网络爬虫应用及中文文本分析的具体实例。

6.7　思考题

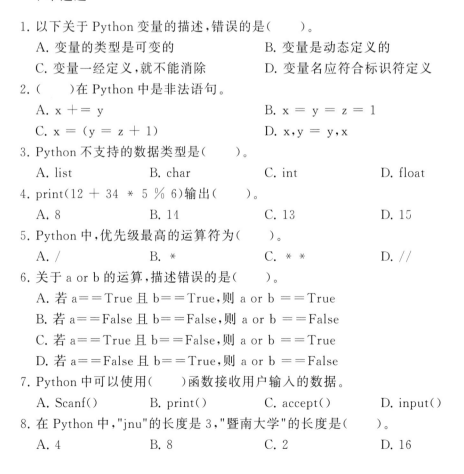

一、单选题

1. 以下关于 Python 变量的描述,错误的是(　　)。
   A. 变量的类型是可变的　　　　　　　　B. 变量是动态定义的
   C. 变量一经定义,就不能消除　　　　　D. 变量名应符合标识符定义

2. (　　)在 Python 中是非法语句。
   A. x += y　　　　　　　　　　　　　　B. x = y = z = 1
   C. x = (y = z + 1)　　　　　　　　　D. x,y = y,x

3. Python 不支持的数据类型是(　　)。
   A. list　　　　　　B. char　　　　　　C. int　　　　　　D. float

4. print(12 + 34 * 5 % 6)输出(　　)。
   A. 8　　　　　　　B. 14　　　　　　　C. 13　　　　　　D. 15

5. Python 中,优先级最高的运算符为(　　)。
   A. /　　　　　　　B. *　　　　　　　C. **　　　　　　D. //

6. 关于 a or b 的运算,描述错误的是(　　)。
   A. 若 a==True 且 b==True,则 a or b ==True
   B. 若 a==False 且 b==False,则 a or b ==False
   C. 若 a==True 且 b==False,则 a or b ==True
   D. 若 a==False 且 b==True,则 a or b ==False

7. Python 中可以使用(　　)函数接收用户输入的数据。
   A. Scanf()　　　　B. print()　　　　C. accept()　　　　D. input()

8. 在 Python 中,"jnu"的长度是 3,"暨南大学"的长度是(　　)。
   A. 4　　　　　　　B. 8　　　　　　　C. 2　　　　　　　D. 16

9. Python 中逻辑变量的值为(　　)。

　　A. True、False　　B. 真、假　　　　C. 0、1　　　　D. T、F

10. 程序设计中,可以终结一个循环执行的语句是(　　)。

　　A. continue　　B. exit　　　C. break　　　D. return

11. 运算结果不一定是 True 的逻辑表达式是(　　)。

　　A.(True or False)==True

　　B.(True or x)==True

　　C. not(a and b)==not(a)and not(b)

　　D.(False and x)==False

12. 字符串是一个字符序列,(　　)表示取出字符串 s 中从右侧向左第 2 个字符。

　　A. s[2]　　　　B. s[:-2]　　　C. s[-2]　　　D. s[0:-2]

13. 以下关于 Python 的说法中,正确的是(　　)。

　　A. 可以在函数形参名前面加上星号(*),星号的作用是收集其余位置的参数,实现变长参数传递

　　B. 如果 Python 中函数的返回值多于 1 个,则系统默认将它们处理成一个字典

　　C. 递归调用语句不允许出现在循环结构中

　　D. 在 Python 中,一个算法的递归实现往往可以用循环实现等价表示,但是递归表达的效率要更高一些

14.(　　)不是 Python 语言关键字。

　　A. break　　　B. else　　　C. printf　　　D. lambda

15.(　　)是一个不合法的表达式。

　　A. 22 % 3　　　　　　　　B. 5 + 'A'

　　C. [1,2,3] + [4,5,6]　　　D. 2 * 'jnu'

16. a=[1,2,3,4],(　　)是错误的。

　　A. a.insert(2,-1),则 a 为 [1,2,-1,4]

　　B. a.reverse(),则 a[1] 为 3

　　C. a.pop(1),则 a 为 [1,3,4]

　　D. a.pop(),则 a.index(3) 为 2

17. type(1+2*3.3+True) 的结果是(　　)。

　　A. <class 'bool'>　　　　B. <class 'long'>

　　C. <class 'int'>　　　　D. <class 'float'>

18. 计算机是一种按照设计好的程序,快速、自动地进行计算的电子设备,计算机开始计算前,必须把解决某个问题的程序存储在计算机的(　　)中。

　　A. CPU　　　B. 硬盘　　　C. 软盘　　　D. 内存

19. 计算机能进行文稿编辑处理,是因为计算机的内存中装载并运行了文字处理程序;计算机能在因特网上浏览,是因为计算机的内存中装载并运行了浏览程序。所以(　　)决定计算机干什么工作。

　　A. 其余答案都对　　B. 硬件　　　C. 程序　　　D. 硬件与程序

20. 以下关于使用计算机解题步骤的描述,正确的是( )。

A. 寻找解题方法→正确理解题意→设计算法→编写程序→调试运行

B. 正确理解题意→设计算法→寻找解题方法→编写程序→调试运行

C. 正确理解题意→寻找解题方法→设计算法→编写程序→调试运行

D. 正确理解题意→寻找解题方法→设计算法→调试运行→编写程序

21. 关于程序的控制结构,下面说法正确的是( )。

A. 一个程序必须包含三种结构　　　　B. 一个程序只能包含一种结构

C. 一个程序最多可以包含两种结构　　D. 一个程序可以包含三种结构

22. 一位同学想通过程序设计解决"韩信点兵"问题,在以下 4 套工作流程中,比较恰当的是( )。

A. 设计算法,提出问题,编写程序,运行程序,得到答案

B. 设计算法,编写程序,提出问题,运行程序,得到答案

C. 分析问题,编写程序,设计算法,运行程序,得到答案

D. 分析问题,设计算法,编写程序,运行程序,得到答案

23. ( )不是用于程序设计的语言。

A. Java　　　　　　B. Python　　　　　　C. VB　　　　　　D. XMind

24. 程序由( )和数据结构两部分组成。

A. 算法　　　　　　B. 计算机语言　　　　C. 工具　　　　　　D. 语言处理程序

25. 下列表达式的值为 True 的是( )。

A. 'ABC' > 'abc'　　　　　　　　　　B. 0.2==0.1+0.2

C. 1<3<2　　　　　　　　　　　　　D. ('1','2')< ('a','b')

26. ( )不属于 Python 的特性。

A. 动态数据类型语言　　　　　　　　B. 低级语言

C. 解释型语言　　　　　　　　　　　D. 面向对象型语言

27. 关于 Python 循环结构,以下描述选项中,错误的是( )。

A. continue 语句只能跳出当前层次的循环

B. 执行 break 语句,跳出当前 for 或 while 循坏,继续执行当前循坏之后的代码

C. for、while 分别是遍历循环结构和条件循环结构的关键字

D. for 循环中的迭代式可以是字符串、文件、组合类型数据和 range 函数返回值等

28. 以下代码的输出结果是( )。

```
for s in "JNU@ GuangZhou":
    if s=="@ ":
        continue
print(s,end="")
```

A. JNU　　　　　B. GuangZhou　　　　C. JNU@　　　　D. JNUGuangZhou

29. 已知代码如下:

```
x=3
while x >0:
    x -=1
    print(x,end=",")
```

以下选项中描述错误的是(　　)。

    A. 使用 while 循环结构可设计出死循环

    B. 条件 x ＞ 0 如果修改为 x＜0,程序执行会进入死循环

    C. x －＝ 1 可由 x ＝ x－1 实现

    D. 这段代码的输出内容为 2,1,0

30. 下面代码的执行结果是(　　)。

```
print(pow(2,0.5) * pow(2,0.5)==2)
```

    A. 1　　　　　　　B. 0　　　　　　　C. True　　　　　　D. False

31. 下面代码的输出结果是(　　)。

```
sum=0
for j in range(0,10):
    if j %2!=0:
        sum-=j
    else:
        sum+=j
print(sum)
```

    A. －5　　　　　B. 5　　　　　　　C. 4　　　　　　D. －4

32. 下面代码的输出结果是(　　)。

```
L =[]
for i in range(1,10):
    count =0
    for x in range(2,i-1):
        if i %x ==0:
            count +=1
    if count !=0:
        L.append(i)
print(L)
```

    A. [1,3,5,7]　　　B. [4,6,8,9]　　　C. [5,6,8,9]　　　D. [4,6,7,9]

33. 已知代码如下:

```
for i in range(1,10):
    for j in range(1,i+1):
        print("{} * {}={}\t".format(j,i,i * j),end ='')
    print()
```

以下选项中描述错误的是(　　)。

　　　　A. 执行代码出错　　　　　　　　　B. 内层循环 j 用于控制输出 i 列

　　　　C. 可改为 while 嵌套循环实现　　　D. 执行代码,输出九九乘法表

34. 在 Python 中,元组一旦创建(　　　)。

　　　　A. 就既可以被修改,也可以被删除　　B. 就不能被修改,但可以被删除

　　　　C. 就不能被修改,也不能被删除　　　D. 就不能被删除,但可以被修改

35. 下面代码的输出结果是(　　　)。

```
list = list(range(2))
print(list)
```

　　　　A. [1]　　　　　　B. [0,1]　　　　　C. [1,2]　　　　　D. [0,1,2]

36. 已知代码如下:

```
import random as r
lista =[]
r.seed(100)
for i in range(10):
    i =r.randint(100,999)
    lista.append(i)
```

以下选项中能输出 lista 中元素最大值的是(　　　)。

　　　　A. print(lista.count(999))

　　　　B. print(lista.max())

　　　　C. print(lista.len())

　　　　D. print(max(lista))

37. 下面代码的输出结果是(　　　)。

```
def f(n):
    if n==1 or n==0:
        return n
    else:
        return n * f(n-1)
for i in range(5):
    print(f(i),end =" ")
```

　　　　A. 0 1 2 3 5　　　B. 1 1 2 6 24　　　C. 0 1 2 6 24　　　D. 1 1 2 3 5

38. 以下关于匿名函数的说法中,错误的是(　　　)。

　　　　A. 匿名函数没有返回值　　　　　　B. 匿名函数是没有函数名的简单函数

　　　　C. 匿名函数可以指派给变量　　　　D. 匿名函数可以指派给列表元素

39. 下面代码的输出结果是(　　　)。

```
a =[[1,2],[3,4]]
print(sum(sum(n) for n in a))
```

　　　　A. 10　　　　　　B. 4　　　　　　C. 6　　　　　　D. 40

40. 下列代码的输出结果是(　　)。

```
def func(num):
    num += 2
x = 10
func(x)
print(x)
```

　　A. 2　　　　　　　B. 15　　　　　　C. 30　　　　　　D. 10

二、多选题

1. 在逻辑运算中,如变量 A 和 B 的逻辑值分别为 1 和 0,则(　　)和(　　)运算结果为 1。

　　A. A or not B　　　B. not A or B　　　C. not B and A

　　D. A and not B　　　E. not B or A

2. Python 中的注释符有(　　)。

　　A. # …　　　　　　B. // …　　　　　C. / * … * /

　　D. ''' … '''　　　　E. ? …

3. Python 中列表切片操作非常方便,若 x = range(100),则合法的切片操作有(　　)。

　　A. x[−3]　　　　　B. x[−2:13]　　　C. x[::3]

　　D. x[2:−3]　　　　E. x[−1:−5:−1]

4. 下列 Python 语句正确的有(　　)。

　　A. x = x if x < y else y

　　B. max = x > y ? x : y

　　C. if (x > y) print(x)

　　D. a = 50

　　　　if a < 100 and a > 10:

　　　　　　print("a is not 0")

　　E. if (x = y):　　print x

5. 程序设计语言的发展经历了从(　　)到汇编语言到(　　)的过程。

　　A. 云语言　　　　　B. 机器语言　　　C. 高级语言

　　D. 自然语言　　　　E. 智能语言

6. Python 中可以使用切片访问的数据类型不包括(　　)。

　　A. 列表　　　　　　B. 整数　　　　　C. 元组

　　D. 浮点数　　　　　E. 字符串

7. 标识符不可以是(　　)。

　　A. 变量名　　　　　B. 函数名　　　　C. 对象

　　D. 关键字　　　　　E. 数据类型名

8. 在 Python 中,与循环结构有关的关键字有(　　)。

A. try   B. while   C. for

D. else   E. if

9.( )都可以产生一个列表对象。

A. "1,2,3".count(',')   B. list("1,2,3")

C. "1,2,3".split(',')   D. ",".join(['1','2','3'])

E. "1,2,3" * 2

10. 不合法的 Python3 变量名有( )。

A. 3ab   B. 不是变量   C. int_1

D. x $ y   E. _maxn

三、判断题

1. Python 可以使用缩进来体现代码之间的层次结构关系,也可以使用花括号表示层次关系。   ( )

2. 在 Python 中,不仅可以对列表进行切片操作,还能对元组和字符串进行切片操作。   ( )

3. 在 Python 中,表达式'A'+1 是无法进行计算的原因是+两端的数据类型不同,且无法类型自动转换。   ( )

4. 前缀一个星号(*)参数的函数,传入的过量参数存储为一个元组;前缀两个星号(* *)参数的函数,传入的无主关键字参数则存储为一个字典。   ( )

5. 在 Python 语言中,变量是通过赋值语句动态创建的,同一个变量每赋值一次就重新创建一次。   ( )

6. 已知 a 是个列表对象,执行语句 b = a[:]后,对 b 所做的任何原地操作都会同样作用到 a 上。   ( )

7. 因为 Python 语言中包含多种数据类型,所以更适合非结构化数据的处理。 ( )

8. 网络爬虫是非结构化数据应用实例。网页信息爬取过程是将隐藏在半结构化网页中的信息爬取出来,形成结构化数据,以便后续处理。   ( )

9. 在 Python 程序设计过程中,可以借助第三方库提高程序设计效率。 ( )

10. 程序由算法和数据组成,数据可以来自另一个待执行的程序。 ( )

四、填空题

1. 在 Python 中,已知 x = 10,执行语句 x += 5 后,x 的值为_____。

2. Python 表达式 1 in [1,2,3]的值为_____。

3. 输入、_____、输出是编写程序的基本方法,简称 IPO 模式。

4. 已知 a=[1,2,3,4,5,6],通过 a 获取[4,3,2,1]的切片表达式为_____。

5. 执行赋值语句 *x,y,z=[1,2,3,4]后,print(y)输出的是_____。

6. 完善代码,实现求圆柱体的体积。

```
r =eval(input("输入圆柱底半径"))
_____
```

```
v = 3.14 * r ** 2 * h
print("圆柱体的体积等于",v)
```

7. n＝int(input("输入一个正整数："))

```
x=1 ; i = 2
while i<=n:
    x = x + i
    i += 2
print(n,x)
```

代码中用于迭代的变量有_____。

8. 在数据处理过程中,往往会借助第三方库。_____是一个常用的下载、安装第三方库的工具。

9. 执行以下代码,输出的结果是_____。

```
op=('+','-','*','/')
cal=(lambda x,y:x+y,lambda x,y:x-y,lambda x,y:x*y,lambda x,y:x/y)
print(cal[op.index('*')](10,5))
```

10. 高级程序设计语言通常有两类循环结构,分别是 while 循环和_____循环,也称为条件型循环和遍历型循环。

五、编程题

1. 输入一个表示成绩的整数,输出其对应等级,80 分及以上为 good,60 分及以上为 pass,否则为 fail。

2. 孪生素数就是指相差 2 的素数对,例如 3 和 5,5 和 7,11 和 13…编写程序,输出 100 以内的所有孪生素数对。

3. 用迭代法求 x＝a ** (1/2),即 a 的平方根,要求前后两次求出的 x 的差的绝对值小于 10 ** (-5)。求平方根的迭代公式为 x＝(x+a/x)/2。

4. 设一根铜管长 317 米,现要求将其截成 15 米和 27 米两种长度的短管,且两种短管至少各有一根。问每种规格的短管各为多少根时,剩余的残料最小。编写程序,找出所有的最佳方案。

5. 甲、乙、丙 3 位球迷分别预测已进入半决赛的 4 个队 A、B、C、D 的名次如下:甲预测,A 第一,B 第二;乙预测,C 第一,D 第三;丙预测,D 第二,A 第三。比赛结果恰使甲、乙、丙 3 人的预测各对一半。编写程序,求出 4 个队的名次。

6. 验证哥德巴赫猜想:输入任意大于 2 的偶数,找出两个素数,其和等于输入的偶数。若找到输出这两个素数,否则输出找不到。

7. 输入一串字符,统计并输出字符串中各英文字母(不区分大小写)出现的次数。

8. 编写程序,随机产生 30 个 1～100 的随机整数并存入 5 行 6 列的二维列表中,按 5 行 6 列的格式输出该列表,统计并输出该列表的最大值、最小值、平均值及大于平均值个数、小于平均值个数。

第7章

互联网技术及应用

人们对不同计算机之间通信和资源共享的需求,催生了计算机网络的产生和发展。随着互联网技术的发展和信息基础设施的完善,互联网已经渗透到现代社会的方方面面,为人们的工作、学习和生活带来了前所未有的便利。计算机网络技术成为 20 世纪以来对人类社会产生最深远影响的科技成就之一。本章从网络的基础知识入手,介绍互联网相关技术及应用,并将目前较为热门的物联网、云计算、大数据、人工智能等互联网新技术融入其中。

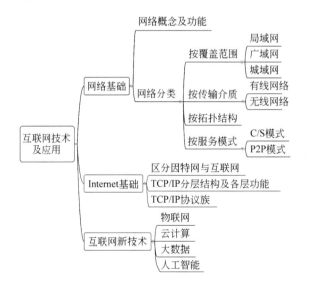

7.1 网络基础

计算机网络是现代计算机技术和通信技术密切结合的产物,是人类发展有史以来最重要的发明。自从计算机网络出现以后,它的发展速度与应用的广泛程度十分惊人。目前,网络技术正以空前的速度持续发展着。

7.1.1 网络的定义

什么是计算机网络?在计算机网络发展过程的不同阶段,对其有不同的定义。一种最简单的计算机网络定义:自主计算机系统的互联集合。

当前比较通用的计算机网络定义：**计算机网络**是将分布在不同地点，具有独立功能的多台计算机，通过通信设备和传输介质连接起来，在功能完善的网络软件支持下，实现资源共享和数据通信的系统。

对于计算机网络的概念，可以从以下 4 个要素进行理解。

（1）**连接对象**。"具有独立功能的多台计算机"是指每个计算机系统（如大型计算机、微型计算机、工作站等）或者其他数据终端等设备，它们都有自己的软硬件系统，能够独立运行。

（2）**连接媒介**。这些媒介为"通信设备"和"传输介质"。通信设备包含网卡、集线器、交换机、路由器等相互连接和转换的设备；传输介质指的是光纤、双绞线、同轴电缆、无线电波等通信线路。

（3）**控制机制**。硬件的工作总是在软件的控制下完成的，有了前面两点所说的硬件，当然还要有相应的软件。相关的"网络软件"主要是指网络操作系统、网络通信协议、网络管理及应用软件。

（4）**实现功能**。接入网络后这些计算机设备就可以"资源共享"和"数据通信"了。资源共享是指网络中可以共享的所有软件资源和硬件资源，实现数据信息传递和分享。

由此可知，一个计算机网络系统由网络硬件和网络软件组成。网络硬件包括各类计算机及外部设备、传输介质和网络连接设备等，网络软件是指网络操作系统、网络通信协议、网络管理及应用软件等。网络硬件是网络系统的物理实现，网络软件对网络系统进行控制和技术支持。

至少两台计算机才能构成网络，它们可以是在一间办公室内，也可能分布在地球的不同半球上。最简单的网络就是人们在家庭中利用一台即插即用的路由器连接两台计算机，这就组建了一个网络。尽管这个网络很小，但已经可以实现互相通信，共用一台打印机了。当然，最庞大的计算机网络就是因特网，它由非常多的中小型计算机网络通过许多路由器互联而成。因此因特网也称"网络的网络"。

7.1.2　网络的功能

如今计算机网络的应用已经覆盖了社会工作、生活的方方面面，计算机信息处理从集中化向分散化发展。个人计算机不再是仅承担文字、数字、图像、音频等的处理工作，还可以使这些信息四通八达。无论是即时通信、联网娱乐、共享打印，还是电子银行、网上购物，或是网络计算、集群系统，这些均离不开计算机网络。

计算机网络具有广泛的用途，归纳起来主要功能有以下 5 点。

1. 数据通信

数据通信是计算机网络最基本的功能。数据通信利用计算机网络，实现不同地理位置计算机之间、计算机与终端之间的数据信息的快速传送，包括文字、图形、图像、声音、视频等各种多媒体信息。利用这一特点，可实现将分散在各个地区的部门或单位用计算机网络联系起来，通过发送和接收电子邮件、远程登录、网络电话、视频会议等形式进行统一调配、控制和管理。

2. 资源共享

所有计算机网络的核心目的都是为了实现资源共享。资源共享可以分为硬件资源共享、软件资源共享和数据资源共享 3 方面。

（1）**硬件资源共享**。在计算机网络环境下，用户可以将连接在本地计算机的硬件设备，如高分辨率打印机、大容量存储设备、高精度图形设备等，通过资源共享，提高硬件设备的利用率，节约开支，避免重复投资。

（2）**软件资源共享**。在计算机网络环境下，用户可以将某些重要的软件或者大型的、占用空间大的软件安装在特定的网络服务器上，将其属性设置为共享，这样网络上的其他计算机即可直接利用，从而节省各自计算机的存储空间，也达到减少软件的重新购置或避免重复开发的目的。

（3）**数据资源共享**。数据信息也是一种宝贵的资源，计算机上各种有用的数据和信息资源，通过网络可以快速准确地向其他计算机传送。例如，某些部门的数据库（如飞机机票、酒店客房等）可供全网使用；图书馆将其书目信息放在校园网上，学校的师生就可以通过校园网实现文献索引、馆藏书目信息快速检索。

3. 分布处理

把要处理的任务分散到各个计算机上运行，而不是集中在一台大型计算机上。这样，不仅可以降低软件设计的复杂度，还能提高工作效率和降低成本。例如，网格计算、集群系统等。计算机网络也促进了性能优良的分布式数据库的发展，遍布全国的银行数据库系统就是实例。

4. 均衡负荷

当网络中某台计算机的任务负荷过重时，通过网络和应用程序的控制和管理，将任务转交给比较空闲的其他计算机来负担。这样能均衡各计算机的负载，提高处理问题的实时性。云计算现在就已经不单单是一种分布式计算，而是分布式计算、负载均衡、并行计算、网络存储等计算机技术混合演进并跃升的结果。

5. 保证系统安全、可靠

系统安全、可靠对于军事、金融等部门极为重要，当一台计算机出现故障时，可以通过网络中的另一台计算机代替本机工作。当网络中的一条线路出了故障，可以取另一条线路，从而增强网络系统的可靠性。当然数据等资源也可以备份在不同地点的计算机中，防止单点失效对用户的影响。

7.1.3 网络的性能指标

衡量网络性能的指标包括速率、带宽、吞吐量、时延等。

1. 速率

在计算机网络中,速率指的是数据的传输速率,即每秒传输的比特数量,也称比特率。速率是计算机网络中最重要的一个性能指标,速率的单位是 b/s(比特每秒),有时候也写为 bps。现在人们常用更简单的并且很不严格的记法来描述网络速率,如 100M 以太网,意思是速率为 100Mb/s 的以太网,它省略了单位中的 b/s。

2. 带宽

在计算机网络中,带宽用来表示网络的通信线路传输数据的能力,即网络中通信线路所能传输的最高速率。由此可知,带宽的单位就是速率的单位 b/s。网络带宽越大,就如同高速公路的车道越多,其通行能力越强。

查看计算机网卡的带宽,可在任务栏右下角的本地连接上右击,在弹出的快捷菜单中选择"打开'网络和 Internet'设置"命令,打开"设置"窗口,单击"网络和共享中心"→WLAN,弹出窗口如图 7.1 所示。可查看到该网卡的带宽是 360.0Mb/s,即每秒最高能传输 360Mb 的数据量。注意,这里是以 Mb 为单位计算的,而在实际上网应用时,所说的带宽是以 MB 为单位计算的。如果把 360Mb 以 MB 为单位换算,理论上是可以达到45MB,但实际上可能只有 30~40MB(其原因是受用户计算机性能、网络设备质量、资源使用情况、是否网络高峰期、信号衰减等多因素的影响而造成的)。

图 7.1　带宽

3. 吞吐量

吞吐量表示在单位时间内通过某个网络(或接口)的实际数据量,包括全部的上传和下载的流量。吞吐量更经常地用于对现实世界中的网络测量,以便知道实际上有多少数据量能够通过该网络。显然,吞吐量受网络的带宽或网络的额定速率的限制。例如,对于一个 1Gb/s 的以太网,其额定速率是 1Gb/s,那么这个数值也是该以太网的吞吐量的上限值,而其实际的吞吐量可能只有700Mb/s,甚至更低。

4. 时延

时延是指数据(一个报文或分组,甚至比特)从网络的一端传送到另一端所需的时间。它包括发送时延和传播时延、排队时延和处理时延,一般主要考虑发送时延与传播时延。时延的单位是毫秒(ms),时延有时也称延迟或迟延。

每台连接网络的计算机都有一个内置于操作系统中的免费延迟测试工具,称为ping。它是对一个网址发送测试数据包,看对方网址是否有响应并统计响应时间,以此检测网络的连通情况和分析网络延迟。具体方法:右击屏幕"开始"按钮,在弹出的快捷菜单中选择"运行"命令,输入cmd按Enter键,在弹出的DOS窗口中输入ping <要连接的主机IP地址>,如图7.2所示。

图 7.2　ping命令结果显示

7.1.4　网络的分类

随着计算机网络的进一步发展,目前已出现多种形式的计算机网络。计算机网络的分类方法有很多种,常见的计算机网络分类方法是按覆盖范围、传输介质、拓扑结构、服务模式进行划分。从不同角度出发,按照不同的分类标准划分网络,有利于全面了解计算机网络系统的各种特性。

1. 按覆盖范围分类

计算机网络按覆盖范围可分为局域网、广域网和城域网。

1) 局域网

局域网(Local Area Network,LAN)是在有限的地理范围内将计算机或终端设备互连在一起的计算机网络,例如,在一个宿舍、一个办公室、一栋楼、一个校园或者一个企业内,其覆盖的地理范围通常在几米到几千米。

局域网的特点是连接范围窄、配置容易、使用灵活、用户数少、传输速率高、延时低。目前常见的局域网主要有以太网(Ethernet)、无线局域网(WLAN)和虚拟局域网

（VLAN）。

以太网是应用最广泛的局域网，包括标准以太网（10Mb/s）、快速以太网（100Mb/s）、千兆以太网（1000Mb/s）和 10Gb/s 以太网，它们都符合 IEEE 802.3 系列标准规范。无线局域网应用无线通信技术，使用电磁波取代旧式双绞线，通过无线的方式连接局域网，从而使网络的构建和终端的移动更加便利和灵活。

2）广域网

广域网（Wide Area Network，WAN）是在一个广阔的地理区域内进行数据传输的计算机网络，它可以覆盖一个城市、一个国家甚至全世界，形成国际性的远程网络。例如，一个大企业将散布在各地区，甚至海外的分公司的计算机以专线方式连接起来。

广域网往往以连接不同地域的大型主机系统或局域网为目的，通常需要借用公用通信网络（如 PSTN、DDN、ISDN 等）进行数据传输。相比局域网，其数据传输速率较低，传输延迟较大。

常见的广域网接入技术有数字数据网（DDN）、综合业务数字网（ISDN）、宽带综合业务数字网（B-ISDN）、公共交换电话网（PSTN）、帧中继（FR）、x 数字用户线（xDSL）、本地多点接入服务（LMDS）等。

3）城域网

城域网（Metropolitan Area Network，MAN）的覆盖范围介于局域网和广域网之间，一般为几千米至几十千米，例如在同一个城市，将多个学校、企事业单位或医院的局域网互相连接起来共享资源。

城域网技术对通信设备和网络设备的要求比局域网高，在实际应用中已经被广域网技术取代。现在，城域网很少提及和推广使用。

2. 按传输介质分类

网络传输介质是指在网络中传输信息的载体。计算机网络按传输介质分类可分为有线网络和无线网络。

1）有线网络

有线网络（Wired Network）是指采用同轴电缆、双绞线、光纤作为传输介质的网络。

（1）**同轴电缆**（Coaxial Cable）是由一层绝缘层包裹着中央铜导体的电缆线。有线电视网使用的传输介质就是同轴电缆，如图 7.3 所示。早期的局域网也使用网络同轴电缆，但由于体积大、不能承受缠结且成本高，现在基本上已经被双绞线和光纤所取代。

（2）**双绞线**（Twisted Pair，TP）是由一对相互绝缘的金属导线绞合在一起而制成的一种通用配线，如图 7.4 所示。与其他传输介质相比，双绞线在传输距离、信道宽度和数据传输速率等方面均受到一定限制，但价格较为低廉，易于安装和使用，具有较好的性价比，故被广泛应用于局域网。

（3）**光纤**（Optical Fiber）是光导纤维的简写，由光导纤维纤芯、玻璃网层和能吸收光线的外壳组成，如图 7.5 所示。

光纤具有抗干扰能力强、信号衰减小、频带宽、传输速率高、传输距离远等特点，但价格昂贵，主要用于要求传输距离较长、布线条件特殊的主干网连接。

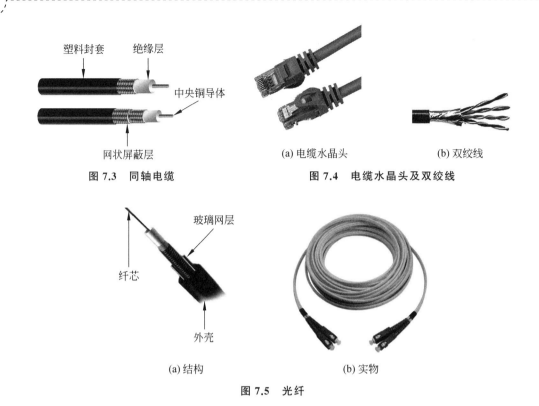

图 7.3　同轴电缆

图 7.4　电缆水晶头及双绞线

(a) 电缆水晶头　　(b) 双绞线

(a) 结构　　　　(b) 实物

图 7.5　光纤

2）无线网络

无线网络（Wireless Network）突破有线网络的限制，利用空间电磁波实现站点之间的通信，从而为广大用户提供移动通信。目前常用的无线传输介质有无线电短波、微波、红外线、激光以及卫星通信等。

无线电波是指在自由空间（包括空气和真空）传播的射频频段的电磁波。无线电波的传播特性与频率有关，按照频率由高到低的顺序，不同频率的电磁波可以分为无线电短波、微波、红外线、可见光、紫外线、X 射线、Y 射线。现在人们已经利用了无线电短波、微波、红外线等多个波段进行通信。

（1）**无线电短波传输**：短波通信又称高频通信，电磁波工作频率为 3～30MHz。无线电短波信号频率主要用于广播、电台、电视等，较少用于计算机网络。

（2）**微波传输**：微波是指频率为 300MHz～300GHz 的电磁波，是无线电波中一个有限频带的简称。频率比一般的无线电波频率高，通常也称超高频电磁波。当前计算机无线网络主要使用微波技术来实现。

蓝牙技术就是使用 2.4GHz 微波频段的一种短距离、低成本的无线通信技术，主要应用于近距离的语言和数据传输业务。蓝牙也能用来连接个人区域网内的设备，连接家庭娱乐系统组件，让汽车驾驶员不用手就可以操作移动电话，连接移动电话和无线耳机，以及在个人数字助理（Personal Digital Assistant，PDA）和桌面计算机之间进行同步，如图 7.6 所示。

WiFi（又称行动热点）无线网络在 2.4GHz 和 5GHz 的两个频段经营，几乎所有智能手机、平板计算机和笔记本计算机都支持 WiFi 上网，是当今使用最广泛的一种无线网络

(a) 蓝牙耳机　　　　(b) 通过蓝牙耳机通电话

图 7.6　蓝牙

传输技术。当人们提到无线局域网(Wireless Local Area Network,WLAN)时通常想到的就是 WiFi,图 7.7 是一个典型的 WiFi 无线局域网接入因特网(Internet)的网络结构图。

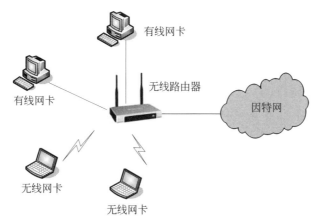

图 7.7　WiFi 无线局域网接入因特网

概念扩展:WiFi 与 WLAN

WiFi 在室内给人们提供了真正的不用操心的"无限流量"。那么,WiFi 与 WLAN 有什么区别吗?

简单地说,WLAN 是无线局域网的统称,WiFi 实质上是一种商业认证,同时也是一种允许电子设备连接到一个 WLAN 的技术,是当今应用最为广泛的一种无线网络传输技术。

V7.1 WiFi 与 WLAN

WLAN 是指应用无线通信技术将计算机设备互相连接,构成可以互相通信和实现资源共享的网络体系。WLAN 的网络标准是 IEEE 委员会定义的 802.11 系列标准协议,目前使用最多的是 IEEE 802.11n 和 IEEE 802.11ac 标准。IEEE 802.11n 可工作在 2.4GHz 和 5GHz 两个频段,传输速率理论上可达 600Mb/s。IEEE 802.11ac 是 IEEE 802.11n 的继承者,通过 5GHz 频带提供高通量的无线局域网,理论上能够提供最少 1Gb/s 带宽进行多站式无线局域网通信。

WiFi 是一个基于 IEEE 802.11 系列标准的无线局域网技术,目的是改善基于 IEEE 802.11 标准的无线网络产品之间的互通性,由 WiFi 联盟(WiFi Alliance)持有该品牌。与蓝牙技术一样,同属于短距离无线通信技术,主要用在楼层办公室、家庭等空间较小的区域。从包含关系上,WiFi 包含于 WLAN 中,WiFi 属于采用 WLAN 协议的一项技术。现在的手机和路由器上最广泛使用的是 WiFi 5 技术,WiFi 5 技术基于 IEEE 802.11ac 标准,诞生于 2013 年。2019 年 9 月,WiFi 联盟正式推出基于 IEEE 802.11ax 标准的 WiFi 6,成为第六代 WiFi 技术,WiFi 6 理论吞吐量最高可达 9.6Gb/s。

和 5G 网络一样,WiFi 6 还只是在普及阶段。目前支持 WiFi 6 的路由器价格都高达数千元。而支持 WiFi 6 的终端设备,目前也仅限于几款旗舰级手机和笔记本计算机。所以目前没有必要刻意追求 WiFi 6 网络。如果现在需要购买路由器,入手一个数百元的 WiFi 5 路由器是最实用的选择。

(3) **红外线传输**:红外线是波长介于微波与可见光之间的电磁波。无导向的红外线被广泛用于短距离通信。电视等家用电器的遥控装置就是应用红外线通信的例子。它的一个主要缺点是不能穿透坚实的物体。

(4) **激光传输**:利用激光束作为信道在空间(陆地或外太空)直接进行语音、数据、图像信息双向传送的通信方式。无线激光通信以激光作为信息载体,不使用光纤等有线信道的传输介质,属于新型应用技术。早期主要应用于军事和航天领域,近几年逐渐应用于商用的地面通信。

(5) **卫星通信**:实际上也是一种微波通信,它利用卫星作为中继站转发微波信号,在两个或多个地面站之间通信,如图 7.8 所示。自 20 世纪 90 年代以来,卫星通信的迅猛发展推动了无线技术的进步。卫星通信具有覆盖范围广、通信容量大、传输质量好、组网方便迅速、便于实现全球无缝连接等诸多优点,是远程通信的重要手段之一。

图 7.8 卫星通信

无线网络没有了"烦恼的"布线问题,其灵活性和移动性好,以及网络覆盖面广等优点,使其在计算机网络通信中应用越来越多,而且随着无线网络技术的发展,可以预见无线网络传输将逐渐成为主角,让用户通过它达到"信息随身化,便利走天下"的理想境界。

3. 按拓扑结构分类

拓扑结构是指用传输介质互联各种设备的物理布局,即将网络中的计算机或设备抽象为点,传输介质抽象为线,由此组成的几何形状。网络拓扑结构用于表示整个网络的结构外观,反映各节点之间的结构关系,对整个网络的设计、功能、可靠性和费用等方面有重要影响。

常见的计算机网络拓扑结构有**总线、环形、星形、树状、网状和混合**,如图 7.9 所示。

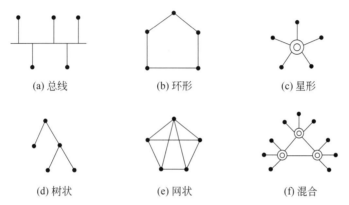

(a) 总线　　　　(b) 环形　　　　(c) 星形

(d) 树状　　　　(e) 网状　　　　(f) 混合

图 7.9　主要的网络拓扑结构类型

总线拓扑是将网络中所有的设备通过相应的硬件接口直接连接在共同的传输介质上,该公共传输介质称为总线。以太网是目前应用最普遍的局域网技术,使用的大都是总线拓扑结构;星形是以一台设备作为中央连接点,各节点都与它直接相连形成星形,星形拓扑在局域网中也较常用;环形是将所有节点彼此串行连接,像链子一样构成一个环形回路;树状是从总线拓扑演变而来的一种层次结构,各节点按层次连接;混合是将两种或两种以上单一拓扑结构混合,在实际应用中网络拓扑结构常常不是单一的,如采用星形和环形混合,取两者的优点构成拓扑结构;网状拓扑又称无规则结构,节点之间的连接是任意的,每个节点都有多条线路与其他节点相连。除此之外,蜂窝拓扑结构是无线局域网中常用的结构。

由于广域网通常是各种形状的局域网的互联,形状不规则,因此拓扑结构大多采用网状结构。进而网络拓扑结构一般主要指局域网的形状结构。

4. 按服务模式分类

按服务模式分类,计算机网络可以分为客户-服务器模式和对等网络模式,如图 7.10 所示。

(1) **客户-服务器模式**:即 Client-Server(C/S)模式。服务器是指专门提供服务的高性能计算机或专用设备,客户机是用户计算机。服务器处于中心位置,客户机向服务器发出请求并获得服务,多台客户机可以共享服务器提供的各种资源。这是最传统的工作模

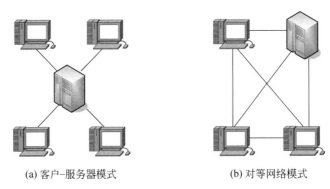

(a) 客户–服务器模式　　　　　　　(b) 对等网络模式

图 7.10　客户-服务器模式和对等网络模式

式,许多重要的因特网应用协议,如 HTTP、FTP、SMTP 都采用了 C/S 模式,银行、证券公司也是如此。

（2）**对等网络模式**：又称点对点网络（Peer-to-Peer,P2P）,是能够提供对等通信功能的网络模式。P2P 结构无中心服务器,让所有的客户端都能提供资源,每个节点大多同时具有信息消费者、信息提供者和信息通信 3 方面的功能。现在,P2P 服务模式比比皆是,如比特币、Gnutella、eMule、BitTorrent、即时信息 QQ、流媒体播放 PPLive 等。

7.2　Internet 基础

7.2.1　因特网与互联网

因特网与互联网这两个名称在使用时完全没有区别,或是指两个不同的概念？在回答这个问题之前先回顾一下因特网的历史。

因特网于 1969 年诞生于美国。前身是美国国防部高级研究计划局（ARPA）主持研制的,用于支持军事研究的阿帕网（ARPANET）。1986 年,美国国家科学基金会（NSF）将分布在美国各地的 5 个为科研教育服务的超级计算机中心互联,并支持地区网络,形成 NSFNET。1988 年,NSFNET 替代 ARPANET 成为 Internet 的主干网。NSFNET 主干网利用了在 ARPANET 中已证明非常成功的 TCP/IP 技术,准许各大学、政府或私人科研机构的网络加入。1989 年 ARPANET 解散,Internet 从军用转向民用。现在因特网已发展成为一个覆盖全球的开放型计算机网络系统,拥有许多服务商。如今大多数用户通过因特网服务提供方（ISP）获得因特网接入服务。

因特网并不是全球唯一的互连网络。例如,在欧洲,跨国的互连网络就有欧盟网（Euronet）、欧洲学术与研究网（EARN）、欧洲信息网（EIN）；在美国还有国际学术网（BITNET）。

全球最大的互连网络称为 Internet,因特网是 Internet 的中文译名。因特网作为专有名词出现,开头字母必须大写即 Internet。字母小写开头的 internet,泛指由多个计算机网络相互连接而成的一个大型网络。当今社会很少有完全孤立的网络,按全国科学技术名词审定委员会的审定,由若干网络相互连接而成的网络统称为互联网。也就是说,因特网和其他类似的由计算机相互连接而成的大型网络系统,都可算是互联网。因特网是目前全球最大的、开放的一个互联网。

《现代汉语词典》第 7 版对互联网和因特网的定义:互联网是由若干计算机网络相互连接而成的网络;因特网是目前全球最大的一个计算机互联网,是由美国的阿帕网发展演变而来的。

在互联网应用如此高速发展的今天,Internet 已经超越了一个网络的含义,可以说,Internet 既是一个多媒体的通信媒介,又是一个无限的全球信息资源总汇。它已成为一个信息社会的缩影而无所不在。

Internet 是由成千上万个各种类型的网络通过路由器相互连接在一起,主要采用 TCP/IP,构成世界范围的全球性网络。

图 7.11 显示了一个由 LAN、WAN 和路由器连接成的一个互联网。

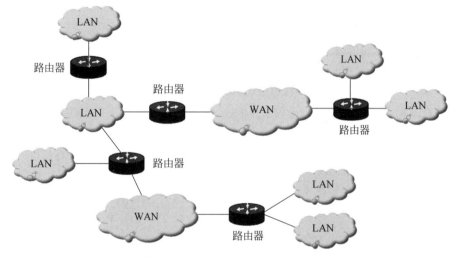

图 7.11　由 LAN、WAN 和路由器连接成的一个互联网

7.2.2　TCP/IP

人们几乎每天都在使用 Internet,如广州的某块网卡送出信号,华盛顿的另块网卡居然收到信号,两者实际上根本不知道对方的物理位置。你是否想过,它是如何实现的呢?

1. 网络协议

在传统的现实生活中要邮寄一封书信,必须按一定的格式或约定书写信封上的信息,以便正确地实现信函分拣和传递。在交通系统中为保障道路畅通,车辆和行人都必须遵守交通规则。同样道理,计算机网络中的硬件和软件存在各种差异,为了保证相互之间有条不紊地交换数据和控制信息,也必须遵守一些事先约定好的规则,这些规则精确地规定了交换信息的格式和时序。**网络协议**(Network Protocol)就是计算机网络中进行数据交换而建立的规则、标准或约定的集合。

Internet 的核心是一系列协议,它们对计算机如何连接和组网,做出了详尽的规定。理解了这些协议,就理解了 Internet 的原理。

TCP/IP 是 Internet 最基本的协议。通常所说的 TCP/IP 不仅仅指的是传输控制协议(Transmission Control Protocol,TCP)和网际协议(Internet Protocol,IP),而是指一个由 FTP、SMTP、TCP、UDP、IP 等构成的协议族,只是因为在 TCP/IP 中 TCP 和 IP 最具代表性,所以称为 TCP/IP。

现在,TCP/IP 广泛应用于各种网络中,不论是局域网还是广域网,都可以用 TCP/IP 来构造网络环境。除了 UNIX 外,Linux、Windows 等网络操作系统都将 TCP/IP 纳入其体系结构中。Internet 以 TCP/IP 为核心协议,更加促进 TCP/IP 的应用和发展,已成为事实上的国际标准。

2. TCP/IP 层次结构

Internet 网络体系结构以 TCP/IP 为核心,原始的 TCP/IP 被定义为 4 层的体系结构,如今的 TCP/IP 通常被定义为 5 层的体系结构。自上而下依次是应用层、传输层、网络层、链路层和物理层。每层为了完成自己相应的功能以及上下层之间进行沟通,都定义了很多协议。TCP/IP 层次结构及各层主要协议如图 7.12 所示。下面简要介绍每层的功能及主要涉及的协议。

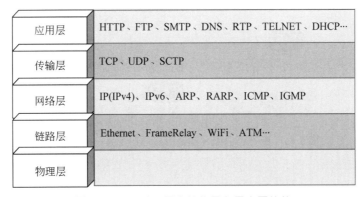

图 7.12　TCP/IP 层次结构及各层主要协议

1) 物理层

要组网,第一件事要做的是什么?当然是用光纤、电缆、无线电波等方式先把计算机连接起来。物理层(Physical Layer)是把计算机连接起来的物理手段,是所有网络的基础。该层主要作用是规定了网络的一些电气特性,确保原始的 0 和 1 电信号(即比特流)可在各种物理媒体上传输。

2) 链路层

链路层(Link Layer)负责数据帧(Frame)在两个相邻节点间的传送(这里的节点可以是计算机或路由器)。

单纯的 0 和 1 没有任何意义,必须规定解读方式:多少个电信号算一组?每个信号位有何意义?早期每家公司都有自己的电信号分组方式。逐渐地,以太网(Ethernet)的协议占据了主导地位。以太网规定,一组电信号构成一个数据包,称为帧(Frame)。每帧分成标头(Head)和数据(Data)两个部分:标头包含数据帧的一些说明项,如发送者和接收者信息、数据类型等;数据则是数据帧的具体内容。

以太网数据帧的标头包含了发送者和接收者的信息。发送者和接收者如何标识?以太网规定,接入网络的所有设备,都必须具有"网卡"接口。数据帧必须是从一块网卡传送到另一块网卡。网卡的地址就是数据帧的发送地址和接收地址,也称 **MAC 地址**,链路层的地址标识了网络设备上的每个物理网络连接,因而,该地址也称为物理地址或硬件地址。

MAC 地址是固化在网卡 ROM 芯片上的一串数字,通常采用十六进制标识,共 6 字节,如:8C-16-EA-D2-3C-19。前 3 字节是厂商编号,由 IEEE(电气和电子工程师协会)提供;后 3 字节是设备编号。MAC 地址是每块网卡的身份,用来标识以太网上某个单独的设备或一组设备。有了 MAC 地址,就可以定位网卡和数据包的路径了。

链路层的主体部分是在网卡中实现的,网卡的核心是链路层控制器,是实现许多链路层服务的专用芯片。因此,链路层的许多功能在硬件中实现,例如,Intel 的 8254x 控制器实现了 Ethernet 协议,Atheros AR5006 控制器实现了 IEEE 802.11 WiFi 协议。

数据链路层的交换机,常用于组建局域网,它是根据 MAC 寻址转发数据帧的主要网络设备。

定义了 MAC 地址只是其中一步,以太网必须知道接收方的 MAC 地址才能发送。一块网卡如何知道另一块网卡的 MAC 地址?ARP 可以解决这个问题。即使有了 MAC 地址,系统怎样才能把数据帧准确送到接收方?以太网采用的是向本网络内所有站点发送,让每台计算机自己判断,是否为接收方,即用"广播"的方式发送数据包。

有了数据包的定义、网卡的 MAC 地址、"广播"的发送方式,链路层就可以在多台计算机之间传送数据了。

3)网络层

在网络通信过程中,将发出数据的主机称为源主机,接收数据的主机称为目的主机。网络层(Network Layer)负责单个数据包(Packet)从源主机到目的主机的发送。

网络层的主要协议是网际协议(Internet Protocol,IP)。IP 将各种不同的网络互连,并规定了数据从一个网络传输到另一个网络应遵循的规则。IP 为每台设备分配 IP 地址、数据包传送、数据包路由选择等。网络层还定义了几个辅助协议,帮助 IP 完成职责。例如,用于 IP 地址和 MAC 地址之间的地址解析协议(ARP)和反向地址解析协议(RARP),互联网控制报文协议(ICMP)及互联网组管理协议(IGMP)。

如果两台计算机不在同一个子网,广播是传不过去的。因特网是无数子网组成的,很难想象广州和华盛顿的计算机会在同一个子网。因此,必须找到一种方法,能够区分哪些 MAC 地址属于同一个子网,哪些不是。如果是同一个子网,就采用广播方式发送,否则就采用路由方式发送。

网络层引进一套新的地址称为网络地址,能够区分不同的计算机是否属于同一个子网。于是,每台计算机有了两种地址:一种是 MAC 地址;另一种是网络地址。MAC 地址是绑定在网卡上的,网络地址则是网络管理员分配的。

(1) IP 地址。

IP 地址(Internet Protocol Address)是 IP 提供的一种统一的地址格式,因特网上每台计算机都会分配一个唯一的 IP 地址。目前 IP 地址的版本是 **IPv4**,采用 32 位二进制表示。为了方便使用,通常用点分十进制标记法,每字节用圆点隔开,如写成 202.116.8.195。

每个 IP 地址的格式由两部分组成:网络号+主机号。其中,网络号部分标识设备所属网络,主机号部分标识网络上的设备。处于同一子网的计算机都有相同的网络号,而各设备之间则是以主机号区别。

为了判断两台计算机是否属于同一个子网,以及更好地节约 IP 地址分配,实现更小的广播域,就用到了**子网掩码**(Subnet Mask)。子网掩码可将一个大的网络划分为若干个小的子网。利用子网掩码与 IP 地址结合,就能判断任意两个 IP 地址是否处在同一个子网。

子网掩码也是 32 位二进制编码,其编码规则:IP 地址中的网络号部分全用 1 表示,主机号部分全用 0 表示。子网掩码告知路由器,IP 地址的哪部分是网络号,哪部分是主机号,使路由器正确判断任意 IP 地址是否属于本网段,如果是与其他网段的计算机进行通信,则必须经过路由器转发出去。

欧洲网络协调中心(RIPE NCC)于 2019 年 11 月底已经宣布,全球 IPv4 网络地址已被完全耗尽,所有 43 亿个 IPv4 地址已分配完毕。这意味着没有更多的 IPv4 地址可以分配给 ISP 和其他大型网络基础设施提供商。当然,下一代 IPv6 版本也已开始使用,全球网络 IP 由两种版本协议共存逐步过渡走向 IPv6。

IPv6 地址长度为 128 位二进制,地址空间扩大了 2^{96} 倍,拥有号称可以“给地球每颗沙子都配备一个 IP 地址”的数百亿地址容量,大大地扩展了地址的可用空间。IPv6 采用冒号十六进制表示法,通常整个地址分为 8 组,每组为 4 个十六进制数的形式。例如:3afe:3201:1401:1280:c8fa:fe4d:db39:1980。

IP 地址由 ICANN(the Internet Corporation for Assigned Names and Numbers,互联网名称与数字地址分配机构)负责协调和分配,目的是保证网络地址的全球唯一性。当然,一般单位或个体需要 IP 只需要向当地的 ISP 提出申请或由系统管理员指定,只有最大型的 ISP 需要和顶级注册商联系。

计算机获取 IP 地址主要有静态分配和动态分配两种方式:**静态 IP 地址**是指给每台计算机或网络设备分配一个固定的 IP 地址。一般来说,采用专线上网的计算机才拥有固定的 IP 地址。**动态 IP 地址**是指每次上网时,系统管理员随机分配一个 IP 地址。因为 IP 地址资源的有限,大部分用户都是通过动态 IP 地址上网。主机重启后,会重新向服务器申请新的 IP 地址。

DHCP 是主机用于获取网络设置信息的应用层协议,动态主机配置协议(Dynamic Host Configuration Protocol,DHCP)由 DHCP 服务器控制,动态分配网络配置参数,如 IP 地址、子网掩码和网关地址。

(2) IP 数据包。

根据 IP 发送的数据称为 IP 数据包(Packet),它是网络层的数据传输单位。IP 数据包也分为标头和数据两部分,标头部分主要包括版本、长度、IP 地址等信息,数据部分则是 IP 数据包的具体内容。数据包包含在帧里,即把 IP 数据包直接放进以太网数据包的"数据"部分。如果 IP 数据包超过了一定字节的长度,就需要分成几个以太网数据包,分开发送。

（3）路由选择。

路由（Routing）是指将数据包从源地址发送到目标地址所经路径。路由选择是网络层的一个核心任务。当两台非直接连接的主机需要网络通信时,路由选择就要利用**路由器**（Router）这个网络层互连设备,依据目的 IP 地址的网络地址部分,通过路由选择算法,为经过路由器的每个数据包找寻一条最佳传输路径,以便将该数据有效地传送到目的站点。

为了完成这项工作,在路由器中存储着各种传输路径的相关数据,即路由表（Routing Table）供路由选择时使用,表中包含的信息决定了数据转发的策略。路由表同平时使用的地图一样,标识着各种路线。路由表信息的更新由路由选择协议（Routing Protocol）来完成,路由器根据路由选择协议提供的功能,自动学习和记忆网络运行情况,在需要时自动计算数据传输的最佳路径,避开拥塞或暂时禁用链路的路径。

4）传输层

传输层（Transport Layer）负责为两台主机上的应用程序提供端口到端口的数据通信。同一台主机上有许多程序都需要用到网络。例如,你一边浏览网页一边与朋友在线聊天。当一个数据包从互联网上发来的时候,如何知道它是表示网页的内容,还是表示在线聊天的内容？也就是说,还需要一个参数,表示这个数据包到底供哪个程序（进程）使用。这个参数称为端口（Port）,它其实是每个使用网卡程序的编号。每个数据包都发到主机的特定端口,所以不同的程序就能取得自己所需要的数据。网络层的功能是建立"主机到主机"的通信。

这一层主要定义了几个互不相同的端到端协议：传输控制协议（Transmission Control Protocol,TCP）、用户数据报协议（User Datagram Protocol,UDP）和流控制传输协议（Stream Control Transmission Protocol,SCTP）。

（1）**UDP** 是在数据包的数据前面加入端口信息,提供简单快速的信息传送。它的可靠性较差,一旦数据包发出,无法知道对方是否收到。为了解决这个问题,提高网络可靠性,TCP 就诞生了。

（2）**TCP** 为两台主机提供面向连接的、可靠的、基于字节流的数据传输服务。TCP 为保证数据的可靠传输,每发出一个数据包都要求确认,如果有一个数据包丢失,就收不到确认,发送方必须重发这个数据包。

正因为 UDP 的控制选项较少,在数据传输过程中延迟小、数据传输效率高,适合对可靠性要求不高的应用程序,或者可以保障可靠性的应用程序。例如,在 Internet 上实时传输视频时,形成图像的数据包能准时到达最重要,如果少量数据包丢失,TCP 需要重新发送,这样就破坏了数据包的同步,实际上观看者也不会发现图像中小的瞬间错误。

（3）**SCTP** 是一种新的协议,是网络连接两端之间同时传输多个数据流的协议。它结合了 TCP 和 UDP 的优点,像 UDP 一样适合用于音频和视频的实时传输,但像 TCP 一样可靠控制。

5) 应用层

应用层(Application Layer)负责向最终用户提供各种应用服务。应用程序收到传输层的数据,进行解读,网络应用多种多样,需要使用不同的协议规范数据格式,否则根本无法解读。应用层的协议较多,主要有 HTTP、FTP、telnet、SMTP 等。常用应用层协议如表 7.1 所示。

表 7.1　常用应用层协议

应　用	协　议	应　用	协　议
万维网服务	HTTP(超文本传送协议)	视频会议	RTP(实时传输协议)
文件传送	FTP(文件传送协议)	远程终端访问	telnet(远程上机)
电子邮件	SMTP(简单邮件传送协议)	IP 动态配置	DHCP(动态主机配置协议)
域名解析	DNS(域名系统)		

Internet 提供的最主要应用是万维网服务。**万维网**(World Wide Web,WWW),也称Web、3W 等。万维网是无数个网络站点和网页的集合,服务器把网页传给浏览器,实际上就是把网页的 HTML 代码发送给浏览器,让浏览器显示出来。HTML(Hypertext Markup Language)称为超文本标记语言,超文本是一种组织信息的方式,它通过超链接方法将文本中的文字、图表与其他信息媒体相关联。而浏览器和服务器之间的传输协议是 HTTP,HTTP(Hyper Text Transfer Protocol,超文本传送协议)是在网络上传送HTML 的协议,用于浏览器和服务器的通信。HTTPS 是在 HTTP 的基础上增加了加密传输和身份认证,以保证传输过程安全的协议,被广泛用于万维网上安全敏感的通信,如交易支付等方面。

在 WWW 上,任何一个信息资源都有统一的、在网上唯一的地址,该地址是**统一资源定位符**(Uniform Resource Locator,URL),也称网页地址。它是从互联网上得到资源位置和访问方法的一种简洁表示。

URL 的一般格式:

```
protocol://hostname/path
```

例如,https://baike.baidu.com/science 里的 https 为指定使用的传输协议;baike.baidu.com 为主机名,指存放资源的服务器的域名,也可以是 IP 地址;后面/science 是到达这个资源的路径和文件本身的名称。

电子邮件是一种用电子手段提供信息交换的通信方式,是 Internet 应用最广的服务。SMTP(Simple Mail Transfer Protocol,简单邮件传送协议)是一组用于由源地址到目的地址传送邮件的规则,由它来控制信件的中转方式,并提供可靠且有效的电子邮件传送服务。

7.2.3　DNS 服务

IP 地址是 Internet 上主机的唯一标识,直接使用 IP 地址便可以访问 Internet 上的主

机资源。但数值型 IP 地址不便记忆,也不能直观反映主机的属性。为了方便用户使用
Internet,TCP/IP 在应用层利用**域名**(Domain Name)来表示 Internet 中的主机。域名是
一串由.分隔、便于记忆的字符串组成。如 www.jnu.edu.cn 就是一个域名,和 IP 地址
×××.×××.22.213 相对应。

字符型的主机命名机制非常符合人们的使用习惯。这样,TCP/IP 形成了三个层次
的主机标识系统:位于链路层的标识是 MAC 地址,中间网络层是 IP 地址,而位于应用层
的标识是域名地址。

1. 域名的命名机制

域名采用层次结构命名机制。一个完整的域名由两个或两个以上部分组成,各部分
之间用句点.分隔。一台主机的域名由分配给主机的名字和它所属各级域构成。

域名结构顺序为:

主机名.….二级域名.顶级域名

分配给主机的名字放在最左面,级别低的域名写在左边,而级别最高的域名写在最右
边。顶级域名(TLD),也称为一级域名,其左边部分称为二级域名(SLD),二级域名的左
边还可以有三级域名,以此类推。

表 7.2 是常见的顶级域名。

表 7.2　常见的顶级域名

国际顶级域名	含　义	国家顶级域名	含　义
.com	商业机构	.cn	中国
.net	网络服务机构	.us	美国
.edu	教育机构	.jp	日本
.gov	政府机构	.uk	英国
.org	非营利组织协会	.fr	法国
.int	国际组织	.de	德国
.name	个人网站专用	.au	澳大利亚

顶级域名由 ICANN 管理。国际顶级域名下的二级域名,是指域名注册人的网上名
称,例如 163.com、yahoo.com 等。各级域名则由各自的上一级域名管理机构管理,国内
的二级域名的注册申请,由中国互联网络信息中心(China Internet Network Information
Center,CNNIC)负责。CNNIC 规定:.cn 域下不能申请二级域名;在国家顶级域名下,注
册单位类别为二级域名,如 com、edu、gov、net 等;三级域名的长度不得超过 20 个字符。

例如,暨南大学的域名为 www.jnu.edu.cn,www 为主机名,jnu.edu.cn 为三级域名。
其中,jnu 表示机构名是暨南大学,edu 表示机构类别属于教育机构,cn 代表中国。

现在国际顶级域名.com、.net、.org 突破限制,任何人都可以注册,但简单好用的.com
域名早已被抢注一空。据报道,ICANN 的一项措施中,取消了对域名后缀的限制,取消

限制后网站甚至可以使用.news 或.bank 等后缀。

2. DNS

Internet 主机之间是通过 IP 地址进行通信的,当用户使用域名访问某个主机时,域名必须转换为对应的 IP 地址。**域名系统**(Domain Name System,DNS)是因特网提供的一项服务,是将域名翻译成 IP 地址,实现名字解析的分布式数据库。域名服务器实际上就是装有域名系统的主机。

因特网 DNS 分布在全世界不同区域,每个域名服务器根据其管辖域名层次的不同,维护其子域的所有域名和 IP 地址的映射信息,并向用户提供域名的解析服务。一般来说,Internet 服务提供商或一所大学的网络中心都可拥有一个本地域名服务器。

Internet 上一个 IP 地址对应着唯一的一台主机。相应地,给定一个域名能找到一个唯一对应的 IP 地址。但反过来在有些情况下,往往用一台计算机提供多个服务,如既作为 WWW 服务器又作为邮件服务器。这时 IP 地址当然还是唯一的,但可以根据服务器所提供的多个服务给予不同的多个域名,即 IP 地址与域名间可以是一对多关系。

7.2.4　FTP 服务

FTP(File Transfer Protocol)即文件传送协议,位于 TCP/IP 协议族中的应用层,FTP 服务用于在两台计算机之间互相传送文件。FTP 的基本功能是实现文件的下载和上传。**下载**(Download)是指将文件从远程计算机复制到本地计算机;**上传**(Upload)是将本地计算机上的文件复制到远程计算机上。另外 FTP 还提供对本地计算机及远程计算机系统的文件及文件目录操作。

V7.2 FTP 访问

同大多数 Internet 服务一样,FTP 服务采用客户-服务器工作模式。用户本地的计算机称为 FTP 客户机,远程提供 FTP 服务的计算机称为 FTP 服务器,用户可以在 FTP 客户端通过 FTP 协议访问 FTP 服务器上的资源。

FTP 服务器类型分为匿名 FTP 服务器和授权 FTP 服务器。在 Internet 上有不少的 FTP 服务器都是匿名 FTP 服务器,这类服务器允许任何用户以 anonymous(匿名)作为用户名,有些系统要求用户将 E-mail 地址作为口令,便可登录匿名 FTP 服务器。当然,匿名 FTP 服务器会有很大的限制:一般用户只能访问授权的文件,不允许用户建立文件或修改已存在文件,对复制文件也有严格限制。

不过现在更多的授权 FTP 服务器,它只允许该 FTP 服务器系统上授权用户使用。在使用授权 FTP 服务器前,必须事先取得该 FTP 服务器系统管理员授权的用户名和密码,不接收匿名登录。用户访问 FTP 时需要验证用户名和密码,合法用户才能访问。这样,FTP 服务器为网络用户提供服务的同时又保障服务器环境的安全。

对于客户端用户而言,访问 FTP 服务器可以有多种方式。目前,常用的两种方式是使用浏览器和 FTP 工具。在 Windows 操作系统中,浏览器不仅是 WWW 客户程序,同时也内嵌 FTP 功能。可以在地址栏中直接输入 FTP 服务器的 IP 地址或域名,以文件浏览或网页浏览的方式访问 FTP 服务器。例如,要访问 IP 地址为 172.16.100.200 的 FTP

服务器,可在浏览器地址栏中输入 ftp://172.16.100.200。当连接成功后,浏览器窗口显示出该服务器上的文件夹和文件名列表。使用专门的 FTP 下载工具访问服务器,可提高 FTP 访问效率,在网络连接意外中断后,FTP 工具可以通过断点续传功能能继续进行剩余部分的传送。FTP 下载工具较常用的有 CuteFTP、FlashFXP、FileZilla 等。

7.3　互联网新技术

7.3.1　物联网

随着移动互联网的快速发展,条形码、二维码在网络中的广泛应用,"物联网"一词已经凸显在人们的视线中而备受关注。物联网的应用涉及国民经济和人类社会生活的方方面面,因此,物联网是继计算机、互联网之后的第三次信息技术革命。

1. 物联网的概念

V7.3 互联网新技术综述

1999 年,美国麻省理工学院(MIT)自动识别中心(Auto-ID Center)的凯文·阿什顿(Kevin Ashton)教授在研究射频识别(RFID)技术时,结合物品编码、RFID 和互联网技术的解决方案,首次提出了物联网的概念。2005 年在突尼斯举行的信息社会峰会上,国际电信联盟(ITU)发布了《ITU 互联网报告 2005:物联网》,正式提出了物联网的概念,指出无所不在的物联网通信时代即将来临。

物联网英文名称是 Internet of Things(IoT)。顾名思义,物联网就是物物相连的互联网。这有两层意思:①物联网的核心和基础仍然是互联网,是在互联网基础上延伸和扩展的网络;②其用户端延伸和扩展到了任何物品与物品之间,进行信息交换和通信,即物物相连。按照 ITU 给出的定义,**物联网**是通过二维码识读设备、射频识别装置、红外感应器、全球定位系统和激光扫描器等信息传感设备,按约定的协议,把任何物品与互联网连接起来,进行信息交换和通信,以实现对物品的智能化识别、定位、跟踪、分析、监控和管理的一种网络。

物联网通过各种信息传感设备,实时采集任何需要监控、连接、互动的物体或过程等各种信息,与互联网结合形成一个巨大的网络。其目的是实现物与物、物与人,所有的物品与网络的连接,方便识别、管理和控制。

2. 物联网体系架构

物联网处理问题需要经过 3 个过程:全面感知、可靠传输和智能计算。借鉴计算机网络体系结构模型的研究方法,物联网体系架构可以分为 3 层:感知层、网络层、应用层,如图 7.13 所示。

(1) **感知层**。感知层处在物联网的最底层,完成对物理世界的智能感知识别、信息采集处理和自动控制,并通过通信模块连接到网络层和应用层。信息采集技术包括传感器、执行器、RFID、二维码、智能装置。

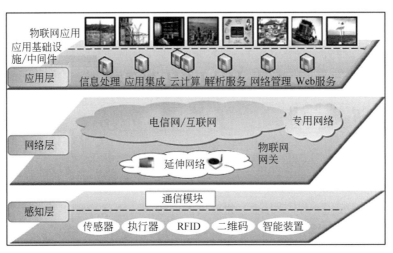

图 7.13   物联网体系架构图

（2）**网络层**。网络层由各类专用网络、互联网、电信网等组成，主要负责对感知层和应用层之间的数据进行传递，是连接感知层和应用层的桥梁。

（3）**应用层**。应用层解决信息处理和人机交互问题。其功能有两方面：①应用基础设施/中间件为物联网提供数据的管理和计算；②利用数据为各行业、各方面提供决策依据，实现广泛智能化应用服务。

物联网的基本特征为全面感知、可靠传输和智能处理。如果把物联网用人体作简单比喻，感知层相当于人的眼睛、鼻子、皮肤等感官；网络层相当于人体的神经系统用来传递信息；应用层相当于人体的大脑，对各种信息分析、管理并做出决策。感知层是物联网发展和应用的基础，网络层是物联网发展和应用的可靠保证，应用层是物联网发展的驱动力和目的。

3. 物联网关键技术

物联网具有数据海量化、连接设备多样化、应用终端智能化等特点，其发展依赖于识别技术、传感器技术、M2M 技术、云计算技术、嵌入式技术和中间件技术等。

1）识别技术

识别技术涵盖物体识别、位置识别和地理识别，对物理世界的识别是实现全面感知的基础。二维码、RFID 是其关注的主要焦点，主要应用于需要对标的物（即物品）的特征属性进行描述的领域。

（1）**二维码**。二维码又称二维条码，是一维条码的升级。它是用某种特定的几何图形按一定规律用平面分布的、黑白相间的图形记录数据符号的信息；在代码编制上巧妙地利用构成计算机内部逻辑基础的 0 和 1 比特流概念，使用若干个与二进制相对应的几何形体表示文字数值信息，通过图像输入设备或光电扫描设备自动识读以实现信息自动处理。

二维码具有信息容量大、容错功能强等特点。这使得二维码即便遮挡一部分仍可以扫描识读。常见的二维码是 QR 码(Quick Response Code),是近几年来移动设备上较流行的一种编码方式。已经在票证管理、支付应用、网络链接等信息读取中广泛应用。

(2) **RFID**。RFID(Radio Frequency Identification)即射频识别,是自动识别技术的一种,它通过无线射频信号自动识别目标对象,并获取相关数据。完整的 RFID 系统由阅读器(Reader)、电子标签(Tag)和数据管理系统 3 部分组成。RFID 具备非接触操作、无须人工干预,不怕灰尘、油污的特性,可工作于各种恶劣环境,快速读写的优势是物联网中信息采集的主要源头。目前,RFID 技术的主要应用有二代身份证、校园卡、动物晶片、门禁管制、物流信息追踪等。

2) 传感器技术

传感器作为物联网的"触手",是信息获取的主要途径与手段。传感器是一种检测装置,能感受到被测信息,并按一定规律转换成可用输出信号,以满足信息传输、处理、存储、显示和控制的要求。

无线传感器网络(Wireless Sensor Network,WSN)是由大量部署在监测区域内的传感器节点构成的多个无线网络系统。无线传感器网具有众多类型的传感器,可探测地震、心率、温度、湿度、噪声、光强度、压力、土壤成分等信息,实现数据的采集处理,通过无线网络发送出去。物联网正是通过各种各样的传感器以及由它们组成的无线传感器网络来感知整个物质世界的。

3) M2M 技术

M2M 是 Machine-to-Machine/Man 的简称,是将数据从一台终端传送到另一台终端,即机器与机器的对话。M2M 技术是构成物联网网络层的重要技术之一。M2M 通过在机器内部嵌入无线通信模块,提供以机器终端智能交互为核心的、网络化的应用与服务。

M2M 只是物联网的一部分,是物联网的子集。M2M 技术的目标就是使机器设备不再是信息孤岛,所有机器设备都具备联网和通信能力,能够从各种机器、设备获取数据并传送。当 M2M 规模化、普及化,并彼此之间通过网络来实现智能的融合和通信后,才能形成真正意义的万物互联。

4) 云计算技术

随着物联网的发展,物联网采集的数据往往具有海量性、时效性、多态性等特点,给数据存储、查询、质量控制、智能处理等带来极大挑战。将云计算技术运用到物联网的传输层和应用层,会在很大程度上提高运作效率。可以说,如果将物联网比作一台主机,云计算就是它的 CPU。

4. 物联网的应用

国际电信联盟 2005 年的一份报告中曾描绘物联网时代的图景:当司机出现操作失误时汽车会自动报警;公文包会提醒主人忘带了什么东西;衣服会"告诉"洗衣机对颜色和水温的要求等。

物联网应用广泛,遍及工业、农业、环境、交通、安防、医疗等多个领域。

(1) **智能工业**。供应链管理、生产过程自动化,产品、设备和环境监控与管理。

（2）**精细农业**。利用传感器实时监测农作物生态信息及生长情况。

（3）**智慧城市**。多方面协调城市运行,全面感知城市动态,提高政府管控反应能力。

（4）**智慧交通**。通过公路联网监控,实现交通信息即时传送,高效ETC,智能红绿灯。

（5）**智能安防**。通过各种装置实时监控,实时预警,降低灾害或生命威胁。

（6）**智能医疗**。通过传感器或者移动设备对人的生理状况进行远程监护或诊断。

（7）**智能环保**。通过实时监测水、电、燃气等,以达到减少能耗和保护环境的目的。

（8）**智慧物流**。以信息技术为支撑,对货物仓储及运输配送的全过程进行跟踪监控。

（9）**智能零售**。将超市、便利店、售货机等联网,分析用户需求,进行精准推送。

（10）**智能家居**。家庭内单品进行联网,构建高效的家居配置,实现日程事务的统筹管理。

目前,物联网应用还处在起步阶段,覆盖国家或区域性的大规模应用较少。随着物联网技术的进步和政府的大力推动,以点带面,以行业带动整个产业的局面将会逐步呈现。

下面介绍物联网在完善食品追溯管理方面的应用。

近年来食品安全危机频繁发生,严重影响了人们的身体健康。从2008年奶粉配方中发现三聚氰胺,到2014年过期肉类被曝供应给肯德基和麦当劳等快餐连锁店等。如何对食品有效跟踪和追溯,已成为一个极为迫切的课题。

物联网在食品安全追溯管理方面的应用主要体现在产品信息的采集上。RFID技术利用特定的电子标签与拟跟踪的产品相对应,以实现随时对产品的相关属性进行信息跟踪、追溯与管理。

清华同方公司利用RFID技术,并依托网络技术及数据库技术,建立RFID食品追溯管理系统。该系统RFID技术贯穿于食品安全始终,包括生产、加工、流通、消费4个环节。将大米、面粉、油、肉、奶制品等食品全部加贴RFID电子标签,并建立食品安全数据库,从食品种植、养殖及生产加工环节开始加贴,实现"从生产到餐桌"全过程的跟踪和追溯。它也包括运输、包装、分装、销售等流转过程中的全部信息,生产基地、加工企业、配送企业等都能通过电子标签在数据库中查到,以实现信息融合、查询、监控,保证向社会提供优质的放心食品。

京东也一直在探索使食品生产商能够提供有关其农产品信息的功能,试图利用物联网技术来证明其商品的价值并获得消费者的信任。它与内蒙古的一家牛肉生产商科尔沁合资,允许消费者追踪冷冻牛肉的生产和交付情况,通过扫描包装上的QR码可检索诸如牛的品种、体重、饮食及农场位置等信息。

对江苏一家猪肉生产企业的调查发现,自实施追溯系统以来,养殖者、肉类生产者和零售商的年收入分别增长了38.2%、28.6%和33.2%。随着中国走向"质量革命",有机生产的农产品和"可追踪的"食品将会逐步满足价格敏感度更低,更注重健康意识的消费者的日益增长的需求。

7.3.2　云计算

2006年8月,当时的Google公司首席执行官埃里克·施密特(Eric Schmidt)在搜索引擎大会(SES San Jose 2006)上首次提出了云计算(Cloud Computing)这个概念。因为它的出现,对 IT 界产生重大影响的同时,社会的工作方式和商业模式也在发生巨大的改变。现如今,云计算技术改变了信息产业传统的格局,IT 服务出现了新的模式。

1. 云计算的基本概念

在了解云计算之前,先来看看为什么用"云"来命名这个新的计算模式,以及云计算中的云是什么。

"云"这种流行的说法是源于在网络拓扑图绘制时,常把互联网抽象描绘为云的轮廓,表示从云的一端跨越到对方云端的数据传输,云计算的基础正是互联网,因此就选择了"云计算"这个名词来命名这项新技术。另一个说法是之所以称为"云",是因为亚马逊公司将网格计算取了一个新名称——"弹性计算云"(Elastic Computing Cloud),并取得了商业上的成功。

随着网络用户的快速增多,传统的计算网络平台已经无法满足实际需求。其实,云计算中的"云"不仅仅是简单的互联网,它包括了服务器、存储设备等硬件资源,以及应用软件、集成开发环境、操作系统等软件资源。这些资源数量巨大,云计算负责管理这些资源,并且通过互联网为用户所用。这种资源池称为"云"。

从图 7.14 中可以看出,云计算中的云不仅包含了网络,更包含了那些曾经被描绘在云外的事物。这个小小的改变从图上看似简单,实际上蕴含着深刻的变革。云计算用云描绘包括网络、计算、存储等在内的信息服务基础设施,以及包括操作系统、应用平台、WWW 服务等在内的软件,强调对这些资源的运用,而不是它们的实现细节。

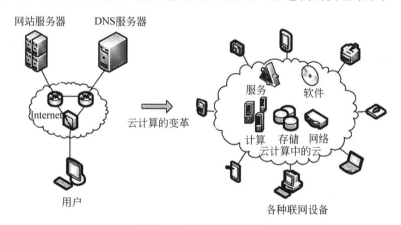

图 7.14　云计算中的云

由于云计算是由不同的企业和研究机构同步推进的技术,有关云计算的定义很多。现阶段广为接受的是美国国家标准及技术协会(NIST)的定义:**云计算**是一种按使用量付费的模式,可以实现随时、随地、随需、便捷地从可配置的计算资源共享池中获取资源(资源包括网络、服务器、存储、应用软件、服务),这些资源能够快速供应并释放,使管理资源的工作量或与服务提供商的交互减少到最低。

简单地说,云计算是通过网络按需提供可动态伸缩的廉价计算服务。通俗地说,云计算服务目标意味着让计算、存储、网络、数据、算法、应用等软硬件资源像水电一样,随时随地,即插即用。

云计算是并行计算、分布式计算、网格计算的自然延伸,是一种新兴的商业计算模型,是效用计算、负载均衡、虚拟化等计算机技术混合演进并跃升的结果。近年来,云计算正在成为信息技术产业发展的战略重点,全球的信息技术企业都在纷纷向云计算转型。

2. 云计算的特点

与传统的网络应用模式相比,云计算具有以下优势与特点。

(1) **超大规模**。云能赋予用户前所未有的计算能力。云具有相当的规模,Google 公司云计算已经拥有 100 多万台服务器,Amazon、IBM、Microsoft、Yahoo 等公司的云均拥有几十万台服务器。企业私有云一般拥有数百至上千台服务器。

(2) **虚拟化**。云计算支持用户在任意位置使用各种终端获取服务。所请求的资源来自云,而不是固定的有形的实体。应用在云中某处运行,但实际上用户无须了解应用运行的具体位置。只需要一台笔记本或者一个手机,就可以通过网络服务来获取各种能力超强的服务。

(3) **扩展性强**。云的规模可以动态伸缩,满足应用和用户规模变化的需要。

(4) **按需服务**。云是一个庞大的资源池,用户按需购买,像自来水、电和煤气那样计费。

(5) **高可靠性**。数据多副本容错、计算节点同构可互换等措施,保障服务的高可靠性。

(6) **通用性强**。同一个云可以同时支撑不同的应用运行。云计算不针对特定的应用,在云的支撑下可以构造出千变万化的应用。

(7) **成本低**。云的自动化、集中式管理使数据中心管理成本大幅降低,用户可以充分享受云的低成本优势。

3. 云计算的服务模式

云计算按照部署模式和服务对象可以分为私有云、公有云和混合云。

(1) **私有云**(Private Cloud):为一个客户单独使用而构建的,可以对数据的安全性和服务质量进行最有效的控制。私有云可以部署在企业数据中心的防火墙内,特定的云服务器功能不直接对外开放。

(2) **公有云**(Public Cloud):通常指第三方提供商为用户提供的能够使用的云。公有云通常利用互联网面向公众开放,可以是免费或成本低廉的。公有云的核心属性是共享资源服务。

(3) **混合云**(Hybrid Cloud):包含私有云和公有云的混合应用,保证在通过服务外包从而降低成本的同时,通过私有云保证对诸如敏感数据等部分的控制。混合云是近年来云计算的主要模式和发展方向。

4. 云计算的服务类型和服务层次

云计算按照服务类型通常可以分为 3 个层次:基础设施即服务(Infrastructure as a

Service，IaaS)、平台即服务(Platform as a Service，PaaS)、软件即服务(Software as a Service，SaaS)。

(1) **IaaS**。IaaS 以服务的方式将服务器、存储、网络硬件及其他相关计算资源提供给用户。用户无须购买硬件设备，只需通过云服务上提供的虚拟硬件资源进行网上租赁，就可以创建应用程序。目前，Amazon 弹性计算云 EC2、IBM Blue Cloud 计算平台、阿里云都属于这类服务。

(2) **PaaS**。PaaS 以服务的方式将应用程序开发运行环境或者部署平台提供给用户。用户基于服务商提供的服务引擎构建服务，常见的服务引擎有互联网应用程序接口(API)、运行平台等。如 Google App Engine、Docker。

(3) **SaaS**。SaaS 以服务的方式把应用程序提供给用户。用户无须安装软件，只要通过浏览器就能直接使用 Internet 上的软件，以满足其特定的需求。

SaaS 是最常见也是最早出现的云计算服务。相关产品如 Google Apps，中文名为"Google 企业应用套件"，它提供企业版 Gmail、Google 日历、Google 文档和 Google 协作平台等多个在线办公工具，不仅价格低廉而且使用方便，有超过 200 万家企业购买了Google Apps 服务。Salesforce.com 依靠 SaaS 模型，提供完全驻留在自己服务器上的商业生产应用 CRM，让客户定制和按需访问这些应用。

IaaS、PaaS 及 SaaS 的核心概念都是为云用户提供按需服务，但是这 3 层服务对于用户是相互独立的，因为每层提供的服务各不相同。从云服务提供者技术角度来看，3 层服务是相互依赖的。不好理解？举个通俗易懂的例子：甲、乙、丙 3 人都做生意，甲种小麦，相当于 IaaS 提供商；乙卖面粉，相当于 PaaS 提供商；丙卖馒头，相当于 SaaS 提供商。表7.3 对 IaaS、PaaS、SaaS 3 层服务的特点进行了比较。

表 7.3 IaaS、PaaS、SaaS 的区别

服务类型	释义	云提供者服务内容	服务对象	云用户使用方式	产品举例
SaaS	软件即服务	SaaS 公司提供完整的可直接使用的应用程序	软件应用的终端用户	通常用户登录浏览器即可打开软件	Google Apps，Salesforce CRM
PaaS	平台即服务	PaaS 公司提供应用程序开发环境或部分应用	程序开发用户	用户自行开发部分或全部应用程序、自行上传数据	Google App Engine，Hadoop
IaaS	基础设施即服务	IaaS 公司提供服务器、存储和网络硬件等	硬件资源用户	所有环境配备、上传数据、应用程序开发都自己完成	Amazon EC2，阿里云

5. 云计算的应用

云计算技术已经融入现今的社会生活之中，目前，云计算的典型行业应用主要有下面5 方面。

(1) **云存储**。云存储是一个以数据存储和管理为核心的云计算系统。用户可以将本地的资源上传至云端上，需要时在任何有互联网的地方可以获取云上的资源。例如，谷歌、微软等大型网络公司均有云存储服务，国内大家所熟知的百度云和微云，是市场占有量最大的存储云。

（2）**教育云**。教育云可以将所需要的任何教育硬件资源虚拟化,再将其传入互联网中,以向教育机构和学生老师提供一个方便快捷的平台。例如,美国伊利诺伊州立大学建立的云实验中心,作为虚拟实验室可以提供给其他研究机构使用。现在流行的慕课就是教育云的一种应用。

（3）**医疗云**。基于云计算创建医疗"健康云"平台,实现医疗资源的共享和医疗范围的扩大,是很多国家政府部门都在考虑的目标。美国哈佛医学院是最早部署和使用私有医疗云的医疗机构之一。智能医疗像现在医院的预约挂号、电子病历、医保等,都是云计算与医疗领域结合的产物。

（4）**金融云**。利用云计算的模型,将信息、金融和服务等功能分散到庞大分支机构构成的互联网"云"中,旨在为银行、保险和基金等金融机构提供互联网处理和运行服务,同时共享互联网资源。阿里巴巴推出的金融云服务,基本普及了快捷支付。

（5）**地图导航**。地图信息、交通路况、天气状况这些复杂的信息,存储在服务提供商的"云"中,基于云计算技术的 GPS 带给人们很多便利,拿着地图问路的情景正在远去。

6. 云计算关键技术和面临的挑战

云计算以虚拟化技术、分布式海量数据存储、海量数据管理技术、编程模型、云计算平台管理技术最为关键。

云计算未来有两个发展方向:①构建与应用程序紧密结合的大规模底层基础设施,使得应用能够扩展到大的规模;②通过构建新型的云计算应用程序,在网络上提供更加丰富的用户体验。

尽管云计算模式具有许多优点,但是云计算技术在发展的同时也面临着许多问题,如数据隐私问题、数据安全问题、软件许可证问题、网络传输问题和技术标准化问题等。总而言之,云计算带来新的技术挑战和机遇,同时也面临发展过程中的问题。

7.3.3 大数据

随着互联网的高速发展、云计算技术的成熟以及移动终端和传感器的普及,数据的种类和规模呈现爆炸式增长。有人说大数据相当于 21 世纪的石油,掌握好大数据是发展和创新的驱动力。

1. 大数据的定义

大数据(Big Data)本身是一个比较抽象、宽泛的概念,从字面上看,它表示巨量数据集合。

关于大数据的定义有很多,目前没有一个公认的定义。

维基百科中指出,大数据是指利用常用软件工具捕获、管理和处理数据所耗时间超过可容忍时间限制的数据集。

大数据研究机构 Gartner 给出了这样的定义:大数据是指需要新处理模式才能增强决策力、洞察发现力和流程优化能力的海量、高增长率和多样化的信息资产。

科学百科综合了上述二者的表述,给出的定义:**大数据**是指无法在一定时间范围内用常规软件工具进行捕捉、管理和处理的数据集合,是需要新处理模式才能具有更强的决策力、洞察发现力和流程优化能力的海量、高增长率和多样化的信息资产。

大数据的战略意义不在于掌握庞大的数据信息本身,而在于对这些含有意义的数据进行专业化处理。换言之,如果把大数据比作一种产业,这种产业实现盈利的关键在于提高对数据的"加工能力",通过"加工"实现数据的"增值",从而释放出数据所蕴含的巨大价值。

2. 大数据的 5V 特征

面对复杂的大数据,无论定义如何,可以抓住其中体现出的大数据 5V 特征(IBM 公司提出)来理解。即 Volume(大体量)、Velocity(高速化)、Variety(多样化)、Value(价值密度低)和 Veracity(真实性)。

(1) **大体量**。采集、存储和计算的数据体量巨大。目前大数据起量单位从 TB 级别跃升到 EB 级别,甚至跃升到 ZB 级别(1TB=1024GB,1PB=1024TB,1EB=1024PB,1ZB=1024EB)。

(2) **高速化**。数据增长速度快,数据输入、处理速度也要快,时效性要求高。例如,搜索引擎要求几分钟前的新闻能够被即刻查询。

(3) **多样化**。数据来源多样化,格式复杂。常见来源有网络日志、各种多媒体、地理位置信息等。结构化,尤其是半结构化和非结构化数据大规模增长。

(4) **价值密度低**。信息海量,犹如浪里淘金。需要结合业务逻辑并通过大数据分析来挖掘数据的商业价值。

(5) **真实性**。数据处理的结果要保证一定准确性和可信赖度,即数据的质量。

3. 大数据的数据结构与存储管理

1) 大数据的数据结构

大数据的数据结构复杂多样,按特征可分为结构化、半结构化、非结构化三大类数据。

结构化数据多存储在传统的关系数据库中,是以二维表结构来表达实现的数据;非结构化数据是指数据结构不规则、不完整,没有预定义的模型,如所有格式的办公文档、文本、图片、XML、HTML、各类报表、音频和视频信息等;而半结构数据就是介于结构化数据和非结构化数据之间的数据,它有一定的结构性,但和具有严格理论模型的关系数据库的数据相比,数据结构的要求略为宽松,如系统日志文件。在海量数据中,半结构化与非结构化数据越来越成为数据的主要部分。

2) 大数据的存储管理

按数据结构的不同,大数据的存储和管理采用不同的技术路线。目前主流技术是对非结构化数据采用分布式文件系统进行存储;对结构松散、无模式的半结构化数据采用面向文档的分布式(Key/Value)存储引擎;对海量的结构化数据采用 Shared-Nothing 的分布式并行数据库系统存储。然后再构建分布式数据库系统和分布式文件系统之间的连接器,使得非结构化数据在处理成结构化信息后,能够方便地与分布式数据库中的关系数据快速融合,保证大数据分析的敏捷性。

HDFS(Hadoop Distributed File System)是一个分布式文件系统,是基于谷歌的GFS(Google File System)实现的开源系统,它的设计目的就是提供一个高容错性和高吞吐量的海量数据存储解决方案,是适合于非结构化数据的分布式文件系统。

HBase 也是开源项目 Hadoop 的子项目,是 Hadoop Database 的简称。HBase 是一个高可靠性、高性能、面向列、可伸缩的分布式存储系统,其最主要的功能是解决海量数据下的随机、实时的读写访问。HBase 不同于一般的关系数据库,数据在表中是基于列而不是基于行的模式。HBase 利用 HDFS 作为底层分布式文件系统,支持快速扩展,所以特别适合于半结构化和非结构化数据的存储。

Greenplum 是基于 PostgreSQL 的开源技术,MPP(海量并行处理)架构的分布式并行数据库系统。它具有良好的线性扩展能力,内置并行存储、并行计算,兼容 SQL 标准,Greenplum 支持按列或者按行存储数据,支持 PB 级海量数据的存储和处理,能够方便地与 Hadoop 结合,非常适合存储海量结构化数据,作为一些大型数据仓库的解决方案。

4. 大数据处理模式

大数据的特点决定了大数据处理系统具有极强的专业性和高效性。目前大数据的主要处理模式为流处理(Streaming Processing)和批处理(Batching Processing)两种。

(1) **流处理**。流处理系统具有很强的实效性,需要对数据实时进行处理。整个处理过程是在秒级或毫秒级,因此要求采用分布式方式。例如,天猫双十一,在其展板上看到的交易额是实时动态进行更新的,这种情况需要采用在线处理。所以,主要应用于金融交易、电信、传感器网络等领域。Apache Storm 是较早出现具有代表性的流处理系统。

(2) **批处理**。批处理是离线批量处理系统,数据先被存储,随后离线分析。离线处理技术上已经成熟,如果只是希望得到数据的分析结果,对处理的时间要求不严格,可以采用离线处理的方式,如统计分析、机器学习、推荐算法等。MapReduce 是较早出现具有代表性的批处理模式计算框架。

Hadoop 是一个由 Apache 软件基金会开发的分布式系统基础架构。Hadoop 框架最核心模块包括分布式文件系统 HDFS 和分布式计算框架 MapReduce。HDFS 为海量数据提供存储,MapReduce 为海量数据提供处理计算,实现计算和存储的高度耦合。它的开源性、高容错和跨平台性,使其得以在大数据处理中广泛应用。

混合式处理计算框架有 Apache Spark、Apache Flink、Apache Beam 等。

5. 大数据处理的基本流程

大数据处理的基本流程包括数据抽取和整合、数据分析、数据解释 3 个主要环节,如图 7.15 所示。大数据系统在适合的工具辅助下,先对广泛异构的数据源进行抽取和整合,按照一定的标准统一存储,再利用数据分析技术对存储的数据进行分析,从中提取有价值的知识并利用恰当的方式展示给用户。

1) 数据抽取和整合

处理数据的前提是采集数据。大数据的来源十分广泛,可以是政府掌控的数据、企业数据、互联网上的各种交易数据、机器和传感器产生的数据,以及各网站、社交媒体爬取的

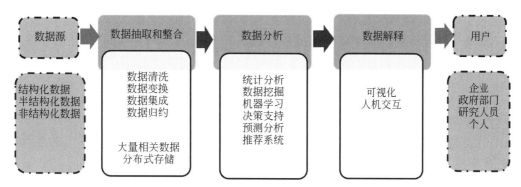

图 7.15　大数据处理的基本流程

数据等。

采集的结构化、半结构化及非结构化的海量数据往往是不完善的,需要经过数据预处理,包括数据清洗、数据变换、数据集成、数据归约,以保证数据的质量及可信性。数据清洗是过滤掉不完整、错误、重复的数据;数据变换是对属性类型和属性值的变换;数据集成是解决模式匹配与数据值冲突等问题;数据归约是在保持数据原貌的前提下,最大限度地精简数据量。

对多个异构数据集进行抽取和整合后,从中提取出数据的实体和关系,经过关联和聚合后采用统一定义的结构对这些数据进行存储。当前对数据进行抽取和整合的方法有 3种:基于物化或 ETL 方法的引擎、基于联邦数据库或中间件方法的引擎、基于数据流方法的引擎。

2）数据分析

数据分析是整个处理流程的核心。经过抽取和集成已经从异构数据源中获得了用于大数据处理的数据,可根据不同的需求,选择不同的处理模式。可以利用各种平台及工具对大数据进行相关分析处理,如数据统计分析、数据挖掘、机器学习等,还可以用于预测分析、决策支持、推荐系统等。

3）数据解释

数据分析结果恰当地展示与解释,会帮助用户理解、处理与利用数据。可视化和人机交互是数据解释的主要技术。

可视化技术旨在将数据处理的结果借助于图形化手段,直观、清晰、有效地向用户展示,使用户更易理解和接受。常见的可视化技术有标签云、历史流、空间信息流等。人机交互技术让用户能够在一定程度上了解和参与具体的分析过程。采用人机交互,引导用户进行逐步分析,使得用户在得到结果的同时,深刻理解数据分析的结果。

对于大数据而言,一些数据分析工具如 Gephi、SPSS、Weka 等都具备可视化交互界面。目前大数据可视化展现工具有 Tableau、Google Chart 以及 IBM Cognos 等。

6. 大数据与云计算的关系

（1）**大数据与云计算的联系**：①从整体上看,大数据与云计算关系相辅相成。大数据与云计算都是为数据存储处理服务的,都需要占用大量的存储和计算资源;②从技术角度看,海量数据存储、管理技术和 MapReduce 等既是大数据技术的基础也是云计算的关键技术;③从结构角度看,云计算及其分布式结构是大数据的商业模式与架构的重要途径。

(2) **大数据与云计算的差异**:①目的不同。大数据主要是通过充分挖掘海量数据以发现数据中的价值,而云计算是通过互联网更好地调用、扩展和管理资源,从技术角度为企业或机构的 IT 部署节省成本。②对象不同。大数据的处理对象是"数据",云计算的处理对象是"IT 资源、处理能力和应用"。

因此,不难发现大数据为云计算提供了很有价值的用武之地,云计算为大数据提供了有力的工具和途径。"云计算和大数据是一个硬币的两面,云计算是大数据的 IT 基础,而大数据是云计算的一个杀手级应用。"前百度总裁张亚勤说。

7. 大数据应用实例

1) 百度迁徙大数据回溯武汉人口离汉去向

百度迁徙是百度利用其百度地图、百度天眼,对其拥有的 LBS(基于地理位置的服务)大数据进行计算分析,为业界首个以"人群迁徙"为主题的大数据可视化项目。例如,为调查武汉的新型冠状病毒肺炎,自 2020 年 1 月 24 日武汉宣布封城之前,百度迁徙大数据回溯节前 500 万武汉人口离汉,这些人口都去哪了?

如图 7.16 所示,先看看机场大数据,航班管家统计了一份 2019 年 12 月 30 日至 2020 年 1 月 22 日武汉航班国内出发的运力数据。在航班管家外,百度迁徙数据(2020 年 1 月 22 日)统计,从武汉流动出来的人口,湖北省内主要去向为孝感市、黄冈市和鄂州市,外省排名最靠前的 3 个城市分别为深圳市、上海市和北京市。大数据对于人口流动目的地的监控至关重要,对政府机构管理决策和协调组织提供第一手的信息支持,直接关系到传染源的防控。这也是大数据进入人们生活视线的一个案例。

2) 大数据在个性化推荐系统中的应用

推荐系统通过发掘用户的行为,找到用户的个性化需求,从而将长尾物品准确推荐给需要它的用户,帮助用户找到他们感兴趣但很难发现的物品。

推荐系统通用模型流程如图 7.17 所示。过程描述如下:推荐系统通过用户行为,建立用户模型;通过物品的信息,建立推荐对象模型,通过用户兴趣匹配物品的特征信息,再经过推荐算法计算筛选,找到用户可能感兴趣的推荐对象,然后推荐给用户。

个性化推荐系统的核心功能是根据用户的偏好来产生用户喜欢的推荐,因此个性化推荐方法必须具有识别出用户偏好的能力和预测用户对某种物品感兴趣程度的能力,然后根据物品感兴趣程度的高低决定应该推荐的物品。

用户建模需要获取用户信息数据,主要有用户人口统计学属性;用户在搜索引擎中输入的关键词,对推荐对象的喜好程度的反馈等;用户的浏览行为和浏览内容,如浏览次数、频率、停留时间,以及浏览页面时的操作(收藏、保存、复制)等。服务器端保存的日志也能较好地记录用户的浏览行为和内容。

推荐对象建模数据解决要提取推荐对象的哪些特征,如何提取,提取的特征用于什么

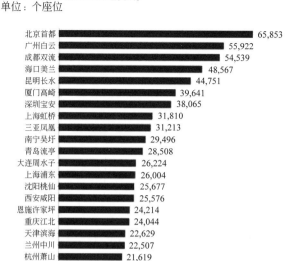

图 7.16　武汉人口离汉迁徙大数据

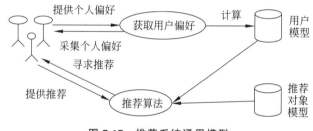

图 7.17　推荐系统通用模型

目的等问题。

推荐算法是整个推荐系统中最核心部分,在很大程度上决定了推荐系统类型和性能的优劣。目前主要的推荐算法有基于内容的推荐算法、基于协同过滤的推荐算法。

(1)基于内容的推荐算法。

系统向用户推荐与他们过去兴趣相似的物品。利用用户和物品本身的内容特征,算法会计算待推荐物品的属性特征与已购买物品的属性特征之间的相似度,然后取相似度最高的物品产生推荐,如图 7.18 所示。例如,某用户观看了多部周星驰出演的电影,那么系统将很可能会向其推荐周星驰出演的其他电影。

(2)基于协同过滤的推荐算法。

简单来说,协同过滤就是根据用户对物品的历史行为,利用其兴趣相投、拥有共同经验群体的喜好来推荐用户感兴趣的信息。算法细分包括基于用户的协同过滤和基于物品的协同过滤。

基于用户的协同过滤,这种算法给用户推荐和他兴趣相似的其他用户喜欢的物品。如图 7.19(a)所示,对于用户 a,根据用户的历史偏好,计算得到一个邻居用户 c,然后将用

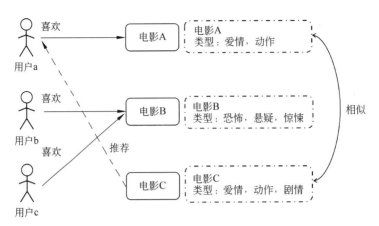

图 7.18　基于内容的推荐算法

户 c 喜欢的物品 D 推荐给用户 a。

　　基于物品的协同过滤，这种算法给用户推荐和他之前喜欢的物品相似的物品。如图 7.19(b) 所示，对于物品 A，根据所有用户的历史偏好，喜欢物品 A 的用户都喜欢物品

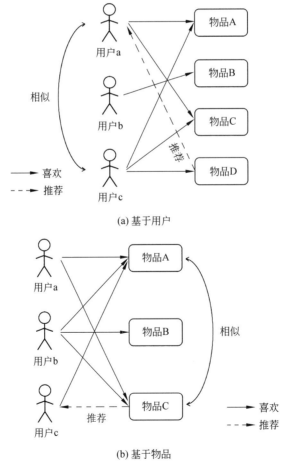

图 7.19　基于用户的协同过滤和基于物品的协同过滤示例

C,得出物品 A 和物品 C 比较相似;而用户 c 喜欢物品 A,可以推断出用户 c 可能也喜欢物品 C。

协同过滤算法是目前业界应用最多的算法,如 Amazon、Netflix、YouTube 的推荐系统都是以该算法为基础。据报道,推荐系统给 Amazon 带来了 35% 的销售收入,给 Netflix 带来了高达 75% 的消费,并且 YouTube 主页上 60% 的浏览来自推荐服务。

7.3.4　人工智能

人工智能自 20 世纪 70 年代以来被称为世界三大尖端技术(空间技术、能源技术、人工智能)之一,也被认为是 21 世纪三大尖端技术(基因工程、纳米科学、人工智能)之一。随着大数据、云计算、移动互联网等新一代信息技术与机器人技术相互融合步伐的加快,人工智能技术正孕育着新的重大变革。毋庸置疑,人工智能时代已经到来。

1. 人工智能的概念

人工智能(Artificial Intelligence,AI)作为一门前沿交叉学科,涉及计算机科学、信息论、控制论、数学、神经生理学、哲学和认知科学等多类学科。人工智能,顾名思义就是用人工的方法在机器(计算机)上实现的智能,或者说是人们使机器具有类似于人的智能。从学科的角度去认识,**人工智能**是一门研究构造智能机器或实现机器智能的学科,是研究、开发用于模拟、延伸和扩展人的智能的理论、方法、技术及应用系统的一门新的技术科学。

从长远来看,人工智能研究的目标就是要设计并制造一种智能的机器或者系统,让该系统能够像人一样思考,完成诸如感知、学习、联想、推理等活动,帮助人们解决各种复杂问题,代替人类巧妙地完成各种具有思维劳动的任务,最终实现智能化社会,使人类生活更加美好。当然,近期目标是研究使计算机更加"聪明"的方法,使得在某个研究方面或者某个程度上模拟人类的智能。如进行计划、判断等,或者对于具体的应用领域,为人类提供辅助性的智能工具。例如,让计算机进一步具有听、说、读、写等感知和交流功能,帮助人们解决问题,避免一些需要重复进行的劳动,减少人们劳动的强度。

根据人工智能能否真正实现推理、思考和解决问题,可以将人工智能分为弱人工智能和强人工智能。弱人工智能是指不能制造出真正推理和解决问题的智能机器,这些机器只是表面看像是智能的,但是并不真正拥有智能,也不会有自主意识。弱人工智能如今取得了显著进步,如语音识别、图像处理和物体分割、机器翻译等方面取得了重大突破,甚至可以接近或超越人类水平。强人工智能是指真正能推理和思维的智能机器,并且这样的机器是有知觉、有自我意识的。这类机器可分为类人(机器的思考和推理类似人的思维)与非类人(机器产生了和人完全不一样的知觉和意识,使用和人完全不一样的推理方式)两大类。强人工智能不仅在哲学上存在巨大争论(涉及思维与意识等根本问题),在技术上则暂时处于瓶颈,还需要科学家们和人类的努力。

2. 人工智能的发展历程

人工智能从 20 世纪 50 年代出现,发展历程充满未知的探索,道路曲折起伏。描述人工智能 60 余年的发展历程,学术界可谓仁者见仁、智者见智。这里将人工智能的发展历程总结起来分为 4 个阶段,如图 7.20 所示。

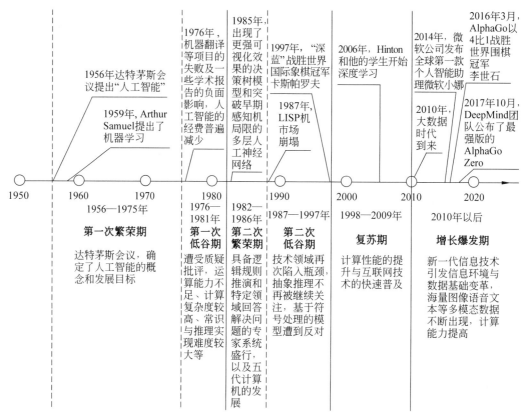

图 7.20　人工智能发展历程

1) 起步发展期(20 世纪 50 年代末到 80 年代初)

1950 年,被称为"计算机科学之父"的艾伦·图灵(Alan Turing)发表《计算机器与智能》,提出图灵测试是机器智能的重要测量手段。1956 年夏季,在美国的达特茅斯会议上,计算机科学家约翰·麦卡锡(John McCarthy)提出了"人工智能"这一术语,麦卡锡因而被称为人工智能之父。这次具有历史意义的重要会议,标志着人工智能这一新兴学科的正式诞生。

这次会议之后的 10 多年时间,人工智能的研究在机器学习、定理证明、模式识别、问题求解、专家系统及人工智能语言等方面都取得了许多引人瞩目的成就。1969 年成立了国际人工智能联合会议(International Joint Conference on Artificial Intelligence,IJCAI),标志人工智能这一新兴学科得到了世界的公认。1970 年创刊了国际性的人工智能杂志(*Artificial Intelligence*),推动人工智能进入了第一次发展繁荣期。许多国家都开始了人工智能的研究,1972 年问世了逻辑程序设计语言 PROLOG。

20 世纪 70 年代中期,由于当时计算机有限的内存和处理速度的不足,很多事物不能形式化表达,建立的模型存在一定的局限性,随着计算任务的复杂性不断加大,接二连三的失败和预期目标的落空(例如,无法用机器证明两个连续函数之和还是连续函数;机器翻译闹出笑话等),使人工智能的研究从 1976 年开始进入长达 6 年的萧瑟期。

2)低迷发展期(20 世纪 80 年代末到 90 年代初)

1982 年日本拨款 4.5 亿美元立项,目标是制造出能够与人对话、翻译语言、解释图像,并能像人一样推理的机器。随后,英、美等国也纷纷制订相应发展计划。进入 20 世纪 80 年代中期,以知识工程为主导的机器学习方法的发展,出现了具有更强可视化效果的决策树模型,突破早期感知机局限的多层人工神经网络,成效显著,推动人工智能走入应用发展的新高潮。但由于专家系统在知识获取、推理能力等方面的不足,以及开发成本高等原因,1987 年 LISP 机市场崩塌,美国取消了人工智能预算,日本第五代计算机项目失败并退出市场。人工智能相关研究又步入了长达 10 年的低迷期。

3)稳步发展期(20 世纪 90 年代末到 21 世纪初)

随着人工智能技术尤其是神经网络技术的逐步发展,人们开始对 AI 抱有客观理性的认知,AI 开始进入平稳发展时期。1997 年 5 月,IBM 的计算机系统"深蓝"战胜了国际象棋世界冠军卡斯帕罗夫(Garry Kasparov),又一次在公众领域引发了现象级的 AI 话题讨论。这是人工智能发展一次具有里程碑意义的成功。2006 年,Hinton 在神经网络的深度学习领域取得突破,人类又一次看到机器赶超人类的希望,2008 年 IBM 提出"智慧地球"的概念。以上都是这一时期的标志性事件。

4)蓬勃发展期(2010 年以后)

2011 年 IBM 公司开发的人工智能程序"沃森"(Watson)参加一档智力问答节目,并战胜了两位人类冠军,赢得 100 万美元奖金。2014 年微软公司推出了一款实时口译系统,可以模仿说话者的声音并保留其口音。2016 年 3 月,由 Google DeepMind 团队开发的人工智能围棋程序 AlphaGo 战胜世界围棋冠军李世石。2017 年,深度学习大热,AlphaGo Zero(第四代 AlphaGo)在无任何数据输入的情况下,开始自学围棋 3 天后,便以100:0 横扫了第二版本的"旧狗",学习 40 天后又战胜了在人类高手看来不可企及的第三个版本"大师"。2017 年,苹果公司在原来个人助理 Siri 的基础上推出了智能私人助理Siri 和智能音响 Home Pod。人工智能迎来爆发式增长的新高潮。

人工智能正成为推动人类进入智能时代的决定性力量,在全世界备受关注。为推动我国人工智能规模化应用,全面提升产业发展智能化水平,2017 年 7 月,中华人民共和国国务院发布《新一代人工智能发展规划》,将新一代人工智能放在国家战略层面进行部署,旨在构筑人工智能先发优势,把握新一轮科技革命战略主动。2018 年 4 月,中华人民共和国教育部制订印发《高等学校人工智能创新行动计划》的通知,其总体目标是引导高等学校瞄准世界科技前沿,不断提高人工智能领域科技创新、人才培养和国际合作交流等能力,为我国新一代人工智能发展提供战略支撑。

3. 人工智能的研究与应用领域

人工智能在过去的 10 余年里取得的进步令人叹为观止,成为科技领域炙手可热的话题。从 Siri 语音到智能家居,从无人驾驶到人工智能机器人,人工智能正在一步步改变人类的生活方式。如今,人工智能已经逐渐发展成一门庞大的技术体系,其主要包含了机器学习、自然语言处理、专家系统、计算机视觉、生物特征识别、人机交互、知识图谱、VR/AR等多个研究领域。

1）机器学习

机器学习（Machine Learning）是人工智能的一个核心研究领域。它涉及统计学、系统辨识、逼近理论、神经网络、优化理论、计算机科学、脑科学等诸多领域的交叉学科。知识是智能的基础，要想让计算机具有智能，就必须让它具有知识。机器学习就是研究如何使计算机模拟或实现人类的学习行为，以获取新的知识或技能，通过知识结构的不断改善提升机器自身的性能。

根据学习模式可将机器学习分类为监督学习、无监督学习和强化学习；根据学习方法可将机器学习分为传统机器学习和深度学习。Google 公司的 AlphaGo 就是深度学习的一个成功体现。

2）自然语言处理

自然语言处理（Natural Language Processing，NLP）是计算机科学领域与人工智能领域中的一个重要研究领域，是一门融语言学、计算机科学、数学于一体的科学。自然语言处理研究能够实现人与计算机之间用自然语言进行有效通信的各种理论和方法。自然语言处理核心问题主要包括机器翻译、机器阅读理解和问答系统等。

自然语言处理系统包含语音识别、语义识别、语音合成 3 部分。其中，语义识别是当前自然语言处理发展的瓶颈，语音识别和语音合成国内企业已处世界领先地位。2019 年科大讯飞打败卡内基梅隆等众多高校、科研机构和企业，连续 14 年赢得 Blizzard Challenge（国际语音合成大赛）冠军。

3）专家系统

专家系统（Expert System）是一个具有大量的专门知识与经验的智能程序系统，它应用人工智能中的知识表示和推理技术，模拟某特定领域人类专家求解问题的思维过程处理各种复杂问题，其水平可以达到甚至超过人类专家的水平。简言之，专家系统是一种智能的计算机程序，它运用知识和推理来解决只有专家才能解决的复杂问题。

专家系统的研究和应用遍及医疗、监督、预测、教学与军事等各方面。例如，可以帮助内科医生诊断细菌感染性疾病，并给出建议性的诊断结果和处方的医学专家系统MYCIN；用于预测分子结构的化学分析专家系统 DENDRAL；还有地质探矿专家系统PROSPECTOR，用于勘探评价、区域资源估值和钻井井位选择等，其曾探测发现了一个价值超过 1 亿美元的钼矿沉积，带来了巨大的经济效益。

4）计算机视觉

计算机视觉（Computer Vision）是研究如何使计算机模仿人类视觉系统的科学，让计算机拥有类似人类提取、处理、理解、分析图像以及图像序列的能力。根据解决的问题，计算机视觉可分为计算成像学、图像理解、三维视觉、动态视觉和视频编解码五大类。实现图像理解是计算机视觉的终极目标。自动驾驶、机器人、智能医疗等领域均需要通过计算机视觉技术从视觉信号中提取并处理信息。

5）生物特征识别

生物特征识别（Biometric Identification）是指利用个体生理特征或行为特征进行身

份识别认证。生理特征如指纹、面像、虹膜、掌纹等,行为特征如步态、声音、笔迹等。生物特征识别就是依据每个个体之间独一无二的生物特征对其进行识别与身份的认证。

在目前的研究与应用领域中,生物特征识别涉及图像处理、计算机视觉、语音识别、机器学习、计算机图形学等多项技术。目前生物特征识别作为重要的智能化身份认证技术,在金融、公共安全、教育、交通等领域得到广泛的应用,尤其指纹识别技术在我国已经得到较为广泛的应用。

6) 人机交互

人机交互(Human-Machine Interaction)主要研究人和计算机之间的信息交换,包括人到计算机和计算机到人的两部分信息交换,是人工智能领域的重要的外围技术。人机交互与认知学、人机工程学、多媒体技术、虚拟现实技术等密切相关。传统的人与计算机之间的信息交换主要依靠交互设备进行,包括键盘、鼠标、操纵杆、数据服装、眼动跟踪器、位置跟踪器、数据手套、压力笔等输入设备,以及打印机、绘图仪、显示器、头盔式显示器、音箱等输出设备。人机交互技术除了传统的基本交互和图形交互外,还包括语音交互、情感交互、体感交互及脑机交互等技术。

7) 知识图谱

知识图谱(Knowledge Graph)本质上是结构化的语义知识库,是一种由节点(Point)和边(Edge)组成的图数据结构。在知识图谱中,每个节点表示现实世界的"实体",每条边为实体与实体之间的"关系"。知识图谱是关系的最有效的表示方式。通俗地讲,知识图谱是把所有不同种类的信息连接在一起得到的一个关系网络,提供了从"关系"的角度去分析问题的能力。

知识图谱是由 Google 公司在 2012 年提出的一个全新概念。目前知识图谱尚处于发展初期,主要应用于搜索引擎、推荐、问答智能化等业务场景,同时知识图谱可用于反欺诈、不一致性验证、组团欺诈等公共安全保障领域。

8) VR/AR

虚拟现实(Virtual Reality,VR)是一种可以创建和体验虚拟世界的计算机仿真系统。虚拟现实技术综合计算机、电子信息、仿真等相关科学技术,在一定范围内生成与真实环境在视觉、听觉、触感等方面高度近似的数字化环境。

增强现实(Augment Reality,AR)是一种将虚拟信息与真实世界巧妙融合的技术。将计算机生成的文字、图像、三维模型、音乐、视频等虚拟信息模拟仿真后,应用到真实世界中,从而实现超越现实的感官体验。VR/AR 难点是三维物理世界的数字化和模型化技术。

VR/AR 技术是以计算机为核心的新型视听技术,正在不断扩大自己的应用范围。如日常生活中的购物、旅游等,增强现实让你享受到超越现实的感官体验。又如在课堂上就可以看到细胞再生的过程;对于日常的游戏娱乐等项目,虚拟现实带你身临其境,感受真正游戏里的魅力。

人工智能的发展前景十分诱人,所以也决定了任重而道远。

7.4 思考题

一、单选题

1. 域名系统(DNS)的作用是(　　)。

A. 完成域名和 IP 地址之间的转换

B. 存放主机域名

C. 完成域名和电子邮件地址之间的转换存放 IP 地址

D. 存放邮件的地址表

2. 下列计算机网络的传输介质中,传输速度最快的是(　　)。

A. 铜质电缆　　　 B. 同轴电缆　　　 C. 光纤　　　 D. 双绞线

3. 子网掩码的作用是识别子网和判别主机属于哪一个网络。IPv4 的子网掩码是(　　)位的模式。

A. 4　　　　　 B. 16　　　　　 C. 32　　　　　 D. 10

4. 某网页的 URL 为 http://www.jnu.edu.cn,其中 http 指的是(　　)。

A. WWW 服务器主机名　　　　 B. 访问类型为文件传输协议

C. WWW 服务器域名　　　　　 D. 访问类型为超文本传输协议

5. Internet 上的每台主计算机都有一个独有的(　　)。

A. E-mail　　　 B. IP 地址　　　 C. DNS　　　 D. 网关

6. 一个学校组建的计算机网络属于(　　)。

A. 城域网　　　 B. 广域网　　　 C. 局域网　　　 D. WLAN

7. Internet 与 WWW 的关系是(　　)。

A. 都是网络协议　　　　　 B. WWW 是 Internet 上的一种协议

C. 是同一个概念　　　　　 D. WWW 是 Internet 上的一种应用

8. 通常用比特率(b/s)描述数字通信的速率,比特率的含义是(　　)。

A. 数字信号与模拟信号的转换频率　 B. 每秒能传送的二进制位数

C. 每秒能传送的字节数　　　　　 D. 每秒能传送的字符数

9. 接入因特网的主机,其域名和 IP 地址具有对应关系,一个 IP 地址可以对应(　　)域名。

A. 至多一个　　 B. 至多 2 个　　 C. 至多 3 个　　 D. 若干个

10. 网络协议为计算机网络中进行数据交换而建立的规则、标准或约定的集合。当前 Internet 上广泛使用的协议族名称是(　　)。

A. IPX　　　　 B. WWW　　　 C. TCP/IP　　　 D. URL

11. 在 WWW 上每个信息资源都有统一的且在网上唯一的地址,该地址为(　　)。

A. URL　　　　 B. HTTP　　　 C. FTP　　　 D. telnet

12. 计算机网络是由主机、通信设备和(　　)构成。

A. 通信设计　　 B. 传输介质　　 C. 网络硬件　　 D. 体系结构

13. 网络中计算机之间通信是通过( )实现的,它们是通信双方必须遵守的约定。

　　A. 网络操作系统　B. 网卡　　　　　C. 网络协议　　　　D. 双绞线

14. 匿名 FTP 服务的含义是( )。

　　A. 可以随意使用的 FTP 服务器

　　B. 在 Internet 上隐身的 FTP 服务

　　C. 允许没有账号的用户登录的 FTP 服务器

　　D. 可以上传没有名字的文件

15. ( )不属于计算机网络拓扑结构。

　　A. 星形结构　　　　B. 网状结构　　　C. 三维结构　　　　D. 总线结构

16. MAC 地址是网卡的物理地址,通常存储在计算机的( )中。

　　A. 内存　　　　　　B. BIOS　　　　　C. 网卡 ROM　　　D. CMOS

17. 地址解析协议,即( ),可根据主机的 IP 地址获取物理地址(MAC 地址)。

　　A. ARP　　　　　　B. RARP　　　　　C. SNMP　　　　　D. ICMP

18. 在 TCP/IP 协议族中,TCP 协议工作在( )。

　　A. 应用层　　　　　B. 链路层　　　　C. 传输层　　　　　D. 网络层

19. 在域名体系中,域可以由多级域名组成,各级子域名之间用圆点分隔,子域名按照( )。

　　A. 从右到左越来越低的方式排列　　　B. 从左到右越来越低的方式分四级

　　C. 从左到右越来越低的方式排列　　　D. 从右到左越来越低的方式分四级

20. ( )不是大数据的特征。

　　A. 价格比较昂贵　B. 数据规模大　　C. 数据类型多样　D. 数据处理速度快

21. ( )不属于云计算特点。

　　A. 通用性强　　　　B. 超大规模　　　C. 虚拟化　　　　　D. 不确定性

22. 云计算是对( )技术的发展与运用。

　　A. 其他 3 个选项都是　　　　　　　　B. 并行计算

　　C. 网格计算　　　　　　　　　　　　D. 分布式计算

23. 在网络环境下,操作系统属于( )类别的网络资源。

　　A. 信道　　　　　　B. 软件　　　　　C. 数据　　　　　　D. 硬件

24. ( )是物联网的基础。

　　A. 人工智能　　　　B. 云计算　　　　C. 互联网　　　　　D. 大数据

25. 自下而上,感知层是物联网体系架构的( )层。

　　A. 第四　　　　　　B. 第一　　　　　C. 第二　　　　　　D. 第三

26. 云计算属于共享经济,共享的是( )。

　　A. 处理能力　　　　　　　　　　　　B. 网络带宽

　　C. 网络计算架构　　　　　　　　　　D. 基础资源,包括计算资源、存储等

27. 按照部署方式和服务对象可将云计算划分为( )。

　　A. 私有云、混合云　　　　　　　　　B. 公有云、私有云和混合云

　　C. 公有云、私有云　　　　　　　　　D. 公有云、混合云

28. 将基础设施作为服务的云计算服务类型是（　　）。
    A. SaaS　　　　　B. HaaS　　　　　C. IaaS　　　　　D. PaaS
29. 在大数据的处理流程中，首先要获得数据源，然后做（　　）工作。
    A. 数据分析　　B. 数据展示　　C. 数据整合与抽取 D. 数据解释
30. 在人工智能研究领域中，机器翻译属于（　　）。
    A. 自然语言处理 B. 机器学习　　C. 专家系统　　D. 人机交互
31. 人工智能的含义最早由（　　）于 1950 年提出，同时提出一个机器智能的测试模型。
    A. 冯·诺依曼　B. 明斯基　　　C. 扎德　　　　D. 图灵
32. AI 是英文（　　）的缩写。
    A. Artifical Information　　　　　B. Automatic Intelligence
    C. Artifical Intelligence　　　　 D. Automatice Information
33.（　　）是研究使计算机能模拟或实现人类的学习行为，以获取新的知识或技能，不断改善性能实现自我完善的交叉学科。
    A. 自然语言处理 B. 专家系统　　C. 数据挖掘　　D. 机器学习
34. 计算机网络中有线网络和无线网络的分类是以（　　）来划分的。
    A. 传输控制方式 B. 信息交换方式 C. 网络传输介质 D. 网络连接距离
35. 以下关于 IPv6 地址的描述中，错误的是（　　）。
    A. 物联网节点都可以获得 IPv6 地址
    B. IPv6 地址长度为 128 位，IPv4 地址长度为 32 位，IPv6 的地址数是 IPv4 的 4 倍
    C. IPv6 地址为 128 位，它的优势在于大大地扩展了地址的可用空间
    D. IPv6 的 128 位地址按每 16 位划分为一个段，每段转换成十六进制数字，并用冒号隔开

二、多选题

1. 有一类 URL 地址的一般格式：协议名://主机名/资源。不能成为该类 URL 地址协议部分的有（　　）。
    A. http　　　　　B. E-mail　　　　C. UDP
    D. telnet　　　　 E. FTP
2. 计算机网络的主要功能不包括（　　）。
    A. 计算机之间的相互制约　　　　B. 提高计算机运算速度
    C. 数据通信和资源共享　　　　　D. 分布处理
    E. 将负荷均匀地分配网上各计算机系统
3. 分层是 Internet 上的域名命名方式，这可以有效防止重名，也可以按层次进行管理。一般，域名由（　　）组成。
    A. 用户名　　　　B. 主机名　　　　C. 顶级域名　　　D. 机构名和网络名
    E. 资源名

4. TCP/IP 体系包括物理层、(　　　)、应用层和链路层,共五层。

　　A. 会话层　　　　　　B. 网络层　　　　　　C. 逻辑层

　　D. 测试层　　　　　　E. 传输层

5. 属于 TCP/IP 协议族中应用层协议的有(　　　)。

　　A. IP　　　　　　　　B. HTTP　　　　　　C. FTP

　　D. UDP　　　　　　　E. ARP

6. 物联网主要涉及的关键技术包括(　　　)。

　　A. 射频识别技术　　B. 纳米技术　　　　C. 传感器技术

　　D. 网络通信技术　　E. 应用管理技术

7. 和传统交通指挥系统相比,智能交通管理系统(ITMS)可以(　　　)。

　　A. 人车分流　　　　B. 解决交通拥堵　　C. 减少交通事故

　　D. 处理路灯故障　　E. 减少交通污染

8. (　　　)属于射频识别技术的突出特点。

　　A. 安全性强　　　　B. 适应性强　　　　C. 可识别高速物体

　　D. 成本低　　　　　E. 同时识别多个对象

9. 射频识别系统通常由(　　　)组成。

　　A. 电子标签　　　　B. 阅读器　　　　　C. 感应系统

　　D. 数据管理系统　　E. 定位系统

10. 人工智能学科研究的主要内容包括(　　　)。

　　A. 知识表示　　　　B. 知识处理系统　　C. 程序设计方法

　　D. 计算机视觉　　　E. 自动定理证明

11. 物联网中的网络层由现有的(　　　)等构成。

　　A. 互联网　　　　　B. 电网　　　　　　C. 行业专用网

　　D. 高速公路网　　　E. 通信网络

12. 物联网体系架构主要分为三层,包括感知层、(　　　)。

　　A. 感知层　　　　　B. 网络层　　　　　C. 数据层

　　D. 传输层　　　　　E. 应用层

13. 云计算平台的特点不包括(　　　)。

　　A. 虚拟化　　　　　B. 动态可扩展　　　C. 按需使用,灵活性高

　　D. 低可靠性　　　　E. 封闭式

14. 云计算采用(　　　)存储信息,这可以显著提高网络使用效率,节约网络使用成本。

　　A. 密集式　　　　　B. 分布式　　　　　C. 共享式

　　D. 密闭式　　　　　E. 集成式

15. 大数据的来源不包括(　　　)。

　　A. 网络爬虫获取的数据　　　　　　B. 实时数据

　　C. 科学实验中模拟的数据　　　　　D. 传感器数据

　　E. 人工构造数据

三、判断题

1. IPv6 中的 IP 地址由 32 个十六进制数表示。 （　　）
2. 子网掩码的主要作用是和 IP 地址一起计算域名服务器地址。 （　　）
3. IP 地址和主机域名间存在一对多的关系。 （　　）
4. 域名系统 DNS 的作用是将域名转换成 IP 地址。 （　　）
5. 互联网就是一个超大云,能够实现超大量的数据计算。 （　　）
6. 云计算真正实现了按需计算,从而有效地提高了对软硬件资源的利用。 （　　）
7. 物联网的价值在于网络。 （　　）
8. 将平台作为服务的云计算服务类型是 SaaS。 （　　）
9. 传感器技术和射频技术共同构成了物联网的核心技术。 （　　）
10. RFID 是一种非接触式的自动识别技术,它通过射频信号自动识别目标图像并获取相关数据。 （　　）
11. 大数据不仅是指数据的体量大,还包括数据增长快速、数据来源多等特点。 （　　）
12. 数据可视化可以把数据变成图表。数据可视化有利于人们对数据相关性的理解。 （　　）
13. "大数据"是海量、高增长率和多样化的信息资产,需要新处理模式才能具有更强的决策力、洞察发现力和流程优化能力。 （　　）
14. 大数据分析技术可以从海量数据中分析、挖掘出之前没意识到的模式,发现事态变化趋势。 （　　）
15. 人工智能研究如何构造智能机器或实现机器智能,使它能模拟、延伸和扩展人类智能。 （　　）

四、填空题

1. 计算机网络中通信双方都必须遵守的所有规则、标准或约定称为_____。
2. C/S 结构的数据库系统分为两部分,分别是_____和_____。
3. 按照覆盖的地理范围,计算机网络可以分为_____、城域网和_____。
4. Internet 采用_____协议实现网络互连。
5. IPv4 地址有_____位二进制,由_____和主机地址构成。
6. 以太网利用_____协议获得目的主机 IP 地址与 MAC 地址的映射关系。
7. 在传输层,_____可以提供面向连接的、可靠的、全双工的数据流传输服务;UDP 可以提供面向非连接的、不可靠的传输服务。
8. 在 Internet 中,都是直接利用 IP 地址进行寻址,因而需要将用户提供的主机域名转换成 IP 地址,这个过程称为_____。
9. 在 Internet 中,电子邮件客户端程序向邮件服务器发送邮件使用_____协议。
10. 在 TCP/IP 互联网中,WWW 服务器与 WWW 浏览器之间的信息传递使用_____协议。

11. 云计算按服务模式可分为 3 个层次,这 3 个层次分别是_____、_____和 SaaS。

12. 大数据来源多样,数据源中除了结构化数据外还有_____和非结构化的数据。

13. 规模巨大且复杂,用现有的数据处理工具难以获取、整理、管理以及处理的数据称为_____。

五、问答题

1. 简述 TCP/IP 中 IP、TCP、UDP、HTTP、FTP、DNS、DHCP 的含义和作用。

2. 分析 IPv6 相比 IPv4 的优势,目前的应用现状及发展前景。

3. 简述大数据的 5V 特征。

4. 简述与传统的网络应用模式相比,云计算具有的特点。

5. 物联网将如何改变世界? 谈谈你的看法。

6. 科学技术是把双刃剑,智能机器人技术在发挥其积极作用的同时也会给人们带来社会和伦理问题。智能机器人发展到一定程度会超过人类吗? 谈谈你对 AI 的认识。

第 8 章

信 息 安 全

信息安全主要包括系统安全及数据安全。系统安全一般采用防火墙、病毒查杀等被动措施;而数据安全则主要是指采用现代密码技术对数据进行主动保护,实现如数据保密性、数据完整性、数据不可否认与抵赖性、双向身份认证等功能。

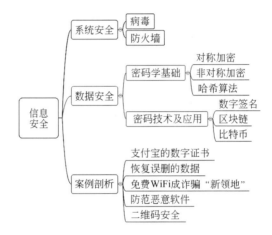

8.1 病毒与防火墙

杀毒软件和防火墙是最基本的计算机安全防护工具,杀毒软件主要用于查杀计算机中的病毒,防火墙主要用于防止病毒入侵。

8.1.1 计算机病毒

1. 病毒的定义

名词释义:计算机病毒

计算机病毒(Computer Virus)是能破坏计算机功能或者数据的代码,能影响计算机使用,能自我复制的一组计算机指令或者程序代码。

计算机病毒具有传播性、隐蔽性、感染性、潜伏性、可激发性、表现性或破坏性。计算机病毒的生命周期:开发期→传染期→潜伏期→发作期→发现期→消化期→消亡期。

计算机病毒实际上是一段计算机程序,只是这段程序编制的目的不是为了做有益的工作,而是模仿生物界病毒的功能,干扰或破坏计算机系统。计算机病毒以存储介质和计算机网络为媒介进行传播。病毒被激活后就可干扰计算机的运行,病毒激活的条件是多样化的,可以是时钟、系统的日期、用户标识符,也可以是系统的一次通信等。当条件成熟后,病毒就开始自我复制到传染对象中,进行各种破坏活动。破坏性最大的两类病毒是木马和蠕虫。

（1）**木马病毒**：以盗取用户个人信息、远程控制用户计算机为主要目的的恶意代码。由于它像间谍一样潜入用户的计算机,窃取信息或者执行破坏操作,与战争中的"木马"战术十分相似,因而得名木马。按照功能划分,木马程序可进一步分为盗号木马、网银木马、窃密木马、远程控制木马、流量劫持木马等。

（2）**蠕虫病毒**：可能会执行垃圾代码以发动分散式阻断服务攻击,或占用 CPU、浪费带宽等,令计算机的执行效率大程度降低,从而影响计算机的正常使用。最初的蠕虫病毒定义是因为在 DOS 环境下,病毒发作时会在屏幕上出现一条类似虫子的东西,"胡乱吞吃"屏幕上的字母并将其改变形状,所以称为"蠕虫"。

2. 病毒的危害

目前,计算机病毒十分猖獗,各种计算机病毒及其变种有数千种,对计算机系统的安全造成了严重的威胁。它们轻则占用时间空间,使得系统及应用程序运行速度变慢。重则毁坏系统,删除程序和数据文件,甚至改写内容,使得系统死机,程序、数据丢失,造成严重后果。总结计算机病毒的危害有如下 5 点。

（1）**窃取用户隐私、机密文件、账号信息等**。如今已是木马大行其道的时代,据统计如今木马在病毒中已占 70% 左右。而其中大部分都是以窃取用户信息获取经济利益为目的,如窃取用户资料、网银账号密码、网游账号密码等,一旦这些信息失窃,将给用户带来不少经济损失。

（2）**干扰系统运行**。病毒运行时不仅要占用内存,还会抢占中断,干扰系统运行,导致系统运行缓慢。2007 年的"熊猫烧香"病毒,计算机中毒后可能会出现蓝屏、频繁重启以及系统硬盘中数据文件被破坏等现象,感染计算机系统中 exe、com、html、asp 等文件,被感染后的用户系统中所有 exe 可执行文件被改成一只熊猫举着三根香的模样出现,可在局域网扩散,导致局域网瘫痪。

（3）**窃取计算资源**。如果磁盘未发生数据读写,但磁盘指示灯狂闪不停,这可能预示着计算机已经受到病毒感染了。病毒在活动状态下是常驻内存的,如果内存出现占有率过高异常,就有可能是病毒导致的。例如,2019 年 11 月底的某新闻描述,微软公司宣称一种新的恶意软件 Dexphot 正在不断感染计算机,迫使它们挖掘比特币。该病毒软件至少从 2018 年 10 月开始逐步感染计算机,并于 2019 年 6 月达到高峰,当时被劫持的计算机超过 8 万台。

（4）**破坏硬盘以及计算机数据**。引导区病毒会破坏硬盘引导区信息,硬盘分区丢失,使计算机无法启动。如果计算机突然无法启动,而且用其他的系统启动盘也无法进入,则很有可能是中了引导区病毒;正常情况下,一些系统文件或是应用程序的大小是固定的,如果发现这些程序大小与原来不一样,很可能是由病毒所导致;有些病毒会将某些扇区标注为坏轨,而将自己隐藏其中。例如,DiskKiller 会寻找 3 个或 5 个连续未用的磁区,将其标示为坏轨。如果哪天你发现使用正常的磁盘,突然扫描时发现了一些坏道,也有可能是病毒所导致。

（5）**占用资源,如占用 CPU 或者网络带宽**。蠕虫病毒发作的一大症状是疯狂向外发送病毒邮件,如果计算机莫名其妙发送了许多病毒邮件,则基本可以肯定中了蠕虫病毒。蠕虫病毒还能向外发送大量数据,导致网络严重堵塞或瘫痪等现象。而利用即时通信软件狂发信息,则是近来这些蠕虫病毒的另一种传播新途径。

计算机病毒的负面影响能有多大完全取决于黑客的创造力,那种记录键盘、窃取私人财产以及攻击企业网络进行毁灭性盗取商业秘密的例子仅仅只是冰山一角,必须使用杀毒软件及时清理病毒。

3. 杀毒原理

计算机病毒是一段计算机程序,类似生物病毒,它会复制自己并传播到其他宿主,并对宿主造成损害。病毒在传播期间一般会隐蔽自己,当特定的触发条件满足时便开始产生破坏。所以杀毒之前需要掌握病毒的特征、确定杀毒方法,才能查杀病毒,杀毒流程如图 8.1 所示。

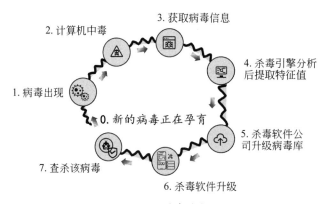

图 8.1　杀毒流程

常见的计算机病毒检测方法有特征代码法、校验和法、行为监测法和启发式扫描。

（1）**特征代码法**：任何一种杀毒软件都是根据病毒的特征来判断文件是否为病毒和是否已经感染病毒,而这些病毒的特征会被记录在一个文件中,这个文件就是病毒库。发现新病毒后,对其进行分析,根据其特征编成病毒码,加入数据库中。以后在执行查毒程序时,通过对比文件与病毒数据库中的病毒特征码,检查文件是否含有病毒。以往杀毒软件一般是每隔几天就会更新病毒库,但是由于计算机病毒数量的剧增,现在的杀毒软件更新病毒库的速度加快了,更新速度甚至是以小时来计算。

（2）**校验和法**：通过计算文件的校验和并保存,可定期或调用文件时进行对比,从而判断文件是否被病毒感染。例如,每个文件都可以用 MD5 信息摘要算法（可以产生出一个 128 位的散列值,用于确保信息传输完整一致）算出一个固定的 MD5 码详见 8.2.4 节中 MD5 算法。软件作者往往会事先计算出他的程序的 MD5 码并贴在网上。因此,下载了这个程序后用 MD5 验证程序计算所下载的文件的 MD5 码,和网上的 MD5 码比较,如果不一致就说明该文件也可能被人窜改过,可能已经感染了病毒。

（3）**行为监测法**：此法根据病毒的行为特征来识别病毒,这需要对病毒行为进行详细的分类和研究,分析病毒共同的行为,以及正常程序的罕见行为,根据程序运行时的行为进行病毒判断和预警。

（4）**启发式扫描**：随着病毒的层出不穷,病毒变种不断增多,特征码法远跟不上病毒生成速度,各大安全厂商针对已发现的病毒,总结出一些恶意代码,如在程序中发现这些代码,就会向用户报警发现疑似病毒文件,询问用户处理方案。

计算机病毒与自然界的病毒类似,查杀病毒的过程比较复杂。另外,病毒库是需要时常更新的,这样才能尽量保护计算机不被最新流行的病毒所侵害。

杀毒软件的执行过程就好比警察抓小偷,警察有可能抓漏或者错抓。所以,杀毒软件不一定能查杀出所有病毒,也有可能误将非病毒文件识别成病毒文件,不要以为经过杀毒的系统或者文件是完全没有藏匿病毒的。

8.1.2　防火墙

> **名词释义：防火墙（Firewall）**
>
> 防火墙是指在内部网和外部网之间、专用网与公共网之间的边界上构造的保护屏障。防火墙是一种保护计算机网络安全的技术性措施,它通过在网络边界上建立相应的网络通信监控系统来隔离内部网和外部网,以阻挡来自外部的网络入侵。

互联网的发展给金融业带来了革命性的变革,同时,也给数据安全带来了新挑战——确保客户、移动用户、内部员工的安全访问,以及金融企业的机密信息不受黑客和间谍的入侵。防火墙作为"网络卫士",能提供行之有效的网络安全机制,有效地防止黑客入侵,抵御来自外部网的攻击,保证内部系统的资料不被盗取,是网络安全策略的有机组成部分。

2016 年 2 月,孟加拉国央行在美国纽约联邦储备银行的账户遭黑客攻击,被盗 1 亿多美元,被称为史上金额最大的银行盗窃案之一。与其他网络银行盗窃案一样,孟加拉国央行被盗也系黑客所为。但与其他银行盗窃案不一样的是,孟加拉国央行被盗还有一个原因——没装防火墙,就好比银行网点没有装防盗门。

1. 防火墙的基本原理

防火墙的主要功能包括过滤进出网络的数据、管理进出访问网络的行为、封堵某些禁止业务、记录通过防火墙的信息内容和活动、对网络攻击检测和告警等。防火墙分两大类：硬件防火墙和软件防火墙。硬件防火墙是一个拥有多个端口的金属盒子,它是一套预装有安全软件的专用安全设备,一般采用专用的操作系统；而软件防火墙通常可以安装在通用的网络操作系统上。

防火墙通常指软件防火墙,软件防火墙是主机、路由器、策略的集合,其主要目的是禁止或允许对受保护网络的访问。它强制所有的访问都通过防火墙,以便按照事先制定的规则检查和评价这些访问请求。从技术理论上讲,防火墙属于最底层的网络层安全技术,但随着网络安全技术的发展,现在防火墙已经成为一种更为先进和复杂的基于应用层的网关,不仅能完成传统防火墙的过滤任务,同时也能够针对各种网络应用提供相应的安全服务。利用防火墙技术,经过仔细的配置,通常能够在内外网之间提供安全的网络保护,降低网络安全的风险。

防火墙的安全等级也是有区分的。如图 8.2 所示的防火墙工作原理中,内部网 1 和内部网 2 的安全等级是不同的,内部网 2 的安全等级更高,拥有两级防火墙。

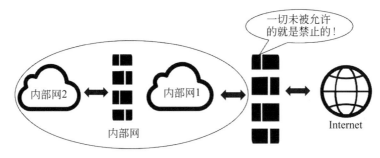

图 8.2   防火墙工作原理

2. 防火墙的分类

根据防范的方式和侧重点的不同,防火墙可分为 3 类。

1) 网络层防火墙

网络层防火墙也称包过滤防火墙。该技术是在网络层对数据包进行选择,选择的依据是系统内设置的过滤逻辑,通过检查数据流中每个数据包的源地址、目的地址、所用的端口号、协议状态等因素,以及它们的组合来确定是否允许该数据包通过。包过滤防火墙通常安装在路由器上,启用时需要进行配置,例如 FTP 服务器 FTP://202.116.6.197 的安全方向策略如图 8.3 所示。

编号	源地址	源端口	目的地址	目的端口	动作
1	128.100.1.1	*	202.116.6.197	20	允许通过

图 8.3   包过滤防火墙示例

包过滤技术的优点是简单实用,实现成本较低,在应用环境比较简单的情况下,能够以较小的代价在一定程度上保证系统的安全。网络管理员可安装过滤器或者配置访问控制列表,实现限制网络流量、允许特定设备访问、指定转发特定端口数据包、指定使用某些服务等功能。如图 8.4 所示,包过滤防火墙只检查静态的报文头部信息,如 IP、TCP、MAC、端口号等。

包过滤技术是一种完全基于网络层的安全技术,但它的缺陷也很明显,只能根据数据包的来源、目标和端口等网络信息进行判断,无法识别基于应用层的恶意入侵。如恶意的 Java 小程序以及电子邮件中附带的病毒,有经验的黑客很容易伪造 IP 地址,骗过包过滤防火墙。

图 8.4　包过滤防火墙检查的内容

2)状态检测防火墙

由动态包过滤防火墙演变而来,工作在传输层,使用各种状态表(不同时间的报文情况)来追踪活跃的 TCP 会话。它能够根据连接状态信息动态地建立和维持一个连接状态表,并且把这个连接状态表用于后续报文的处理。状态检测防火墙摒弃了包过滤防火墙仅检查数据包的 IP 地址等几个参数,而不关心数据包连接状态变化的缺点,在防火墙的核心部分建立状态连接表,并将进出网络的数据当成一个个的会话,利用状态表跟踪每个会话状态。状态检测防火墙检查内容见图 8.5,检测时对每个包的检查不仅根据规则表,更考虑了数据包是否符合会话所处的状态,因此提供了完整的对传输层的控制能力。

3)应用代理防火墙

应用代理防火墙彻底隔断内部网与外部网的直接通信。内部网用户对外部网的访问变成防火墙对外部网的访问,再由防火墙转发给内部网用户。所有通信都必须经应用层代理软件转发,访问者任何时候都不能与服务器建立直接的 TCP 连接,应用层的协议会话过程必须符合代理的安全策略要求。如图 8.6 所示,应用代理防火墙的优点是可以检查应用层、传输层和网络层的协议特征,对数据包的检测能力比较强。

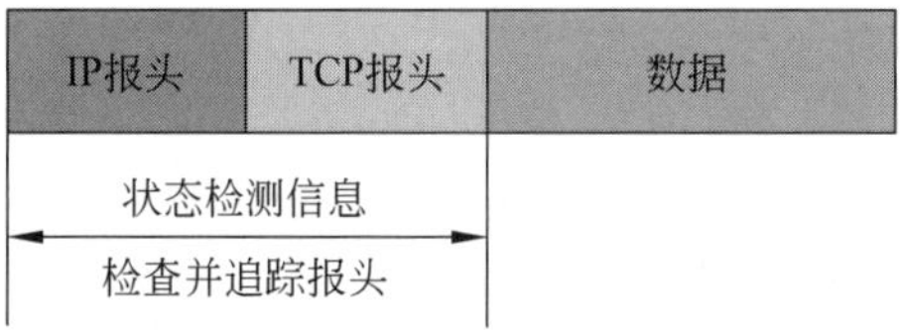

图 8.5　状态检测防火墙检查的内容 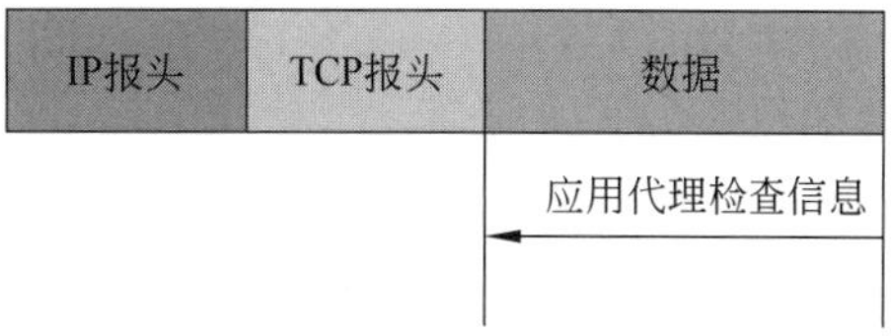　　图 8.6　应用代理防火墙检查的内容

应用代理防火墙在网络的应用层上建立协议过滤和转发功能,它针对特定的网络应用服务协议使用指定的数据过滤逻辑,并在过滤的同时对数据包进行必要的分析、登记和统计,形成报告。应用代理防火墙通常安装在专用的工作站系统上。

3. 防火墙的局限性

防火墙作为网络安全的一种防护手段得到了广泛的应用,可以起到一定的防护作用。然而,就像小区的保安,是最基本的安全配备措施,只能起到基础的过滤作用。防火墙的局限性如下。

（1）**无法阻止后门攻击**。入侵者可以寻找防火墙背后可能敞开的后门而绕过防火墙。

（2）**不能阻止内部攻击**。对于企业内部防火墙形同虚设。

（3）**不能清除病毒**。防火墙只能在入侵时阻止或者警告，对已经感染病毒的计算机毫无办法。

（4）**影响网速**。无法做到安全与速度的同步提高，一旦考虑到安全因素而对网络流量进行深入检测和分析，那么网络速度势必会受到影响。

因此，仅仅使用防火墙保障网络安全是远远不够的，需要配合其他信息安全技术才能更好地保证计算机的安全。

8.2　密码学基础

密码学是信息安全的基石，掌握密码学基础是理解信息安全机理的必要通道，从某种程度上说，密码技术是保障信息安全的核心技术。

8.2.1　密码学概述

密码技术是最常用的安全保密手段，如图 8.7 把重要的数据变为乱码（加密，Encipher）传送，到达目的地后再用相同或不同的手段还原（解密，Decipher）。未授权的用户即使获得了已加密的信息，但因不知解密的方法，仍然无法了解信息的内容。

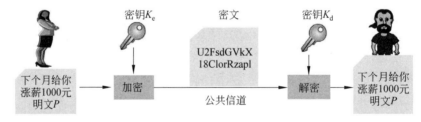

图 8.7　加解密过程

> **名词释义：密码技术**
> 　　密码技术是通信双方按约定的法则进行信息特殊变换的一种重要保密手段。依照密码算法，变明文（Plaintext）为密文（Ciphertext），称为加密变换；变密文为明文，称为解密变换。密码技术在早期仅对文字或数码进行加解密变换，随着通信技术的发展，对语音、图像、数据等都可实施加解密变换。

加密之所以安全，是因为加密的密钥是绝对隐藏的，而很多加密算法都是公开的。例如，流行的 RSA 和 AES 两种加密算法都是完全公开的，一方取得已加密的数据，即使知道加密算法，若没有加密的密钥，也不能打开被加密保护的信息。根据密码的不同，加密可分为以下两种。

（1）**对称加密**。加密和解密使用同一个密钥，所以称为对称加密，也称单密钥加密。

对称加密的安全性不仅取决于加密算法本身,密钥管理的安全性更重要。

（2）**非对称加密**。加密和解密使用不同的密钥,一把作为公开的公钥(Public Key),另一把作为私钥(Private Key)。公钥加密的信息,只有私钥才能解密;私钥加密的信息,只有公钥才能解密。

对称加密算法相比非对称加密算法,加解密的效率要高得多。但是缺陷在于对于密钥的管理上,以及在非安全信道中通信时,密钥交换的安全性不能保障。所以在实际的网络环境中,会将两者混合使用。

密码技术的目的很明确,是为了解决信息安全问题,保证在网络中传输的信息的机密性、完整性、真实性和不可否认性,如图 8.8 所示。

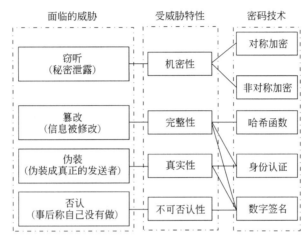

图 8.8　信息安全和密码技术之间的关系

8.2.2　对称加密

对称加密的密钥是严格保密的。对称加密算法加密效率高,适合加密大数据文件、加密强度不高(相对于非对称加密)的情况。常见的对称加密算法有替代密码、DES、3DES、AES、Blowfish、IDEA、RC5、RC6 等。

替代密码就是一种典型的对称加密算法,替代密码明文中的每个字符被替换为密文中的另一个字符。接收者对密文进行逆替换即可恢复出明文。单表替代密码就是明文的每个字符用相应的密文字符代替。最早的密码系统"凯撒密码"就是一种移位替代密码。加密过程是"原文＋密钥→密文",解密过程"密文－密钥→原文",如果密钥等于3,凯撒密码加密过程如下:

凯撒加密举例(密钥为 3)：

明文 1：ABCDEFGHIJKLMNOPQRSTUVWXYZ

密文 1：DEFGHIJKLMNOPQRSTUVWXYZABC

明文 2：NETWORKSECURITY

密文 2：QHWZRUNVHFXULWB

V8.1 凯撒密码

8.2.3　非对称加密

非对称加密有两个密钥,公钥和私钥,通常用公钥加密私钥解密。主要的非对称加密算法有 RSA、ELGamal、背包、Rabin、D-H、ECC 等。

对称加密存在一定的局限性。例如,如果 Alice 希望同很多人通信,她开了一家银行,那么她需要同每个人交换不同密钥,且必须管理好所有这些密钥,发送数以千计的信息,于是非对称加密隆重登场。如图 8.9 所示,当发送一份保密文件时,发送方 B 使用接收方的公钥对数据加密,而接收方 A 则使用自己的私钥解密,这样,信息就可以安全无误地到达目的地了。即使被第三方截获,由于没有相应的私钥,也无法进行解密,而发送方也不必想方设法把密钥传给 A。

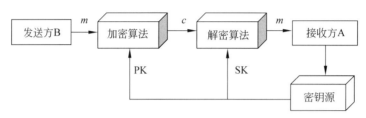

图 8.9　非对称加密算法的过程

V8.2 RSA 算法

RSA 算法是目前最流行的公开密钥算法,既能用于加密,也能用于用户数字签名。不仅在加密货币领域使用,在传统互联网领域的应用也很广泛。从被提出到现在已有 40 多年,经历了各种考验,被普遍认为是目前最优秀的公钥方案之一。RSA 算法的步骤如下。

---

(1) 随机选择两个不相等的质数 p 和 q。
(2) 计算 p 和 q 的乘积 n。
(3) 计算 n 的欧拉 φ 函数 $\varphi(n) = (p-1)(q-1)$。
(4) 随机选择一个整数 e,条件是 $1 < e < \varphi(n)$,且 e 与 $\varphi(n)$ 互质。
(5) 计算 e 对于 $\varphi(n)$ 的模反元素 d。
(6) 将 n 和 e 封装成公钥 PK $=(n,e)$,n 和 d 封装成私钥 SK $=(n,d)$。
其中,加密算法为 me $\equiv c$ (mod n);解密算法为 cd $\equiv m$ (mod n)。

根据 RSA 算法的步骤,设计一个 RSA 算法的例子,其计算过程如图 8.10 所示。需要提醒的是 $(66)^{77}$ 这样的计算,在普通整数计算时是会溢出的。

参　　数	加密和解密	计算过程备注
明文:19 密文:66 公钥:5 私钥:77 参数:119	明文 m=19 加密:$(19)^5$ mod 119 = 66 解密:$(66)^{77}$ mod 119 = 19	设 $p=7,q=17,n=7\times17=119$;参数 $T=\{n=119\}$; $\varphi(n)=(7-1)(17-1)=96$; 选择 $e=5$,GCD(5,96)$=1$;公钥 PK$=5$; 计算 d,$(d\times e)$ mod 96$=1$;$d=77$;私钥 SK$=77$

图 8.10　RSA 算法举例

　　非对称加密举例：当 A 想获得 B 的秘密信息，即 B 要发送消息给 A。首先 A 通过 6 个步骤生成一对公私钥——PK 和 SK，其中公钥 PK 是公开的，任何人想给 A 发送消息，都可以拿 PK 来对自己的消息进行加密，加密后的密文 c 发送给 A，然后 A 拿只有自己知道的私钥 SK 进行解密得到明文 m。在这个例子中，很多人都在想：既然 PK 公开了，意味着 n 和 e 公开了，那得到 d 封装成 SK 不是很容易吗？这种想法是错误的。因为大整数的因数分解是很困难的。

　　非对称加密有一对密钥——公钥和私钥，公钥和私钥是相对的概念，被公开的是公钥。非对称加密有两个用途。

　　（1）**加解密**：公钥加密，私钥解密。公钥加密的数据私钥可以解密，如果 A 向 B 传递数据，A 使用公钥进行加密，B 使用私钥进行解密即可获得明文。

　　（2）**签名**：私钥签名，公钥验签。B 通过自己的私钥加密数据，然后把加密的数据传递给 A，A 通过公钥进行验证，如果验证的数据正确，则说明数据是由 A 发送的，有效的保证了数据的防篡改。

　　所以，公钥是公开的，可发给任何人；私钥是私密的，用来解密或者签名的。私钥只能由一方安全保管，不能外泄；而公钥则可以发给任何请求它的人。非对称加密使用这对密钥中的一个进行加密，而解密则需要另一个密钥。

推理：RSA 私钥破解

　　试着推导一下。

　　（1）ed≡1 (mod $\varphi(n)$)。只有知道 e 和 $\varphi(n)$，才能算出 d。

　　（2）$\varphi(n)=(p-1)(q-1)$。只有知道 p 和 q，才能算出 $\varphi(n)$。

　　（3）n＝pq。只有将 n 因数分解，才能算出 p 和 q。

　　结论：如果 n 可以被因数分解，d 就可以算出，也就意味着私钥被破解。

　　可是，大整数的因数分解是一件非常困难的事情。目前，除了暴力破解，还没有发现其他的有效方法。

8.2.4　哈希算法

　　哈希函数是密码学中的一个重要分支，目的是将任意长度的消息变换成固定长度的二进制串，但不可逆。哈希函数通常应用于密钥产生、伪随机数发生器以及消息完整性验证等方面。

名词释义：哈希函数

　　哈希（Hash）函数在中文中有很多译名，有些人根据 Hash 的英文原意译为散列函数或摘要函数，音译为哈希函数。Hash 算法是把任意长度的输入数据经过算法压缩，输出一个固定长度的数据，即哈希值。哈希值也称输入数据的数字指纹（Digital Fingerprint）或消息摘要（Message Digest）等。

　　为什么要使用哈希函数？因为如果直接把明文加密成数字签名，数据量太大，对传输

V8.3 哈希算法

造成很大负荷,也影响接收者的验证效率,因此要把数据量较大的明文Hash成定长的数据。但是,哈希值不表达任何关于输入数据的信息,与输入数据的长度没有任何关系,对于同样的算法,其输出长度是固定的,如图8.11所示。

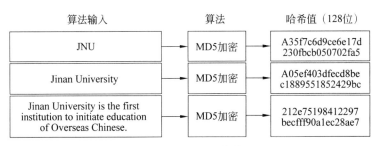

图 8.11　求哈希值的效果

综上所知,哈希函数应该具备以下特性。

(1)给定输入数据,很容易计算出它的哈希值。

(2)给定哈希值,倒推出输入数据则很难,计算上不可行。这就是哈希函数的单向性,在技术上称为抗原像攻击性。

常用哈希函数:不同哈希函数在数学上实现的方法各有不同,安全性也各有不同。常见哈希函数有很多,如 MD5、Snefru、N-Hash、LOKI、AR、GOST、MD、SHA 等,其中MD5 和 SHA 使用范围最广泛。比特币地址生成的时候,就用到了 SHA-256 算法。但是,哈希函数可能会存在碰撞,即在一些特定情况下,两个不同的文件或信息会指向同一个数字摘要。在一般情况下,类似碰撞只能尽可能减少,而不能完全避免。

8.3　密码技术及应用

数字证书是指认证中心(Certificate Authority,CA)发行的一种电子文档,是一串能够表明网络用户身份信息的数字,提供了一种在计算机网络上验证网络用户身份的方式,因此数字证书又称数字标识。

8.3.1　数字签名

假设一种场景,如图8.12所示,当 A 准备给 B 写一封信时,B 需要考虑如何保证这封信是来自 A 而不是其他人,并且事后 A 不能否认发送过这封信给 B。有了密码学基础,使用密码学里的数字签名就可以解决 B 遇到的问题。

1. 原理

数字签名是用数字证书对发送的信息加密和解密的过程,发送方发送时进行签名,接收方进行验证。签名的时候用私钥,验证签名的时候用公钥。常见的数字签名算法有RSA 和 DSA 等。

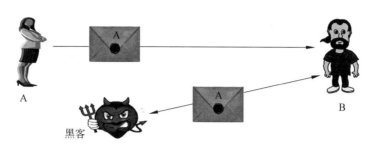

图 8.12　数字签名

名词释义：数字证书

　　数字证书是 CA 签发的一段身份凭证数据,其中包含了 3 部分：公钥、私钥和相关身份信息,可使用其进行数字签名。这其中最重要的部分是公钥和私钥,是一对基于非对称算法的密钥。简单地说,数字证书是由权威机构颁发的虚拟世界身份认证。

　　数字签名的主要用途是认证、核准、有效和负责,而且可以防止相互欺骗或抵赖。

　　数字签名时使用私钥加密、公钥验签,具体过程如图 8.13 所示,发送端发送签名和文件,接收端根据公钥进行验证。

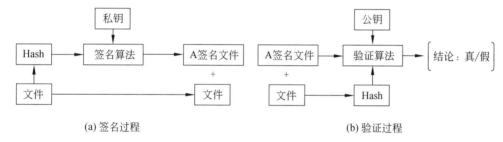

(a)签名过程　　　　　　　　　　　　　　　　　(b)验证过程

图 8.13　数字签名过程和验证过程

　　发送端：在发送信息前使用哈希算法求出待发信息的数字摘要,然后用私钥对这个数字摘要 H(而不是待发信息本身)进行加密而形成一段信息,这段信息称为数字签名。发信时将这个数字签名信息和数据一起发送给接收端。

　　接收端：收到信息后,一方面用发信者的公钥对数字签名解密,得到一个摘要 H；另一方面把收到的信息本身用哈希算法求出另一个摘要 H′,再把 H 和 H′相比较,看看两者是否相同。根据哈希函数的特性,使用简短的摘要来"代表"信息本身,如果两个摘要 H 和 H'完全符合,证明信息是完整的,即数字签名是有效的；如果不符合,就说明信息被人篡改了,即数字签名是无效的。数字证书是由权威机构颁发、全世界唯一的,发送端用其私钥加密之后就标识了该信息的归属,发送端是无法抵赖的。

　　注意：数字签名是用私钥来加密,用通过与之配对的公钥来解密。

2. 应用举例

　　数字签名在浏览器的应用。在打开网页或者软件时,有时会遇到这个警告"数字签名或证书无效,访问被拒绝",如图 8.14 是 IE 浏览器证书安全警告的例子。可以看出,浏览器使用数字签名协议保障用户安全。

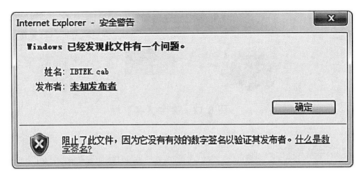

图 8.14 浏览器证书安全警告——发现未签名文件

浏览器与服务器进行数据传输时,有可能在传输过程中被冒充的盗贼把内容替换了,这里就需要用到数字签名来验证传输的内容是否是真实服务器发送的数据,发送的数据是否被篡改过。服务端把数据的摘要信息使用私钥加密之后就生成签名,连同报文一起发送给客户端。客户端接收到数据后,把签名提取出来用公钥解密、对比,如果两者相等,就表示内容没有被篡改。有了数字签名的保障,浏览网页时,就不必太担心网页的数据是否被篡改过。

8.3.2 区块链

区块链是一个信息技术领域的术语,被认为是继蒸汽机、电力、信息、互联网科技之后第五个最有潜力引发颠覆性革命的核心技术。

1. 区块链简介

区块链是建立在密码学算法之上的一种分布式记账本,每个区块是个数据块(存储每次的交易信息),各个区块直接通过密码技术实现相互链接,形成一个逻辑链条,采用分布式共享存储。区块链本质上是一个去中心化的数据库,存储的是使用密码学方法相关联产生的数据块,保存在区块链中的信息无法被篡改。

> **名称释义:区块链**
>
> 区块链(Blockchain)是一种由多方共同维护,使用密码学保证传输和访问安全,能够实现数据一致存储、难以篡改、防止抵赖的记账技术,也称分布式账本技术(Distributed Ledger Technology)。
>
> 区块链之所以称为链,是由于前后两个区块之间是有联系的,后一个区块中,包含了前一个区块的哈希值,所以区块链可以由后向前追溯,但是不能根据前一个区块找到它的下一个区块。

密码学技术是区块链技术的核心,区块链的出现,将密码学应用到实际工作中。在区块链的工作流程中充斥着大量密码算法,从智能合约、共识机制、钱包地址,方方面面都会看到密码学的影子。如图 8.15 所示,区块链是由若干个有时间顺序、包含交易信息的区块从后向前有序链接起来的数据结构。每个区块都包含了当前区块构成时间内所有的信息,并用一个哈希值进行封装和指向上一个区块区域链。数据结构可以被视为一个垂直的栈,形象化地描述为每个区块就像一个箱子,每个新的区块都堆在上一个区块之上,形成了一摞箱子。于是"高度"就可以表示区块和首区块的距离;顶端就是指最新的区块;区块头像是箱子的表面,封装了内部的交易信息,并标明父系区块链的位置。每个区块头都可以找到其父系的区块,并最终回溯到第一个被最早构建的区块上。

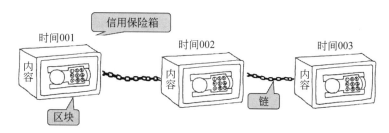

图 8.15　区块链的抽象

2. 区块链原理

区块是区块链的基本组成,区块是一个数据块。类比账本,区块相当于账本上的一页,这一页上记录了多条交易信息。而把这些分散在整个互联网上的页串成一条链,就可以形成一个完整的账本,即区块链。每个区块的内容如图 8.16 所示,区块头包含了父区块哈希值和本区块的交易数据的哈希值。如果一个区块上的交易信息被人恶意篡改,本区块的哈希值就会改变,子区块的哈希值也会改变,从而会导致所有后继的区块内容都会改变。

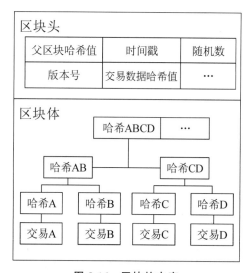

图 8.16　区块的内容

区块链的工作过程如图 8.17 所示。区块链最大的特性是不可篡改性,由于区块头要包含"父系区块 Hash"的字段,所以任何父系区块的修改,都会引发子区块的改变。而子区块的改变将引发孙区块的改变,这种变化会一直传导到最新区块,并且这种改变是没有规律的,服从"雪崩效应"。这就意味着任何人想要更改之前区块的内容,将会耗费大量的算力来运算更长的链条,修改区块链几乎是不可能的。

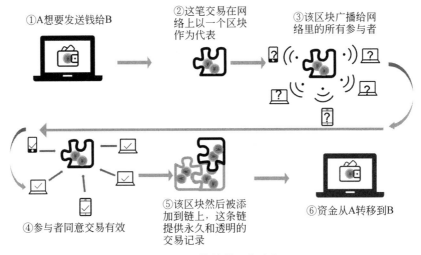

①A想要发送钱给B

②这笔交易在网络上以一个区块作为代表

③该区块广播给网络里的所有参与者

④参与者同意交易有效

⑤该区块然后被添加到链上,这条链提供永久和透明的交易记录

⑥资金从A转移到B

图 8.17　区块链的工作流程

区块链首先解决的是信任成本,从而使得交易成本能大幅降低。其次区块链通过密码学理论解决了互联网的价值传输,而不是传统的信息复制。区块链可以通过互联网实现零信任环境下的价值传输。区块链最早的应用是比特币,当前的应用更加广泛,包括金融领域、智能合约、证券交易、食品追溯、物联网、社交通信、身份验证、电子商务、版权保护等。

区块链是分布式数据存储、点对点传输、共识机制、加密算法等计算机技术的新型应用模式。区块链的核心要点是分散存储和档案全留。这种分散存储和信息保留,让人极难篡改。因为如果想篡改交易记录,就要改成千上万台机器上的数据,这几乎是不可能的。它的安全度较高,迄今为止,在主干区块链上没有发生一起成功的攻击。

8.3.3　比特币

比特币(Bitcoin)是一种虚拟货币,不依靠特定货币机构发行。它依据特定算法,通过大量的计算产生。区块链是比特币的底层技术,比特币相当于区块链技术的第一个应用。

1. 比特币简介

比特币是 2008 年一个名为"中本聪"的人在网络上发表的一篇论文 *Bitcoin：A Peer-to-Peer Electronic Cash System* 中提出的。比特币基于一套密码编码通过复杂算法产生,这一规则不受任何个人或组织干扰,去中心化;任何人都可以下载并运行比特币客户端参与制造比特币。比特币利用电子签名的方式实现流通,通过 P2P 分布式网络核查重复消费。每块比特币的产生、消费都会通过 P2P 分布式网络记录并告知全网,不存在伪造的可能。比特币与其他虚拟货币最大的不同,是其总数量非常有限,具有极强的稀缺性。

> **名词简介:比特币**
>
> **定义**:比特币是一种 P2P 形式的数字货币,是目前使用最为广泛的一种虚拟货币,可以兑换成大多数国家的货币。只要有人接受就可以用比特币购买虚拟物品,或者现实生活中的物品。它依据特定算法,通过大量的计算产生。比特币经济使用整个 P2P 网络中众多节点构成的分布式数据库来确认并记录所有的交易行为,使用密码学的设计来确保货币流通各个环节的安全性。P2P 的去中心化特性与算法本身可以确保无法通过大量制造比特币来人为操控币值。
>
> **特点**:基于密码学的设计可以使比特币只能被真实的拥有者转移或支付。这同样确保了货币所有权与流通交易的匿名性。比特币与其他虚拟货币最大的不同,是其总数量非常有限,具有极强的稀缺性。
>
> **技术**:比特币的伟大之处在于应用了区块链技术。

自 2008 年比特币的概念被提及以来,其价格从不足 1 美元到最高 20 000 美元,一跃成为全球最热门的投资产品之一,吸引了越来越多的人参与其中。比特币只有发行和转账两种交易,比特币产生以后只能从一个人转账给另外一个人,而不能凭空消失。

2. 基本概念

(1) **比特币私钥**。在比特币交易中,私钥用于生成支付比特币所必需的签名,以证明对资金的所有权。拥有比特币的方法是掌握对应地址的私钥。比特币的私钥长度是 256 位的二进制串,随机生成的两个私钥正好重复的概率是 $1/(2^{256})$。私钥必须始终保持机密,丢失私钥相当于丢失比特币;私钥还必须进行备份,以防意外丢失,因为私钥一旦丢失就难以复原,其对应的比特币也将丢失。

(2) **比特币钱包**。钱包是私钥的容器,通常通过有序文件或者简单的数据库实现。比特币钱包只包含私钥,每个用户有一个包含多个私钥的钱包。用户用这些私钥来签名交易,从而证明它们拥有交易的输出(即其中的比特币)。比特币以交易输出的形式存储在区块链中。

(3) **比特币账本**。区块链实际上是比特币的账本,记录着谁拥有多少比特币。只不过这个账本是保存在互联网上的、分布式的,并不是由一个中心机构或者服务器来存储的。每个比特币钱包都是一个节点,其中拥有完整区块链账本的节点称为全节点。比特币的账本上不记载每个用户的余额,而只记载每笔交易。即记载每笔交易的付款人、收款人和付款数额。只要账本的初始状态确定,每笔交易记录可靠并有时序,当前每个人持有多少比特币是可以推算出来的。比特币账本是公开的,只要任何用户需要,都可以获得当前完整的账本,账本上记录了从账本创建开始到当前所有的交易记录。

(4) **挖矿**。在比特币系统产生的区块中不断进行"哈希碰撞",赢取记账权,从而获得系统奖励的比特币。挖矿就是记账的过程,矿工是记账员,区块链就是账本。区块链挖矿其实是计算哈希值的过程,通过大量计算,生成符合特定规范的哈希值,就完成挖矿这个过程。

(5)**比特币区块**。一个块是块链中的一条记录,包含并确认待处理的交易。平均约每 10 分钟就有一个包含交易的新块通过挖矿的方式添加到块链中。比特币区块的内容如图 8.18 所示。

(6)**比特币地址**。比特币地址是一串由字母和数字组成的 26～34 位的字符串,相当于银行卡卡号,任何人都可以通过比特币地址进行转账,不会因为比特币地址信息泄露而造成比特币丢失。比特币地址只用于一次交易,每当比特币拥有者的比特币地址收到一笔交易款,比特币网络就改变比特币拥有者的地址。使用新地址可以提高匿名性,当接收比特币的时候,唯一需要暴露给网络的就是比特币地址而不是公钥。

(7)**去中心化**。比特币交易不再依赖于中央处理节点,而是实现数据的分布式记录、存储和更新,让每个节点都有全网的账本数据,能参与验证和记录。

现实货币与比特币的交易对比如图 8.19 所示。

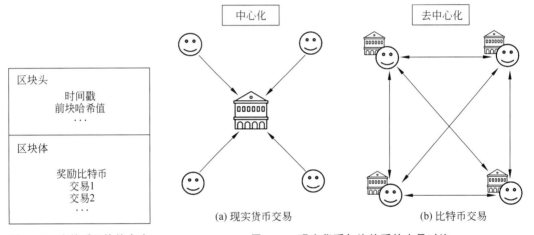

图 8.18　比特币区块的内容　　　　图 8.19　现实货币与比特币的交易对比

3. 比特币实现过程

应用密码学的相关算法可以保障比特币在存储和交易方面的安全,在比特币的生成、

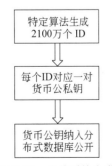

图 8.20　比特币的生成

获取和交易中,密码学知识无处不在。比特币中使用的公开密钥加密算法是椭圆曲线加密算法(ECDSA)。每生成一个比特币,对应地便生成一对公私钥,所使用的是非对称密码学里的相关知识。密码学可以确保比特币在交易时的安全性,因为交易使用到密码学里数字签名技术,发送者和接收者都不能否认交易的有效性,数字签名机制同时也确保了其他人也不能伪造这笔交易。如图 8.20 根据椭圆曲线加密算法生成 2100 万个公私钥对(ID),并将公钥公开。获取比特币的方式,可以有两种:挖矿或者交易获得。

挖矿是通过提供算力（主要是用于验证交易）获得比特币奖励。在挖矿过程中，每个尝试写入的新区块都有一个幸运数字，且每个区块的幸运数字都不一样。因此，矿工需要不停地去尝试找到符合条件的随机数，这个过程需要耗费大量的运算。挖矿获取比特币的流程如图 8.21 所示，挖矿所得比特币的难度也在不同的增加，第 0~21 万个区块，每个区块里有 50 个比特币；第 21 万~42 万个区块，每个区块里有 25 个比特币。以此递减，每个块的初始比特币便属于产生该区块的矿工，这个机制也称为"奖励"机制。

思考延伸：为什么有人挖到的比特币不是整数个？
　　单凭单个人算力需要很长的时间才有可能挖到比特币，所以多个矿工形成矿池来合力挖矿。当挖到区块的时候，根据每个人的算力占总算力的比例来进行分红，所以通常矿工会得到纯小数的比特币。

比特币的交易过程如图 8.22 所示，首先发送方对私钥进行签名加密发送，接收方收到信息后使用公钥解密接收发送方的私钥，比对后纳入钱包、更新数据库。接下来交易被广播到比特币网络中，直到这笔交易被网络中大多数节点接收，交易被某个挖矿节点验证后被添加到区块链上。

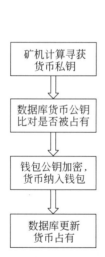

图 8.21　挖矿获取比特币的流程

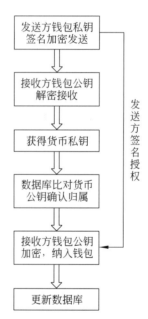

图 8.22　比特币的交易过程

比特币的基本交易原理是用私钥签署交易来授权交易。如果 A 想把和某人地址相关的比特币转给 B，只需要 A 向全网证明 A 是该地址对应的私钥的持有者即可。每次交易，A 公布给全网的是公钥以及这次交易的数字签名。公钥和数字签名可以在不暴露私钥的情况下，让全网相信某人的确持有私钥。私钥可以算出公钥，而地址是公钥的哈希值，所以私钥和地址的联系也是明显的。比特币的交易包括生成交易和验证交易两个过程。

（1）**生成交易**：每位交易发起者（A）利用他的私钥对前一次交易 T0 和交易接收者（B）的公钥（俗称地址）签署一个随机哈希的数字签名，A 将此数据签名制作为交易单 T1 并将其（交易单 T1）广播全网，电子货币就发送给了下一位所有者。

（2）**验证交易**：如图 8.23 所示，需要利用前一次交易的数据和当前交易的数据同时进行哈希验证。

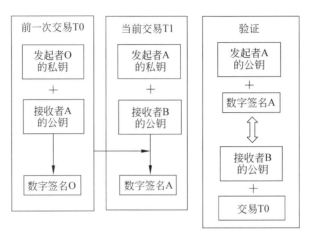

图 8.23　比特币交易验证过程

概念辨析：比特币和 Q 币

　　比特币没有发行主体，发行和流通由全网矿工共同记账；比特币的价值由市场定价，涨跌幅度巨大，可以在全球范围流通，可以进行任何东西购买。

　　Q 币由腾讯公司信用背书，对其数量和数据负责；Q 币的价值由腾讯公司定价，1Q 币等于 1 元，仅限于在腾讯的游戏和服务中使用。

---

4. 比特币优缺点

比特币属于分布式的虚拟货币，相比传统货币有以下优点。

（1）比特币具有电子货币在交易时方便、快捷、高效等优点。

（2）比特币属于分布式的虚拟货币，具有去中心化的特性。

（3）比特币的匿名特性，也很好地保障了用户的隐私。

（4）相比信用卡的网上交易，比特币的交易几乎是免费的，信用卡在网上支付通常收取 1%～5% 的交易费用，因此比特币在费用方面占尽优势。

（5）比特币的安全程度非常高，攻击者必须在 10 分钟内连续创建出 6 个合法区块才有可能将原链替换，这意味着攻击者在 10 分钟内产生的算力，需超过比特币世界其他所有节点在 60 分钟内算力的总和。

5. 比特币的缺点

（1）**交易渠道弱**。比特币一般都是通过网上交易平台这个渠道来进行交易的。对于网上交易平台,其容易受到黑客的攻击,而且如果管理部门不认可,还会令其关闭掉。

（2）**价格幅度大**。比特币价格存在很大的幅度。今天涨了很多,也许第二天就降了很多。

（3）**受众范围小**。对于比特币,很多人还不是很了解。一般只有了解 P2P 网络原理的人士才能了解,这就导致其发展范围上存在束缚。

（4）**时间长、量少**。对于比特币的产生来说要用上比较长的时间,而且数量上相对来说很少,有时候用户很难得到一个。从交易到完成这个过程也是很费时间的。

8.4 生活中的密码与加密

8.4.1 密码

生活中,每个人都有很多密码。例如,QQ 密码、微信密码、支付宝密码、网上银行密码、电子邮箱密码等。生活中的密码就是个人识别码,也称口令,目的是验证个人身份,所以口令需要被严格保密。举个例子,别人拿你的银行卡去 ATM 机取款,只要密码输入正确,银行系统就认为这是"你本人"在操作,允许取款。反过来,你拿自己的卡取款,但密码错了,银行系统也会认为这不是"你本人",不让你取款。

身份认证:用户向计算机系统以一种安全的方式提交自己的身份证明,然后由系统确认用户的身份是否属实,最终拒绝用户或者赋予用户一定的权限。

> **名词区分:口令与密钥**
>
> 口令(PassWord)是一种暗号,用于识别身份。
>
> 密钥是一种参数,它是在明文转换为密文或将密文转换为明文的算法中输入的参数。

8.4.2 设置个人密码

1. 密码分类

信息时代大量地运用电子系统和各种软件,每个软件的背后都有账号和密码。密码管理成为一件很重要的事情,一旦忘记就需要花费大量的时间与精力找回。如果使用同一个密码,一旦泄露,所有账户都不安全了。所以,为了便于管理,对密码安全等级进行如下分类。

V8.4 设置个人密码

（1）**弱密码**。与个人财产安全无关的,可选择弱密码,即最容易记忆,即使丢失也不会对个人造成严重影响。常见的不安全弱密码有以下 3 类。

① 有规律的字符。如简单数字组合、顺序字符组合、邻近字符组合、相同的数字/字母/符号、连续的数字/字母等。例如,666666、888888、000000、111111、11111111、112233、123123、123321、123456、654321、abcdef、abcabc、1234abcd、abc123、a1b2c3、aaa111、admin、passWord、iloveyou、letmein、qwerty、5201314 等。

② 与用户名相同。为了方便,使用账号或者网站名作为密码。例如,暨南大学的邮箱密码设置为 jnu123,看似不容易被破解,实则不然。

③ 身份隐私相关信息。例如,姓名的拼音或缩写、家人生日、手机号、证件号等。

(2) **一般密码**。涉及个人信息安全,可选择中等强度的密码,即 8 个字符以上,具有一定抗穷举能力的口令。

(3) **强密码**。与个人财产、信息安全紧密相关。如购物网站、网上银行等一定要使用强密码,使其不易被破解。

针对不同的应用,使用不同安全等级的密码。

(1) **论坛**:各大论坛、社区、个人网站等。这类网站通常与个人财产安全无关,黑客不会非常感兴趣,这时可以选择弱密码。

(2) **基础设置类**:手机开机密码、各种邮箱密码、WiFi 密码、各种应用的服务口令、手机系统云服务密码等。此类密码一旦丢失,找回过程比较麻烦,可以选择一般密码。

(3) **强社交类**:微信密码、QQ 密码、微博等。强社交类软件是诈骗的高发地,可选择强密码。

(4) **金融支付密码**:购物网、银行卡、理财软件密码等,与个人财产安全、信息安全紧密相关的网站或者应用,一定要使用强密码。

2. 密码设置方法

为了防止密码被破解、便于人们管理,在设置密码的时候建议遵从以下规则。

(1) 密码不宜过长或者过短,过短的密码容易被破解,过长的密码不易记住。

(2) 尽量使用"字母+数字+特殊符号"形式的高强度密码,避免单一字符。

(3) 顺着键盘某些位置设置密码。

(4) 避免由比较容易查到的个人信息(姓名、生日等)组合而成。如生日、姓名拼音、手机号码等与身份隐私相关的信息,因为黑客针对特定目标破解密码时,往往首先试探此类信息。

(5) 可以使用宠物名字、座右铭,重要的时候,可以使用特殊符号、大小写字母强化密码。

小贴士:如何设置密码?

可以使用哈希算法设置密码。密码中包括常用符号和求哈希所得数据。

银行卡密码设置举例:自己的幸运数字是 170323,6 位密码的设置规则为【170**3】,其中中间两位密码可以从卡号求哈希得到。

(1) 6222602600123456789,可以将密码设置为 170573。

(2) 6228408809876543210,可以将密码设置为 170423。

---

3. 密码使用

在密码的使用时要注意密码的安全,有以下注意事项。

(1) **不要一码多用**。一般网银等大型金融网站的安全机制较强,但黑客会利用用户

"一码走天下"的习惯,从攻击脆弱的小网站入手,最终获取用户的登录密码。网银、网上支付、常用邮箱、聊天账号单独设置密码,切忌"一套密码到处用"。

（2）**对密码进行分级管理**。按照账号重要程度对密码进行分级管理。

（3）**重要密码要定期更换**。黑客一般通过反复尝试普遍性的密码,便可轻松掌握多个账户,所以重要的密码要定期更换。

（4）**不要泄露密码**。把密码写在纸上、保存在邮箱里都是不当的保存密码的方式。

8.4.3　加密文件

无论是企业还是个人,基本都采用电子存储。电子存储虽然带来了便捷,但是也具有一定的数据危机。加密软件是在底层对数据文件利用特殊算法对其进行加密管控,将电子文件进行加密管理。

1. 系统自带加密

利用 Windows 自带的加密功能给自己重要文件上把锁,这把锁还认主人,对于主人计算机账号浏览无任何受阻。如果将加密的文件复制到其他计算机上,这个文件绝对打不开,除非有加密文件的计算机的授权才行。Windows 10 自带加密设置如图 8.24 所示,是 Windows 10 基础的加密界面。

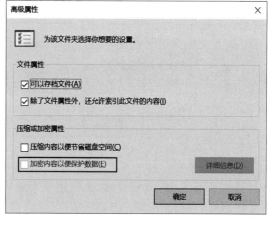

图 8.24　Windows 10 自带加密

加密完成,文件名显示为绿色。一个系统用户对文件加密后,只有以该用户的身份登录才能读取和修改该文件。用户可以把文件分享给其他用户,但是必须连通证书一起,其他用户需要导入证书后才能打开加密的文件。

提醒：系统自带加密功能需要专业版及以上系统才支持,且需要在加密文件的账户下导出证书才可以正常使用。如果需要重装系统,一定要保证证书已经导出,一旦证书没有导出或者丢失,加密的文件将无法打开。

2. 利用压缩软件加密

压缩软件是最常用的应用软件,可以把多个文件压缩成一个。如 WinRAR 软件,是一款流行好用、功能强大的压缩解压缩工具。WinRAR 可以解开 CAB、ARJ、LZH、TAR、GZ、ACE、UUE、BZ2、JAR、ISO、Z 和 7Z 等多种类型的档案文件、镜像文件和 TAR 组合型文件,还可以在打包的时候为压缩包设置保护密码,以实现对包内文件的保护。这对于一些重要的文件,加密存储是非常必要的。

使用 WinRAR 压缩加密时,右击压缩对象,在弹出的快捷菜单中选择"添加到压缩文件"命令,打开"压缩文件名和参数"对话框,单击"设置密码"按钮,打开"输入密码"对话框,在"输入密码"文本框中输入要设置的密码,单击"确定"按钮,具体参数可自行设置,单击"确定"按钮即可完成压缩,如图 8.25 所示。

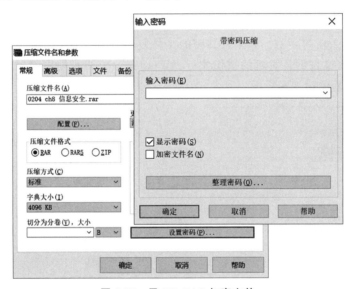

图 8.25　用 WinRAR 加密文件

打开加密的 RAR 压缩包时,会弹出密码输入框,如果密码输入错误,RAR 文件的内容将无法查看。但是 WinRAR 加密的安全级别较低,当密码错误时软件会提醒,只有密码正确时才能完成解密和解压缩。也就是说,WinRAR 软件帮你审查用户密码的真伪,所以用户可以多次尝试,直到输入正确的密码为止。所以,RAR 加密文件可以通过暴力破解的方法解密。对于非常机密的信息,慎用 WinRAR 加密,即便使用 WinRAR 加密,也尽量使用多种符号、较长的密码,增加破解的难度。

3. PDF 文件加密

PDF 文件可以不依赖操作系统的语言、字体及显示设备,阅读起来很方便。PDF 具有许多其他电子文档格式无法相比的优点。PDF 文件格式可以将文字、字形、格式、颜色及独立于设备和分辨率的图形、图像等封装在一个文件中。该格式文件还可以包含超文本链接、声音和动态影像等电子信息，支持特长文件，集成度和安全可靠性都较高，文件小，易于传输与存储。PDF 可防止他人无意中触到键盘修改文件内容，在传播时不会出现格式错乱、不兼容和字体替换问题，使得文档的灵活性提高。

V8.5 PDF 加密文件

　　Adobe PDF 可以对 PDF 文件进行加密，禁止他人轻易打开看到文件里的内容，或者是不想让别人随意修改和打印文件。具体方法：打开 PDF 文档后，选择菜单栏的"高级"→"安全性"→"使用口令加密"命令，打开"口令安全性-设置"对话框。可以根据自己的需求设置 PDF 的权限，如打开文档的口令，还可以限制编辑、打印等，如图 8.26 所示。

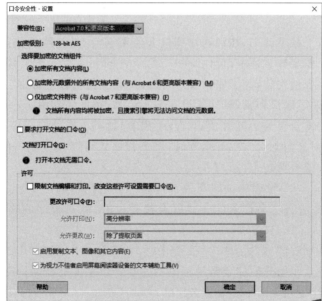

图 8.26　PDF 文件加密

　　PDF 加密与 WinRAR 加密的安全等级相似，目前都可以通过暴力破解法进行破解。

所以尽可能设置较长的复杂密码加密,但如果密码不慎丢失,则无法找回。

8.5　信息安全案例剖析

8.5.1　支付宝的数字证书

1.淘宝购物过程

数字签名在淘宝的应用是在浏览器应用的具体细化,因此,用一个常见的购物实例来说明数字签名的过程和作用。

(1) 浏览器/淘宝 APP 与淘宝建立 TCP 连接,浏览器/淘宝 APP 需要认证淘宝是真实的服务器,淘宝服务器发来了自己的数字证书。

(2) 浏览器/淘宝 APP 接到淘宝的数字证书后可以解密数字证书末尾的数字签名,得到原始的 HASHs,然后自己也按照证书的哈希算法计算一个 HASHc。如果 HASHc==HASHs,则认证通过,否则认证失败。如果认证失败,就说明是山寨淘宝,则终止购物操作。

(3) 如果认证成功就可以正常发送订单了。在后续的支付过程中依然需要数字证书进行验证,以保证整个交易过程的有效性。

如果没有淘宝数字证书,可能会出现非常严重的后果。例如,一些伪装成淘宝的"假淘宝"网站,通过渗透等黑客攻击手段,把客户浏览器"真淘宝"的数字证书换成了"假淘宝"的数字证书,那客户在浏览"假淘宝"时,便信以为真,容易上当受骗。

2. 支付宝交易

如果账户申请了数字证书,在别的计算机上使用余额、已签约的快捷支付、余额宝等方式支付时就需要安装数字证书,可以维护交易双方的利益。支付宝数字证书是由客户自主决定是否需要申请安装,为了账户安全,推荐安装支付宝数字证书。安装了数字证书后,即使被黑客窃取了账户和密码,如果没有数字证书,也无法动用账户。

如果没有安装支付宝数字证书,恶意程序(黑客)就有可能伪造交易过程、修改收货地址、骗取用户的钱财。当支付宝中有余额时,恶意程序也可以模拟用户的转账,将支付宝的余额或者银行卡的余额转走。

如图 8.27 所示,当恶意程序试图窃取银行账号或者伪造购买信息的时候,由于安装了数字证书,在 CA 进行交易校验的时候就会校验失败,恶意程序的交易行为就会被拒绝,从而有效地保证了账户的安全。

支付宝数字证书安装方法:单击"安全中心/数字证书",打开"申请数字证书"对话框,绑定手机号、输入校验码后完成数字证书的安装。数字证书是保护支付宝账号安全最重要的凭证,在使用支付宝时一定要安装。

8.5.2　恢复误删的数据

Windows 中 NTFS 文件系统是使用事务日志记录文件夹和文件更新的,所以当系统

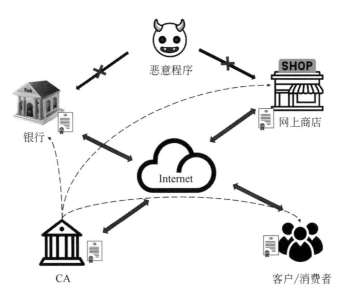

图 8.27　支付宝数字证书交易过程

出现损坏或者电源出现故障而导致更新操作失败,系统是可以利用日志文件重做或者恢复未成功的操作。

1. Windows 的文件恢复机制

在 Windows 文件系统中,删除文件可以分成两类:一类是暂时删除;另一类是彻底删除。暂时删除不是真正的删除文件,而是将文件移动到"回收站"了,文件中的 FAT 族链并没有发生任何变化,所以可以从"回收站"还原文件;而对于彻底删除的文件,只是将文件目录项中的起始族号的两个高字节清零,这个文件的数据还在外存中,如果还没有覆盖,是可以恢复出原始数据的。

文件恢复机制原理:通常在删除一个文件时候,删除的只是这个文件的标记,同时清空该文件在文件分配表中的内容,但是文件本身的数据还留在系统中。所以如果被删除的文件在文件目录表没有被覆盖,可以根据文件名、文件大小、文件创建日期等信息恢复文件内容。

NTFS 恢复机制:在 NTFS 进行文件恢复时,先找出被删除文件在 MFT 中的标记表项,再根据这个表项中的文件数据流属性列表信息找到文件所在的位置,这样就可以实现 NTFS 的恢复。

2. Windows 的文件恢复方法

普通删除和永久删除,恢复方法不同。

1) 普通删除文件的恢复

普通删除是可以恢复的。一般比较小型的文件在进行普通删除后都会移到"回收站"里面,所以对于这些普通删除的小型文件,可以打开"回收站",右击需要恢复文件,在弹出的快捷菜单中选择"还原"命令,该文件就会恢复到硬盘原始的位置上,如图 8.28 所示。

图 8.28   从"回收站"恢复文件

但是一些大型文件是不会进入"回收站"的,而是直接进行永久删除,或者有时候想恢复之前在"回收站"的、但已清空"回收站"后的文件,这个时候就需要使用永久删除文件的恢复方法。

2) 永久删除文件的恢复

V8.6 Recuva 恢复文件

如果既删除了文件又清空了"回收站"里面的内容,或者按 Shift+Delete 键删除,这时又想恢复"回收站"的文件,立刻停止访问硬盘,而且不要保存或者删除计算机里面的数据。因为根据之前的文件恢复原理,如果没有保存任何新的东西,恢复文件的概率就会比较高。可以按照以下方法进行恢复删除的文件。

(1) 通过注册表恢复。

(2) 通过文件恢复工具恢复。如 DiskGenius、Recuva 工具都可以恢复已经删除的文件。

图 8.29 是用 Recuva 扫描的一些文件,可以看到里面还有很多文件都没有被真正删除。只需要找到需要恢复的文件,勾选并将其恢复即可。

8.5.3   免费 WiFi 成诈骗"新领地"

1. WiFi 基本原理

以前通过网线连接计算机,而现在则是通过无线电波来联网。WiFi 就是一种无线联网的技术,其使用 WiFi 接收器收发无线电信号,信号收发器成功接入互联网即可创建 WiFi 热点。无线路由器就是 WiFi 接收器,在这个无线路由器电波覆盖的有效范围,都可以采用 WiFi 连接方式进行联网。如果无线路由器连接了一条 ADSL 线路或者别的上网线路,则又称为热点。WiFi 的特点:①无线电波的覆盖范围广,约 100 米,某些型号的 WiFi 可以覆盖整栋办公大楼,甚至几公里范围内。②厂商进入该领域的门槛比较低。如图 8.30 所示,厂商只要在机场、车站、咖啡店、图书馆等人员较密集的地方设置热点,由于

图 8.29　Recuva 文件恢复界面

热点所发射出的电波可以达到距接入点半径几十米至一百米的地方,用户只要将支持无线局域网的笔记本计算机或平板计算机拿到该区域内,即可高速接入因特网。

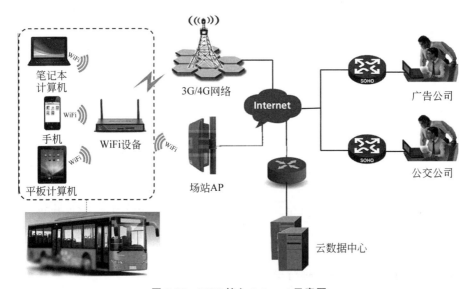

图 8.30　WiFi 接入 Internet 示意图

如图 8.30 可见,WiFi 所有收发的信息都需要经过 WiFi 设备,如果在 WiFi 设备处设置监听程序就可以获取用户的联网情况,尤其是一些未经加密的信息可以很容易被监听设备获取。其中,Wireshark 就是一个免费抓包工具,可以收集经过 WiFi 设备的所有数据信号。

2. Wireshark 抓包过程

Wireshark 是一个非常好用的、免费的抓包工具。它使用 WinPcap 作为接口,直接与网卡进行数据报文交换。Wireshark 拥有强大的过滤器引擎,用户可以使用过滤器筛选出有用的数据包,排除无关信息的干扰。

V8.7 Wireshark 抓包过程

Wireshark 配置页面如图 8.31 所示,它可以抓取有线、无线的所有连接的相关交互数据。如图 8.32 所示的 Wireshark 对 FTP 的抓包结果,可以清晰地看到用户 FTP 服务器上的一些操作(以时间为序列显示出来),如复制文件,当前复制文件的名字、目录等所有信息都已经被完整地识别出来,下方深色区显示的是文件名字对应的十六进制数据。

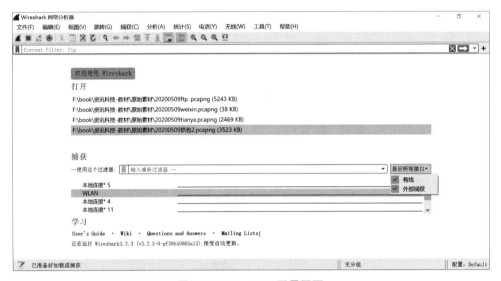

图 8.31　Wireshark 配置页面

如图 8.33 所示的 Wireshark 对 HTTP 的抓包结果,可以获取用户的 IP 地址,以及用户在什么时间访问了什么网站,其中网站的网址已经全部被解析出来,相当于用户在 Wireshark 里面是透明的。

综上可知,通过 Wireshark 抓包解析,可以获取用户浏览的网页,当然也可以获取用户各种网络账户的密码。如果用户名和密码是没有经过加密的就很容易被 Wireshark 获取、甚至盗用。所以尽量少用公共场合的免费 WiFi,尤其是在进行支付、账户登录等操作的时候,尽量使用运营商的网络进行操作。

提示:虽然现在已经有一些安全传输协议,如 HTTPS,TLS 等,但是依然有一些服务没有使用安全协议,所以使用公共 WiFi 一定要注意安全。

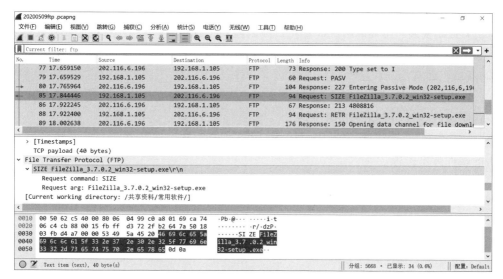

图 8.32　Wireshark 对 FTP 的抓包结果

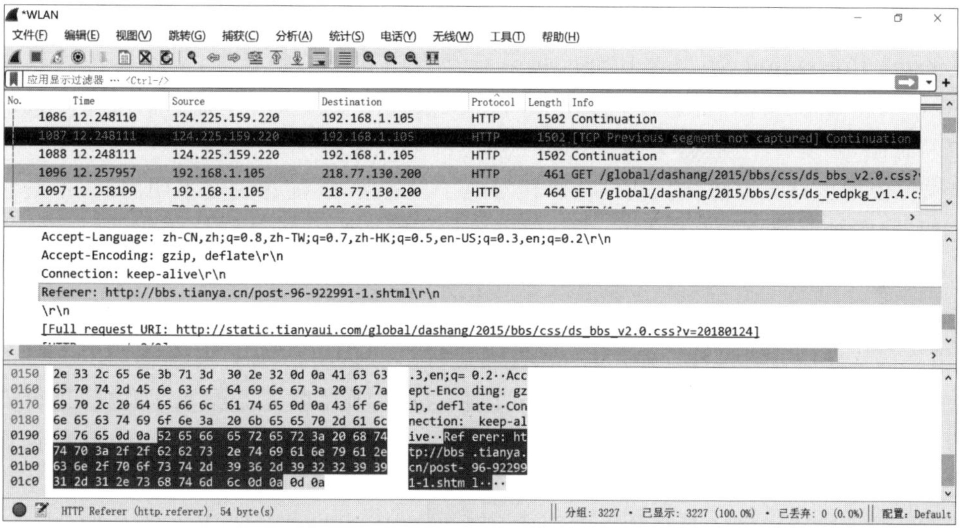

图 8.33　Wireshark 对 HTTP 的抓包结果

8.5.4　防范恶意软件

恶意软件是对破坏系统正常运行、有损用户利益的软件的统称。恶意软件介于病毒软件和正规软件之间,同时具备正常功能(如下载、媒体播放等)和恶意行为(如弹广告、开后门),给用户带来实质危害。

1. 恶意软件的危害

恶意软件隐蔽,令人毫无察觉,它会悄然拖慢系统速度,或者侵犯用户隐私。恶意软件有以下危害。

（1）**强制安装**：通常未明确提示用户或未经用户许可，在用户计算机上安装软件。

（2）**难以卸载**：不提供通用的卸载方式，或在不受其他软件影响、人力破坏的情况下，卸载后仍然有活动程序。

（3）**浏览器劫持**：未经用户许可，修改用户浏览器主页或其他相关设置，迫使用户访问特定网站或导致用户无法正常上网。

（4）**广告弹出**：未明确提示用户或未经用户许可，利用安装在用户计算机或其他终端上的软件弹出广告。

（5）**恶意收集用户信息**：未明确提示用户或未经用户许可，恶意收集用户信息。

（6）**恶意卸载**：未明确提示用户或未经用户许可，误导、欺骗用户卸载其他软件。

（7）**恶意捆绑**：指在软件中捆绑已被认定为恶意软件。

2. 恶意软件的防范

恶意软件的攻击无处不在，对于它的防范尤为重要。常见恶意软件的防范方法如下。

（1）**系统安全设置防范**。①采取多因素身份验证系统，能较好防范钓鱼式攻击、键盘记录攻击以及 Twitter 攻击，全面确保登录用户的账户安全；②采取入侵防御系统（Intrusion Prevention System，IPS）。包括修补程序和防火墙管理，以及防恶意软件程序，拦截和预防来自网络的入侵行为；③计算机系统修复。及时扫描和保持计算机系统的更新状态，修复补丁漏洞，关闭存在安全隐患的端口和服务。

（2）**使用良好习惯防范**。使用计算机等电子设备时，不随意浏览不明网站；不安装来历不明软件；关闭存在安全隐患的端口和服务；禁用或限制使用 Java 程序及 ActiveX 控件；不执行来历不明的可执行程序（com、exe）；所有可执行程序都必须认真检查，确认无异常再能使用；不轻易打开网络附件中的文件；将未知电子函件及相关附件保存至本地硬盘，用杀毒软件检查后再打开使用；不要直接运行附件；带有 VBS、SHS 等脚本文件的附件，最好不要直接打开。网络设置：对"安全性""加载项""服务器脚本"等内容进行安全的设置。慎用预览，禁止"浏览自动显示"功能，有效防范一些电子邮件病毒利用默认设置自动运行，破坏系统。

（3）**学会法律保护**。恶意软件会严重侵害用户的合法权益，扰乱正常的网络环境与秩序，造成用户的信息泄露与经济损害。因此，需要人们增强法律保护意识，合理使用法律，维护公平正义，做到知法、懂法、守法，净化网络环境，让恶意软件无处遁形。

8.5.5　二维码安全

1. 二维码的原理

二维码是在一维码的基础上发展而来的，一维码如图 8.34 所示。但是一维码只能识别数字 0～9，并且容量较小，极大地限制了信息的存储容量。为了记载更复杂的数据，如图片链接、网络链接等，人们在一维码的基础上纵向拓展出另一个维度，发明了二维码。

二维码是用特定的几何图形，按编排规律在二维方向上分布，采用黑白相见的图形记录数据符号信息。为了让计算机识别,就要利用计算机内部逻辑,用数字 0 和 1 作为代码,同时使用若干个与二进制相对应的几何图形表示文字数值信息。白块表示的就是二进制的 0,黑块表示的就是二进制的 1。计算机中所有的数据都是以二进制的形式存储,所以,当使用二维码存储字符时,可以存储字符对应的编码的二进制数。图 8.35 为字符串 jun 对应的 QR 二维码。

图 8.34 一维码

图 8.35 字符 jnu 对应的 QR 二维码

二维码的最大容量取决于扫码设备的分辨能力。二维码自身信息量越多,所需的像素点越多;像素越多,越难分辨和解码,因为扫码设备(摄像头)有分辨上限。QR 二维码是被广泛使用的一种二维码,编码速度比较快。QR 二维码符号共有 40 种规格的矩阵,从 21×21(版本 1)到 177×177(版本 40),每个版本符号都比前一版本增加 4 个模块。最小规格的二维码总共有 21×21(版本 1)个点(位),只有 $217(21 \times 21 - 8 \times 9 \times 3 - 8) - 1$ 个存储数据的数空间,即最多可以存 216 个位。

此外,二维码还有很高的容错率。容错是指二维码就算被遮挡了一部分,或者有一部分没有完全显示出来,依然可以扫码成功。这个被遮挡部分在全部的比值越高,容错率就越高。QR 码的容错率设置为 4 个等级,即 L(低容错率)、M(中等容错率)、Q(较高容错率)和 H(高容错率),对应的容错率分别为 7%、15%、25% 和 30%。假如一个二维码在生成时设定它的容错率为 M 级别,那就意味着生成的二维码,最多有 15% 被污损以后仍可识别,但超过 15% 就无法识别。在生成二维码的时候,可以设置二维码的容错率。

2. 二维码安全隐患

只要手机上有微信或二维码识别软件,就能任意读取二维码。在日常生活中,用手机"扫一扫"就能添加微信好友、下载优惠券、购买车票、浏览网页、下载手机应用、制作个人名片等。二维码在为用户带来便利的同时,也存在信息安全方面的漏洞。

二维码藏病毒,外观无法辨认。由于技术门槛过低,二维码处在"人人皆可制作、印刷和发布"的状态,由此带来的信息安全风险不容忽视。不法分子在网上下载一款"二维码生成器"(工具软件),再将病毒程序的网址粘贴到二维码生成器上,就可以生成一个二维码,整个过程不超过 1 分钟。这样就可以在二维码中植入病毒程序,或伪装成商家优惠券等,诱骗受害人扫描,从而获取受害人身份证号、银行账号、手机号码等重要信息。再以短信验证的方式篡改对方密码。利用二维码盗刷消费者存款,已成为一种新的犯罪途径。如何才能判断二维码有没有病毒呢?可以通过以下两个方法来防范二维码病毒。

(1)**使用安全软件扫码**。目前,许多安全软件都有扫码功能,下载这些安全软件在手机上生成自己公司的二维码后,再使用安全软件扫描。扫描以后,安全软件会提示该二维码是否存在病毒。

（2）**不要随意扫码**。在支付时,商户扫支付码更可靠。

8.6 思考题

一、单选题

1. 下列关于计算机病毒的论述,正确的是(　　)。
   A. 计算机病毒只能破坏磁盘上的数据和程序,不能破坏硬件
   B. 只要人们不去主动执行它,就无法发挥其破坏作用
   C. 没有发作的病毒就不需要清除
   D. 计算机病毒具有潜伏性,仅在一些特定条件下才会发作

2. 实现身份鉴别的重要机制是(　　)。
   A. 防火墙控制　　　B. 数字签名　　　C. 访问控制　　　D. 路由器控制

3. 目前广泛使用的计算机网络安全的技术性防护措施是(　　)。
   A. 加密保护　　　B. 防火墙　　　C. 物理隔离　　　D. 防病毒

4. 计算机病毒是具有破坏性的程序,平时潜伏在(　　)上,被激活之后就驻留内存。
   A. 网络　　　　B. 内存　　　　C. 优盘　　　　D. 存储介质

5. 在非对称加密中,"公开密钥密码体制"的含义是(　　)。
   A. 公钥和私钥都公开　　　　　　B. 私钥公开
   C. 公钥和私钥的哈希值公开　　　D. 公钥公开,私钥保密

6. 有一种加密算法,加密过程:将每个字母加 3,即 a 加密成 d。这种算法的密钥就是 3,它属于(　　)。
   A. 非对称密码技术　　　　　　B. 对称加密技术
   C. 哈希加密技术　　　　　　　D. 公钥加密技术

7. MD5 信息摘要算法,一种被广泛使用的密码哈希函数,可以产生出一个(　　)位的哈希值,用于确保信息传输完整一致。
   A. 128　　　　B. 256　　　　C. 16　　　　D. 32

8. 防火墙的功能不包括(　　)。
   A. 阻止系统内部进程对系统或资料的破坏
   B. 流量监控
   C. 日志管理
   D. 网络攻击检测和告警

9. 防火墙过滤不安全服务的方法包括过滤网络数据、防止与不受信任的主机建立联系、(　　)。
   A. 监控网络访问行为　　　　　B. 启动杀毒软件清除病毒
   C. 隔断内部网数据传输　　　　D. 阻止数据流入和流出

10.下列关于防计算机病毒的说法中,正确的是( )。

A. 不随意上网,可以有效避免中毒

B. 杀毒软件有可能不能清除所有病毒

C. 删除所有带毒文件能消除所有病毒

D. 只要装上防火墙和杀毒软件,计算机就不会感染病毒

11.( )能有效地防止黑客入侵,抵御来自外部网的攻击,保证内部系统的资料不被盗取,是网络安全策略的有机组成部分。

A. 认证中心   B. 网关   C. 防火墙   D. 杀毒软件

12.下列措施中,不能防止计算机感染病毒的是( )。

A. 重要部门的计算机尽量专机专用,与外界隔绝

B. 定时备份重要文件

C. 经常更新操作系统和常用软件

D. 除非确切知道附件内容,否则不要随意打开邮件附件

13.在下列种类的病毒中,( )不属于传统单机病毒。

A. 蠕虫病毒   B. 文件型病毒   C. 宏病毒   D. 引导型病毒

14.数字签名过程包括( )和验证过程。

A. 认证   B. 解密   C. 哈希   D. 签名

15.( )对预防计算机病毒是无效的。

A. 不要在网页上随意下载软件进行安装

B. 尽量减少使用或者不使用计算机

C. 及时更新杀毒软件的病毒库

D. 定期用杀毒软件对计算机进行病毒检测、杀毒

16.网络安全方案需要考虑安全强度和安全操作代价,也要适当( )。

A. 减少实际的功能需求

B. 考虑对现有系统的影响及对不同平台的支持

C. 修改网络协议

D. 增加计算复杂度

17.计算机病毒( )。

A. 具有破坏性、潜伏性和传染性,但一般不影响计算机使用

B. 类似于微生物,是能够在计算机内生存的数据

C. 与医学上的病毒一样,可以是天然存在的

D. 是具有破坏性、潜伏性、传染性的一组计算机指令或程序代码

18.( )程序容易引起网络阻塞、瘫痪。

A. 文件型病毒   B. 引导性病毒   C. 蠕虫病毒   D. 木马病毒

19.感染( )以后,用户的计算机有可能被别人控制。

A. 木马病毒   B. 钓鱼程序   C. 引导型病毒   D. 蠕虫病毒

20.关于黑客的描述,下列说法错误的是( )。

A. 黑客是指未经授权非法入侵他人计算机的人

B. "黑客"是指黑色的病毒

C. 黑客可在未经授权的情况下，侵入信息系统执行非法操作

D. 黑客通常熟练掌握各种计算机技术

21. 在公钥密码体系中，密钥由(   )组成。

    A. 一对公私钥   B. 若干对公私钥

    C. 一个公钥、多个私钥   D. 一个私钥、多个公钥

22. 收到带附件的电子邮件，正确的做法是(   )。

    A. 直接永久删除该邮件，并将发件人拉入黑名单

    B. 只要安装了杀毒软件就可以放心打开

    C. 只要安装了防火墙就可以放心打开

    D. 先用杀毒软件扫描，提示没有病毒后再打开附件

23. 常用的非对称加密算法是(   )。

    A. RAS   B. DES   C. AES   D. RSA

24. 常用的对称加密算法是(   )。

    A. ECC   B. DES   C. ECDSA   D. RSA

25. 关于 RSA 加密技术，说法错误的是(   )。

    A. 加密容易，破解难

    B. 适用小数据加密

    C. 算法进行的是大数据计算，所以速度比 DES 慢

    D. 加解密用同一个密钥

26. 如果安全软件提醒系统漏洞，最好的做法是(   )。

    A. 立即更新补丁，修复漏洞   B. 一个星期之内可以不用处理

    C. 关闭网络重启计算机   D. 立即升级病毒库

27. 关于防火墙的描述，错误的是(   )。

    A. 可以在一定程度上防止网络入侵

    B. 防火墙是在网络之间执行控制策略的软件

    C. 保护内部网资源不被外部非授权用户使用

    D. 对网络攻击检测和告警

28. 区块链挖矿是指(   )。

    A. 协助金矿矿工找到金块   B. 计算与获取虚拟币的过程

    C. 多人协同执行数据计算   D. 通过计算获取美元或者人民币的编号

29. 区块链的本质是(   )。

    A. 认证中心的实例化   B. 去中心化分布式账本数据库

    C. 比特币   D. 虚拟货币

30. 在比特币中，区块链的作用是(   )。

    A. 记录比特币的公钥和私钥   B. 记录所有比特币交易时间戳的账簿

    C. 把挖来的比特币连接起来   D. 存储比特币的挖矿过程

31. 区块链的核心技术不包括(   )。

　　　A. 分布式账本　　　B. 通信协议　　　　C. 非对称加密　　　D. 共识机制

32. QQ 好友通过 QQ 突然发来一个网站链接,要求投票,可取的做法是(　　　)。

　　　A. 不参与投票

　　　B. 信任好友,直接打开链接投票

　　　C. 把好友加入黑名单

　　　D. 先通过其他途径,跟好友确认链接是否属实,再考虑是否投票

33. 注册或浏览社交类网站时,(　　　)是欠妥的。

　　　A. 不要轻易加社交网站的好友　　　　B. 信任他人转载的信息

　　　C. 尽量不要填写过于详细的个人资料 D. 充分利用社交网站的安全机制

34. 哈希函数的主要应用不包括(　　　)。

　　　A. 认证协议　　　B. 文件校验　　　　C. 数字签名　　　D. 数据加解密

35. 为防止重要数据意外丢失,应及时进行(　　　)。

　　　A. 杀毒　　　　　B. 格式化　　　　　C. 备份　　　　　D. 加密

二、多选题

1. 以下关于消除计算机病毒的说法中,正确的有(　　　)。

　　　A. 专门的杀毒软件有可能无法清除某些病毒

　　　B. 不安装来源不明的软件

　　　C. 删除所有带毒文件能消除所有病毒

　　　D. 及时对硬盘、优盘进行格式化

　　　E. 安装防火墙以阻止病毒入侵

2. 个人计算机被感染病毒的途径包括(　　　)。

　　　A. 打开程序过多　　　　　　　　　B. 下载不明来历的安装包

　　　C. 机房电源不稳定　　　　　　　　D. 操作系统版本太低

　　　E. 浏览网页

3. 防火墙的功能应包括(　　　)。

　　　A. 封堵某些禁止的业务　　　　　　B. 过滤进出网络的数据包

　　　C. 阻止内部攻击　　　　　　　　　D. 查杀简单病毒

　　　E. 隔断进内部网的数据

4. 可能和计算机病毒有关的现象有(　　　)。

　　　A. 网速突然变快　　　　　　　　　B. 无法安装 QQ 程序

　　　C. 死机频繁　　　　　　　　　　　D. 出现来历不明的进程

　　　E. 硬盘有坏道

5. 防火墙的局限性包括(　　　)。

　　　A. 不能防御绕过了它的攻击

　　　B. 记录网络日志

　　　C. 不能防御内部网的漏洞

　　　D. 只有软件防火墙,没有硬件防火墙

E. 不能阻止病毒感染过的程序和文件进出网络

6. 以下陈述正确的有(　　)。

A. 文件被删除且回收站已被清空后,使用数据恢复软件有可能找回被删除的文件

B. 当看到"扫二维码送礼品"时,可以随意扫

C. 根据大数据时代信息传播的特点,分析个人隐私权益侵害行为的产生与方式无意义

D. 个人信息泄露会被不法分子用于电信诈骗、网络诈骗等犯罪行为

E. 使用公共 WiFi 进行支付操作

7. 个人数据泄露的主要原因有(　　)。

A. 黑客技术入侵　　　　　　　　B. 个人信息安全意识淡薄

C. 不法分子故意窃取　　　　　　D. 计算机使用频率过高

E. 使用不可信的公共网络

8. 在日常生活中,(　　)行为容易造成个人敏感信息被非法窃取。

A. 定期更新各类平台的密码,密码中涵盖数字、大小写字母和特殊符号

B. 扫码之前先明确二维码的来源

C. 计算机不设置锁屏密码

D. 随意丢弃快递单或包裹单

E. 使用共享汽车时,直接扫描二维码下载软件

9. 关于数字证书,说法错误的有(　　)。

A. 数字证书是一种权威性的电子文档,它提供了一种在 Internet 上验证身份的方式

B. 所有用户共享一把公钥,用它进行解密和签名

C. 证书可由发送方和接收方协商设计生成

D. 当发送一份保密文件时,发送方使用接收方的公钥对数据加密,而接收方则使用自己的私钥解密

E. 数字证书采用公钥体制,每一个数字证书配一对互相匹配的公钥进行加密、解密

10. 使用 QQ 时的安全防护建议,错误的是(　　)。

A. 即便是好友发来的链接也不能直接点击,要先确认来源

B. 不发布虚假信息、不造谣、不传谣、不发布不当言论

C. 只要密码足够长,可在任意计算机或移动终端登录 QQ

D. 对 QQ 进行合理的安全配置

E. 接收 QQ 中的文件后,先做安全检测再打开

三、判断题

1. 网络安全防御系统是个动态的系统,攻防技术都在不断发展,安全防范系统也必须同时发展与更新。　　　　　　　　　　　　　　　　　　　　　　　　　(　　)

2. 区块链是一个分布式的共享账本数据库,具有去中心化、不可篡改、全程留痕、可

追溯、集体维护、公开透明等特点。 （   ）

3. 比特币是一种加密数字货币,比特币是区块链的基础技术。 （   ）

4. 非对称加密又称现代加密算法,是网络信息安全的基石。 （   ）

5. 计算机病毒有一定的潜伏期,但是只潜伏在内存,所以感染了病毒就立即发作。
（   ）

6. 目前网络攻击的途径,逐渐从有线的计算机终端向无线网络和移动终端延伸。
（   ）

7. 对称加密算法中加密密钥和解密密钥是相同的。 （   ）

8. 非对称加密有一对公私钥,公钥加密只能用私钥来解密,私钥加密只能用公钥来解密。 （   ）

9. 数字证书至少包含一个公开密钥、名称以及证书授权中心的数字签名。 （   ）

10. 恶意软件是指任何有损用户利益的软件。 （   ）

四、填空题

1. 在区块链技术中,_____就是一次对账本的操作,导致账本状态的一次改变,如添加一条转账记录。

2. 区块链技术不依赖额外的第三方管理机构或硬件设施,没有中心管制,除了自成一体的区块链本身,通过分布式核算和存储,各个节点实现了信息自我验证、传递和管理,该特性称为_____。

3. 工作量证明可以明确指出只有在控制了全网超过百分之_____的记账节点的情况下,才有可能伪造出一条不存在的记录。

4. _____是区块链技术第一个大获成功的应用。

5. _____是只有信息的发送者才能产生的别人无法伪造的一段数字串,这段数字串同时也是对信息的发送者发送信息真实性的一个有效证明。

6. 采用单钥密码系统的加密方法,同一个密钥可以同时用作信息的加密和解密,这种加密方法称为_____。

7. _____是把任意长度的输入通过算法变换成固定长度的输出,通常用于验证。

8. 在非对称密码学中,公钥与私钥是通过一种算法得到的一个密钥对,公钥是密钥对中公开的部分,私钥则是非公开的部分。通常用_____加密,私钥解密。

9. 机密文件在网络中进行传播前,最好先进行_____处理。

10. 在 Windows 系统下删除文件时,按 Shift＋Delete 键删除的文件_____保存在回收站中。

五、问答题

1. 什么是计算机病毒?

2. 简述计算机木马病毒、蠕虫病毒的特点。

3. 计算机病毒的危害有哪些?

4. 简述防火墙的定义。

5. 简述防火墙的功能和局限性。

6. 简述加密的作用,加密算法的分类。

7. 简述 Hash 算法的作用。

8. 简述数字签名的基本原理。

9. 简述区块链的原理及应用。

10. 误删的数据还能找回来吗?

11. 列举两种加密 Windows 文件的方法。

12. 如何防范恶意软件?

ASCII 码一览表

二进制	十进制	十六进制	字符/缩写	解　释
00000000	0	00	NUL（NULL）	空字符
00000001	1	01	SOH（Start Of Headling）	标题开始
00000010	2	02	STX（Start Of Text）	正文开始
00000011	3	03	ETX（End Of Text）	正文结束
00000100	4	04	EOT（End Of Transmission）	传输结束
00000101	5	05	ENQ（Enquiry）	请求
00000110	6	06	ACK（Acknowledge）	回应/响应/收到通知
00000111	7	07	BEL（Bell）	响铃
00001000	8	08	BS（Backspace）	退格
00001001	9	09	HT（Horizontal Tab）	水平制表符
00001010	10	0A	LF/NL(Line Feed/New Line)	换行键
00001011	11	0B	VT（Vertical Tab）	垂直制表符
00001100	12	0C	FF/NP（Form Feed/New Page）	换页键
00001101	13	0D	CR（Carriage Return）	回车键
00001110	14	0E	SO（Shift Out）	不用切换
00001111	15	0F	SI（Shift In）	启用切换
00010000	16	10	DLE（Data Link Escape）	数据链路转义
00010001	17	11	DC1/XON （Device Control 1/Transmission On）	设备控制1/传输开始
00010010	18	12	DC2（Device Control 2）	设备控制2
00010011	19	13	DC3/XOFF （Device Control 3/Transmission Off）	设备控制3/传输中断

续表

二进制	十进制	十六进制	字符/缩写	解　释
00010100	20	14	DC4（Device Control 4）	设备控制 4
00010101	21	15	NAK（Negative Acknowledge）	无响应/非正常响应/拒绝接收
00010110	22	16	SYN（Synchronous Idle）	同步空闲
00010111	23	17	ETB（End of Transmission Block）	传输块结束/块传输终止
00011000	24	18	CAN（Cancel）	取消
00011001	25	19	EM（End of Medium）	已到介质末端/介质存储已满/介质中断
00011010	26	1A	SUB（Substitute）	替补/替换
00011011	27	1B	ESC（Escape）	逃离/取消
00011100	28	1C	FS（File Separator）	文件分隔符
00011101	29	1D	GS（Group Separator）	组分隔符/分组符
00011110	30	1E	RS（Record Separator）	记录分离符
00011111	31	1F	US（Unit Separator）	单元分隔符
00100000	32	20	（Space）	空格
00100001	33	21	!	
00100010	34	22	"	
00100011	35	23	♯	
00100100	36	24	$	
00100101	37	25	%	
00100110	38	26	&	
00100111	39	27	'	
00101000	40	28	(	
00101001	41	29	)	
00101010	42	2A	*	
00101011	43	2B	+	
00101100	44	2C	,	
00101101	45	2D	—	
00101110	46	2E	.	
00101111	47	2F	/	
00110000	48	30	0	
00110001	49	31	1	

二进制	十进制	十六进制	字符/缩写	解　释
00110010	50	32	2	
00110011	51	33	3	
00110100	52	34	4	
00110101	53	35	5	
00110110	54	36	6	
00110111	55	37	7	
00111000	56	38	8	
00111001	57	39	9	
00111010	58	3A	:	
00111011	59	3B	;	
00111100	60	3C	<	
00111101	61	3D	=	
00111110	62	3E	>	
00111111	63	3F	?	
01000000	64	40	@	
01000001	65	41	A	
01000010	66	42	B	
01000011	67	43	C	
01000100	68	44	D	
01000101	69	45	E	
01000110	70	46	F	
01000111	71	47	G	
01001000	72	48	H	
01001001	73	49	I	
01001010	74	4A	J	
01001011	75	4B	K	
01001100	76	4C	L	
01001101	77	4D	M	
01001110	78	4E	N	
01001111	79	4F	O	
01010000	80	50	P	

续表

二进制	十进制	十六进制	字符/缩写	解　释
01010001	81	51	Q	
01010010	82	52	R	
01010011	83	53	S	
01010100	84	54	T	
01010101	85	55	U	
01010110	86	56	V	
01010111	87	57	W	
01011000	88	58	X	
01011001	89	59	Y	
01011010	90	5A	Z	
01011011	91	5B	[	
01011100	92	5C	\	
01011101	93	5D	]	
01011110	94	5E	^	
01011111	95	5F	_	
01100000	96	60	`	
01100001	97	61	a	
01100010	98	62	b	
01100011	99	63	c	
01100100	100	64	d	
01100101	101	65	e	
01100110	102	66	f	
01100111	103	67	g	
01101000	104	68	h	
01101001	105	69	i	
01101010	106	6A	j	
01101011	107	6B	k	
01101100	108	6C	l	
01101101	109	6D	m	
01101110	110	6E	n	
01101111	111	6F	o	

续表

二进制	十进制	十六进制	字符/缩写	解　释
01110000	112	70	p	
01110001	113	71	q	
01110010	114	72	r	
01110011	115	73	s	
01110100	116	74	t	
01110101	117	75	u	
01110110	118	76	v	
01110111	119	77	w	
01111000	120	78	x	
01111001	121	79	y	
01111010	122	7A	z	
01111011	123	7B	{	
01111100	124	7C	|	
01111101	125	7D	}	
01111110	126	7E	～	
01111111	127	7F	DEL（Delete）	删除

图 书 资 源 支 持

感谢您一直以来对清华版图书的支持和爱护。为了配合本书的使用,本书提供配套的资源,有需求的读者请扫描下方的"书圈"微信公众号二维码,在图书专区下载,也可以拨打电话或发送电子邮件咨询。

如果您在使用本书的过程中遇到了什么问题,或者有相关图书出版计划,也请您发邮件告诉我们,以便我们更好地为您服务。

我们的联系方式:

地　　址:北京市海淀区双清路学研大厦 A 座 701

邮　　编:100084

电　　话:010-83470236　010-83470237

资源下载:http://www.tup.com.cn

客服邮箱:2301891038@qq.com

QQ:2301891038(请写明您的单位和姓名)

资源下载、样书申请

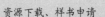

书 圈

扫一扫,获取最新目录

课 程 直 播

用微信扫一扫右边的二维码,即可关注清华大学出版社公众号"书圈"。